高等职业教育项目课程教材

"十二五"江苏省高等学校重点教材
（编号：2013－1－158）

肉制品生产技术

（第二版）

高　翔　王　蕊　主　编
师文添　闵成军　殷微微　副主编

中国轻工业出版社

图书在版编目（CIP）数据

肉制品生产技术/高翔，王蕊主编．—2 版．—北京：中国轻工业出版社，2026.1
高等职业教育项目课程教材
ISBN 978－7－5184－0504－6

Ⅰ．①肉… Ⅱ．①高… ②王… Ⅲ．①肉制品—食品—加工—高等职业教育—教材 Ⅳ．①TS251.5

中国版本图书馆 CIP 数据核字（2015）第 154947 号

责任编辑：张　靓　　责任终审：劳国强　　封面设计：锋尚设计
版式设计：锋尚设计　责任校对：吴大朋　　责任监印：张　可

出版发行：中国轻工业出版社（北京鲁谷东街5号，邮编：100040）
印　　刷：北京君升印刷有限公司
经　　销：各地新华书店
版　　次：2026 年 1 月第 2 版第 6 次印刷
开　　本：720×1000　1/16　印张：21.25
字　　数：410 千字
书　　号：ISBN 978－7－5184－0504－6　定价：48.00 元
邮购电话：010－65241695
发行电话：010－85119832　传真：85119912
网　　址：http://www.chlip.com.cn
Email：club@chlip.com.cn

252349J2C206ZBW

第二版前言

江苏省立项精品教材《肉制品生产技术》（项目课程教材）2010 年 6 月由中国轻工业出版社出版发行，2011 年被评为江苏省高等学校精品教材，在江苏食品药品职业技术学院、江苏农林职业技术学院等多所高职高专食品加工技术、畜产品加工等专业使用，受到广大师生的一致认可。但近五年来，肉制品加工新知识、新技术、新工艺和新方法的出现，就业岗位的变化，教学手段的创新，对该教材的修订提出了迫切的要求，2013 年江苏省又把该教材作为重点建设教材进行立项，要求在 2015 年 7 月之前完成修订工作。

经教材编写人员调研与编写团队的研讨，主要对以下内容进行了修订：① 对编写结构进行了修订，删除模块化编排，完全体现“项目导向、任务驱动”教学，并依据 GB/T 26604—2011《肉制品分类》进行学习项目编排；为了更加突出学习任务的典型性，对原学习任务进行了筛选，将肉制品加工部分的学习任务进行精简；② 针对食品加工技术及其相关专业毕业生进入屠宰岗位的较少，在肉制品加工企业只应用到原料肉的分割知识和技能，修订时删除了家畜、家禽屠宰的知识和技能，对模块一畜禽屠宰与分割、模块二原料肉检验与验收、模块三肉的低温贮藏保鲜、模块四设备清洗与消毒等内容进行整合，并将原附录肉制品常用辅料、常用设备调整到项目一，整合为“肉制品加工准备”，使教材的针对性、实用性更强；③ 食品安全事件频发，已成为制约肉制品工业的主要瓶颈，提高从业人员安全质量控制技术、丰富肉制品安全质量管理知识与技能已成为必备的技术技能，修订时增加了肉制品加工质量控制项目；④ 补充了肉制品加工的新知识、新技术、新工艺和新方法，速冻调理肉制品因方便、营养、安全、快捷，保质期长，已成为现代肉制品加工不可缺少的重要组成部分，教材修订时增加了调理肉制品加工内容；由于冷冻分割肉品及休闲熟肉制品的兴起，拉伸薄膜包装技术得到广泛应用，修订时增加了拉伸薄膜包装。

本教材由江苏食品药品职业技术学院高翔、王蕊担任主编并统稿，江苏食品药品职业技术学院师文添、江苏雨润食品产业集团有限公司闵成军、黑龙江农业职业技术学院殷微微担任副主编，江苏农林职业技术学院纪韦韦、江苏农牧科技职业学院瞿桂香、江苏食品药品职业技术学院姜英杰参加了编写工作。本教材编写分工如下：项目一由高翔、闵成军、姜英杰编写；项目二由高翔、姜英杰编写；项目三、附录由高翔编写；项目四至七、项目十、项目十二由王蕊、师文添、殷微微编写；项目八由纪韦韦编写；项目九由瞿桂香编写；项目十一由王蕊、闵成军编写；多媒体课件由江苏食品药品职业技术学院王蕊、师文添、高翔，黑龙江农业职业技术学院殷微微负责制作。

本教材在修订过程中为实现“项目导向、任务驱动”教学，“理实融合”、“课证（职业资格证书）融合”、“学（学习内容）申（QS申请）融合”学习进行了积极的努力，作为江苏省高等学校重点建设教材奉献给大家，但由于编者水平有限，书中难免有错误和不妥之处，恳请同仁和读者批评指正，以便进一步完善。

编　者

目录

项目一
肉制品加工准备

项目描述

畜禽肉类营养丰富，是食品加工的优质原料，其感官品质、贮藏保鲜方法、加工辅料的选用及加工设备的清洗消毒直接影响肉制品成品质量。本项目通过对原料肉质量检验与品质评定、畜禽肉的分割、原料肉低温贮藏保鲜、肉品加工常用辅料的选择、肉品加工的常用设备清洗消毒等五个任务的学习，为肉制品加工奠定基础。

学习目标

1. 知识目标
- 了解原料肉的形态结构、化学组成、畜禽屠宰后肉的生物化学变化；
- 掌握原料肉验收及品质评定的程序、方法；
- 熟悉畜禽肉分割的方法；
- 掌握肉贮藏保鲜的基本原理、方法及贮藏期间的变化；
- 了解肉制品加工常用的辅料；
- 掌握肉制品加工的常用设备清洗消毒。

2. 能力目标
- 能独立进行原料肉验收及品质评定、畜禽肉的分割；
- 能独立进行冷却肉及冷冻肉保鲜操作；
- 能正确识别肉制品加工常用辅料；
- 能正确使用肉制品加工常用设备；能正确配制化学消毒剂、对生产设备进行清洗消毒。

背景知识

食品工业是国民经济的支柱产业，占我国 GDP 的 10%，雄居首位，而肉制品工业又占食品工业总产值的 9% ~10%。肉制品消费水平的高低，可以衡量一个国家的生活水平和发达程度，肉制品工业的发展也将带动农业、畜牧业、饲料工业的迅速发展，具有重要的社会意义和经济效益，是永远的朝阳产业。

肉与肉制品是人们日常生活中摄取蛋白质、脂肪等营养元素的重要来源。将原料肉加工成各种不同风味、营养丰富、食用方便的肉制品，对于改善人民生活，调节地区差异，活跃市场供应，提高肉制品附加值，促进肉制品工业化生产等都发挥着重要的作用。

中国肉类产量已达世界肉类总产量的1/4，自1992年我国肉类产量达3000万t首次超美国后一直稳居世界第一位，成为世界最大的肉类消费国，2005年肉类人均占有量52kg，已超过世界人均水平，其中生鲜肉类消费占80%以上，中国肉类消费市场仍然是以热鲜肉为主（占75%以上），熟肉制品产量只占肉类总产量的15.1%，而同期欧洲、美、日等国家熟肉制品产量超过肉类总产量的50%。由于肉类产量的迅速增加，促进了肉类加工业的迅速崛起，全行业形成了分割肉、冷却肉、灌肠制品、火腿、腌腊制品、酱卤制品等门类。特别是近些年来，我国的肉类加工业在规模化、集约化方面已见成效，形成了养殖、屠宰、加工的一条龙生产格局和以双汇为代表的一批大型肉类加工龙头企业。因此，我国肉制品加工有着广阔的发展前景。

肉制品加工技术是以屠宰动物为对象，以肉类科学为基础，综合相关学科知识，研究肉与肉制品及其他副产品加工技术和产品质量变化规律的科学，属于应用型技术学科。肉类加工业的发展对肉食品工业生产、促进肉品加工科技进步及发展国民经济、推动农业发展、改善人民生活等方面发挥着极其重要的作用。

肉类工业包括畜禽的屠宰，肉的冷却、冷冻与冷藏，肉的分割，肉制品加工与副产品综合利用。

一、肉及肉制品的概念

关于肉的概念，根据研究的方向和目的不同可作不同的解释。从生物学角度出发，研究其组织构造与功能，把肉理解为“肌”，即肌肉组织，包括骨骼肌、平滑肌和心肌。而在肉品工业中，按其加工利用价值，把肉理解为“胴体”，即家畜经屠宰后除去血液、头、蹄、尾、毛（或皮）、内脏后剩下的肉尸，俗称“白条肉”，包括肌肉组织、脂肪组织、结缔组织、骨组织和神经、脉管、腺体和淋巴结等。其中肌肉组织是指骨骼肌，即所谓瘦肉或精肉，不包括平滑肌和心肌，胴体因带骨又称为带骨肉，肉剔骨以后又称其为净肉。胴体以外的部分统称为副产品，如胃、肠、心、肝等称作脏器，俗称“下水”；脂肪组织中的皮下脂肪称为肥肉。

在肉制品生产中，把刚宰后不久体温还没有完全散失的肉称为热鲜肉；经过一段时间的冷处理，使肉保持低温（0～4℃）而不冻结的肉称为冷却肉；经低

温冻结至 -18℃后的肉则称为冷冻肉；肉经过剔骨，按不同部位分割包装出售，称为分割肉，所有这些未经其他处理的肉又统称为原料肉；将肉经过进一步加工处理生产出来的产品称为“肉制品”。对原料肉进行加工转化的过程如腌制、灌肠、酱卤、熏烤、蒸煮、脱水、冷却、冷冻以及一些食品添加剂如化学品和酶的使用等，称为肉制品加工。

由于世界各国的动物品种来源及食用习惯不同，食用动物的品种也有一定的差异，不过大多数国家和地区的肉类来源主要有猪、牛、羊、鸡、鱼等。由于鱼类是水产品的一个大的类别，所以，一般把它归为水产品类。因此，我们这里所指的肉，主要指猪肉、牛肉、羊肉、鸡肉等品种。

二、肉的形态结构

肉（胴体）主要由肌肉组织、脂肪组织、结缔组织和骨组织四大部分构成。这些组织的构造、性质直接影响肉品的质量、加工用途及其商品价值。在四种组织中，肌肉组织和脂肪组织是肉的营养价值所在，这两部分占全肉的比例越大，肉的食用价值和商品价值越高，质量越好。结缔组织和骨组织难于被食用吸收，其所占比例越大，肉的质量越差。

1. 肌肉组织

肌肉组织是构成肉的主要组成部分，可分为横纹肌、平滑肌和心肌三种，占胴体的50% ~60%。横纹肌是附着在骨骼上的肌肉，也称骨骼肌。横纹肌除由许多肌纤维构成外，还有少量的结缔组织、脂肪组织、血管、神经纤维和淋巴等。

2. 脂肪组织

脂肪组织在肉中的含量变化较大，占 5% ~45%，取决于动物种类、品种、年龄、性别及肥育程度。

3. 结缔组织

结缔组织是构成肌腱、筋膜、韧带及肌肉内外膜、血管和淋巴结的主要成分，分布于体内各处，起到支持、连接各器官组织和保护组织的作用，使肉保持一定硬度，具有弹性。结缔组织由细胞纤维和无定形基质组成，一般占肌肉组织的 9% ~13%，其含量与嫩度有密切关系。结缔组织的纤维主要有胶原纤维、弹性纤维、网状纤维三种，以前二者为主。

4. 骨组织

骨组织占猪胴体的 5% ~9%，牛的 15% ~20%，羊的 8% ~17%，兔的 12% ~15%，鸡的 8% ~17%。骨由骨膜、骨质及骨髓构成。骨髓分红骨髓和黄骨髓。红骨髓为造血器官，幼龄动物含量多，黄骨髓主要是脂肪，成年动物含量多。

三、原料肉的化学组成

肉的化学组成主要是指肌肉组织中的各种化学物质，包括水分、蛋白质、脂肪、碳水化合物、含氮浸出物及少量的矿物质和维生素等。

1. 水分

水是肉中含量最多的成分，不同组织水分含量差异很大，其中肌肉含水量为70%～80%、皮肤含水量为60%～70%、骨骼含水量为2%～15%。畜、禽越肥，水分的含量越少，老年动物比幼年动物含量少。肉中水分含量多少及存在状态影响肉的加工质量及贮藏性，肉中水分存在形式大致可分为结合水、不易流动水、自由水三种。

2. 蛋白质

肌肉中除水分外的主要成分是蛋白质，占18%～20%，占肉中固形物的80%。依其构成位置和在盐溶液中溶解度不同可分为三种，即肌原纤维蛋白质、肌浆蛋白质、基质蛋白质。

（1）肌原纤维蛋白质　肌原纤维蛋白质占肌肉蛋白质总量的40%～60%，由丝状的蛋白质凝胶所构成，它主要包括肌球蛋白、肌动蛋白、肌动球蛋白和2～3种调节性结构蛋白质，肌原纤维中的蛋白质与肉的嫩度密切相关。

（2）肌浆蛋白质　肌浆是浸透于肌原纤维内外的液体，含有机物与无机物，一般占肉中蛋白质含量的20%～30%。它包括肌溶蛋白、肌红蛋白、肌球蛋白和肌粒蛋白等。这些蛋白质易溶于水或低离子强度的中性盐溶液，是肉中最易提取的蛋白质，故称之为肌肉的可溶性蛋白质。

肌红蛋白是一种复合性的色素蛋白质，是肌肉呈现红色的主要成分。肌红蛋白由一分子的珠蛋白和一分子亚铁血红蛋白结合而成。肌红蛋白有多种衍生物，如呈鲜红色的氧合肌红蛋白、呈褐色的高铁肌红蛋白、呈鲜亮红色的亚硝基肌红蛋白等。肌红蛋白的含量，因动物的种类、年龄、肌肉的部位不同而不同。

（3）基质蛋白质　基质蛋白质是结缔组织蛋白，指肌肉组织磨碎后，在高浓度的中性溶液中充分抽提之后的残渣部分，其中包括肌纤维膜、肌膜、毛细血管等结缔组织，和肉的硬度有关。其主要成分是硬蛋白质类的胶原蛋白、弹性蛋白、网状蛋白等。这几类蛋白质由于人体必需氨基酸含量很少或缺乏，在营养价值上属于不完全蛋白。

3. 脂肪

脂肪对肉的食用品质影响甚大，肌肉内脂肪的多少直接影响肉的嫩度和多汁性，动物的脂肪可分为蓄积脂肪和组织脂肪两大类。

肌肉中的脂肪大部分附着于肌膜上，其中生长在肌束间或肌纤维间的脂肪称为肌内脂肪。肌肉内的脂肪使鲜肉外观呈现大理石纹理，是牛肉质量好坏的重要标志。猪肉由于含脂肪量高，相对显得不太重要。

脂肪对改善肉的适口性和味道至关重要。当吃肉时，由于咀嚼，肌膜被破坏，液化的油脂顺势流出，在咀嚼和吞咽时成为一种润滑剂，提高肉的细嫩感，同时肉内脂肪还含有许多呈味物质，也增加肉的风味。

4. 浸出物

浸出物是指除蛋白质、盐类、维生素外能溶于水的浸出性物质，包括含氮浸出物和无氮浸出物。其中含氮浸出物约占 1.5%，主要是各种游离氨基酸、磷酸肌酸、核苷酸类等，这些物质影响肉的风味，为香气的主要来源。

5. 维生素

肉中维生素主要有维生素 A、维生素 D、维生素 C、维生素 B_1、维生素 B_2、维生素 PP、叶酸等。其中脂溶性维生素较少，而水溶性维生素较多；脏器中含量较多，尤其是肝脏，含有丰富维生素 A、维生素 C、维生素 B_6、维生素 B_{12}等，禽肉胸部的肉含烟酸高于一般肉类。

6. 矿物质

矿物质含量占 1.5% 左右，这些无机盐在肉中有的以游离状态存在，如镁、钙离子；有的以螯合状态存在，如肌红蛋白中含铁，核蛋白中含磷，肉中尚含有微量的锰、铜、锌、镍等。

7. 糖类

糖类主要以糖原的形式贮存于肌肉和肝脏，糖原在动物死后的肌肉中进行的无氧酵解过程，对肉类的品质、加工贮藏都有重要的意义。糖原在畜肉的贮藏过程中分解形成乳酸，使肉的 pH 下降，促进肉的成熟，若肌肉中糖原不足会影响肉的成熟。

此外肌肉中还有少量其他糖类物质，如麦芽糖、葡萄糖等，这些物质在肉的成熟和保藏过程中起有益作用。

四、畜禽屠宰后肉的生物化学变化

动物屠宰后，虽然生命已经停止，但由于动物体还存在着各种酶，许多生化反应还没停止，所以从严格意义上讲，还没有成为可食用的肉，胴体只有在宰后经过一系列的变化，才能完成从肌肉到可食用肉的转变。动物刚屠宰后，肉中的热量还没有散失，柔软且具有较小的弹性，这种处于生鲜状态的肉称作热鲜肉。经过一定时间，肉的伸展性消失，肉体变为僵硬状态，这种现象称为死后僵直。此时的肉加热不易煮熟，保水性差，加热后重量损失大，不适于加工肉制品。随着贮藏时间的延长，僵直缓解，经过自身解僵，肉变得柔软，同时保水性增加，风味提高，此过程称为肉的成熟，工业上也称为肉的排酸。成熟肉在不良条件下贮存，经微生物和酶的作用，分解变质称为肉的腐败。畜、禽屠宰后肉的变化包括肉的尸僵、成熟、腐败三个连续变化过程。在肉品工业生产中，要控制尸僵，促进成熟，防止腐败。

1. 肉的僵直

畜、禽屠宰后的胴体经过一段时间，肉的伸展性逐渐消失，由弛缓变为紧张，肌肉失去弹性、硬度变大、透明度消失、关节失去活性呈现僵硬的状态，称为肉的僵直。牲畜宰杀后开始很柔软，但是在宰后 8 ~ 10h 开始僵直，并且可持续72 ~ 80h。

（1）僵直的机理　动物在宰杀后由于糖酵解作用，体内的糖原降解成乳酸，其间生成 2 个三磷酸腺苷（ATP），而正常有氧条件下每个葡萄糖单位可氧化生成 38 个 ATP，正常供给肌肉 ATP 的中断，另外 CP – ADP – 肌酸激酶反应体系中 CP（磷酸肌酸）的供给也减少，因此肌肉中 ATP 含量急剧减少，从而导致肌质网体崩裂，内部保存的 Ca^{2+} 被释放出来，Ca^{2+} 含量增高，促使粗丝中肌球蛋白 ATP 酶活化，更加快了 ATP 的减少，促使 A – ATP 复合体的解离。肌球蛋白和肌动蛋白结合成肌动球蛋白，由于某种原因 ATP 的不断减少，因而反应不可逆，引起永久性的收缩，即死后僵直。

动物死后的僵直过程可分为三个阶段：从屠宰后到开始出现僵直为止的肌肉弹性以非常缓慢的速度进展的阶段，称为迟滞期；随后的迅速僵硬的阶段称为急速期；最后形成延伸性非常小的一定状态而停止的阶段称为僵直后期。

（2）僵直的类型　由于动物宰杀前的状态不同，因此产生宰后不同的僵直类型，通常分为酸性僵直、碱性僵直、中间型僵直三类。

① 酸性僵直：宰前保持安静状态，未经激烈活动的动物肌肉的僵直，僵直的迟滞期非常短，并因温度不同而肌肉的收缩程度有所差异，僵直最终 pH 多在 5.7 左右。

② 碱性僵直：宰前处于疲劳状态的动物宰后迟滞期、急速期均非常短，肌肉显著收缩。僵直结束时 pH 几乎不变，仍保持中性，一般 pH 在 7.2 左右。

③ 中间型僵直：宰前经断食的动物，屠宰后产生的僵直，迟滞期短，而急速期较长，肌肉产生一定收缩，僵直结束时 pH 为 6.3 ~ 7.0。

由于宰后肉通常是在低温下排酸（成熟）的，因此常在0～4℃下冷却，有时会引起肌肉的显著收缩，称为寒冷收缩。这种收缩在15～16℃时最轻微（牛肉14～19℃、禽肉2～18℃）。去骨的肌肉易发生冷收缩，硬度较大，带骨肉则可在一定程度上抑制冷收缩，对于猪胴体，一般不会发生冷收缩。

解冻僵直：当含有较多ATP的肉冻结后，在解冻时由于ATP发生强烈而迅速的分解，使肌肉产生的僵直现象称为解冻僵直。解冻僵直产生的肌肉收缩非常剧烈，并伴随大量汁液流失，因而影响肉的品质。

(3) 僵直的解除　动物死后僵直达到顶点后，继续发生着一系列生物化学变化，逐渐使僵直的肌肉变得柔软多汁，并获得细致的结构和美好的滋味，这一过程称为自溶或解除僵直。解除僵直所需的时间因动物的种类、肌肉的部位以及其他外在条件的不同而有所差异。

在2～4℃条件下，鸡肉需3～4h达到僵直顶点，而僵直的解除需2d，其他畜禽完成僵直需1～2d，而猪、马肉解除僵直需3～5d，牛肉需7～10d。

未解僵的肉持水性差、口感不好，不仅风味不佳而且持水性也低，加工肉馅时黏着性差。经解僵后的肉持水性提高、风味变佳，适于作为加工各种肉类制品的原料，从某种意义上说僵直的肉只有经解僵后才能用于食用。

2. 肉的成熟

解僵后的肉硬度降低，保水性有所恢复，肉变得柔嫩多汁，具有良好的风味，最适于加工食用，这个变化过程即为肉的成熟[1]。肉的成熟包括从糖原的分解到肉的尸僵、僵直的解除以及在组织蛋白酶作用下进一步作用的全过程。

(1) 成熟肉的主要特征

① 胴体表面形成一层干涸薄膜，用手触摸，光滑微有沙沙声响；

② 肉汁较多，切开时断面有肉汁流出；

③ 肉的组织柔软具有弹性；

④ 肉呈酸性反应；

⑤ 具有肉的特殊香味。

(2) 肉的成熟对改善肉食用品质的作用

① 嫩度改善：随着肉的成熟，嫩度产生显著的变化。刚屠宰之后肉的嫩度最好，在极限pH时嫩度最差，成熟肉的嫩度有所改善。

② 肉保水性提高：肉在成熟时，保水性又有回升。一般宰后2～4d，pH下降，极限pH在5.5左右，此时水合率为40%～50%；最大尸僵期以后pH为5.6～5.8，水合率可达60%。因此肉成熟时pH偏离了等电点，肌动球蛋白解离，扩大了空间结构和极性吸引，使肉的吸水能力增强，肉汁的流失减少。

③ 蛋白质的变化：肉成熟时，肌肉中许多酶类对某些蛋白质有一定的分解作用，从而促使成熟过程中肌肉中盐溶性蛋白质的浸出物增加。伴随肉的成熟，

蛋白质在酶的作用下，肽链解离使游离的氨基增多，肉水合力增强，变得柔嫩多汁。

④ 风味的变化：成熟过程中改善肉风味的物质主要有两类，一类是 ATP 的降解物次黄嘌呤核苷酸（IMP），另一类则是组织蛋白酶类的水解产物——氨基酸。随着成熟，肉中浸出物和游离氨基酸的含量增加，多种游离氨基酸存在，但是谷氨酸、精氨酸、亮氨酸、缬氨酸和甘氨酸较多，这些氨基酸都具有增加肉的滋味或有改善肉质香气的作用。

原料肉成熟温度和时间不同，肉的品质也不同（见表 1-1）。

表 1-1　成熟方法与肉品质量

温度/℃	成熟方法	成熟时间	肉质	耐贮性
0~4	低温成熟	时间长	肉质好	耐贮藏
7~20	中温成熟	时间较短	肉质一般	不耐贮藏
>20	高温成熟	时间短	肉质劣化	易腐败

通常在 1℃、硬度消失 80% 的情况下，肉的成熟时间因动物种类不同而异，猪肉需 4~6d，成年牛肉需 5~10d，鸡肉需 1/2~1d，羊肉和兔肉需 8~9d。

成熟的时间越长，肉越柔软，但风味并不相应地增强。牛肉以 1℃、11d 成熟为最佳；猪肉由于不饱和脂肪酸较多，时间长易氧化使风味变劣；羊肉因自然硬度（结缔组织含量）小，通常采用 2~3d 成熟。

（3）影响肉成熟的因素

① 物理因素

a. 温度：温度对嫩化速率影响很大，它们之间成正相关，在 0~40℃，每升高 10℃，嫩化速度提高 2.5 倍。当温度高于 60℃后，由于有关酶类蛋白变性，导致速率迅速下降，所以加热烹调就中断了肉的嫩化过程。据测试牛肉在 1℃完成 80% 的嫩化需 10d，在 10℃缩短到 4d，而在 20℃只需要 1.5d。在卫生条件好的环境中，适当提高温度可以缩短肉的成熟期。

b. 电刺激：在肌肉僵直发生后进行电刺激可以加速僵直发展，嫩化也随之提前，减少成熟所需要的时间。如一般需要成熟 10d 的牛肉，应用电子刺激后则只需 5d。

c. 机械作用：肉成熟时，将跟腱用钩挂起，此时主要是腰大肌受牵引。如果将臀部用钩挂起，不但腰大肌短缩被抑制，而半膜肌、背最长肌均受到拉伸作用，可以得到较好的嫩度。

② 化学因素：宰前注射肾上腺素、胰岛素等使动物在活体时加快糖的代谢过程，肌肉中糖原大部分被消耗或从血液排除。宰后肌肉中糖原和乳酸含量减少，肉的 pH 较高，达 6.4~6.9 的水平，肉始终保持柔软状态。

③ 生物因素：基于肉内蛋白酶活性可以促进肉质软化考虑，采用添加蛋白

酶强制其软化。用微生物和植物酶，可使固有硬度和尸僵硬度都减小，常用的有木瓜蛋白酶。方法可以采用在宰前静脉注射或宰后肌肉注射，宰前注射能够避免脏器损伤和休克死亡。木瓜蛋白酶的作用最适温度≥50℃，低温时也有作用。

3. 肉的腐败变质

肉中营养物质丰富，是微生物繁殖的良好培养基，如果控制不当，很容易被微生物污染导致腐败变质。在以微生物为主的各种因素作用下，由于所发生的包括肉的成分与感官性质的各种酶性或非酶性变化及夹杂物的污染，从而使肉质量降低或丧失食用价值的变化称为肉的腐败[2]。如果说肉成熟的变化主要是糖酵解过程，那么肉变质时的变化主要是蛋白质和脂肪的分解过程。肉在自溶酶作用下的蛋白质分解，称作肉的自溶；由微生物作用引起的蛋白质分解过程，称为肉的腐败；肉中脂肪的分解过程称为酸败。从动物屠宰的瞬间开始直到消费者手中的整个过程都有产生污染的可能。屠宰过程的胴体有多种外界微生物的污染源，如毛皮、土地、粪便、空气、水、工具、包装容器、操作工人等，腐败的肉完全失去了加工和食用的价值。

（1）肉类腐败变质的原因　健康动物血液和肌肉通常是无菌的，肉类的腐败实际上主要由于在屠宰、加工、流通等过程受外界微生物在其表面繁殖，表面微生物沿血管进入肉的内层，并进而伸入到肌肉组织，在适宜条件下，进入肉中的微生物大量繁殖，以各种各样的方式对肉产生作用，产生许多对人体有害甚至使人中毒的代谢产物，引起的食物中毒的发生。

（2）影响肉类腐败变质的因素　影响肉类腐败变质的因素很多，如温度、湿度、pH、渗透压、空气中的含氧量等。温度是决定微生物生长繁殖的重要因素，温度越高微生物繁殖发育越快。水分是仅次于温度决定肉类微生物生长繁殖的因素，一般霉菌和酵母菌比细菌耐受较高的渗透压。pH 对细菌的繁殖极为重要，所以肉的最终 pH 对防止肉的腐败具有十分重要的意义。空气中含氧量越高，肉的氧化速度加快，就越易腐败变质。

（3）肉类腐败的感官特征　由于腐败，肉中蛋白质和脂肪发生一系列的变化，同时在外观上必然产生明显变化，常表现为发黏、变色、腐臭味等。

① 表面发黏：微生物在肉表面大量繁殖后，使肉体表面产生黏液状物质，这是微生物繁殖后形成的菌落和微生物分解蛋白质的产物。发黏现象多出现于冷却肉。在流通中当肉表面的细菌数达 5000 万/cm^2 个时就出现黏液。最初污染的细菌数越多，达到这种状态所需的日数越短；并且温度越高、湿度越大，越容易产生发黏现象。

② 颜色变化：腐败肉的色泽变化通常是某些细菌所分泌的水溶性或脂溶性的黄、红、绿、紫、黑等颜色，最常见的颜色是绿色。这是由于蛋白质分解产生的硫化氢与肉中的血红蛋白结合形成的硫化氢血红蛋白所致。另外黏质赛氏杆菌

在肉表面产生红色的斑点，深蓝色假单胞菌产生蓝色，黄杆菌在肉表面产生黄色；而有些酵母菌则能产生白色、粉红色、灰色等。

③ 霉斑：肉体表面有霉菌生长时，往往形成霉斑，特别是一些干腌制品如金华火腿更为常见。枝菌和刺霉在肉表面产生羽毛状菌丝；白色侧孢霉和白地霉产生白色霉斑；扩展青霉、草酸青霉产生绿色霉斑；蜡叶芽枝霉在冷冻肉上产生黑色斑点。

④ 腐败味：肉类腐败后往往伴随一些不正常或难闻的气味。最常见的是肉类中蛋白质被水解所产生的腐败味，而另一些微生物则可作用于氨基酸和肽，将氨基酸氧化脱羧生成胺和相应的酮酸。有些则分解氨基酸生成吲哚、甲基吲哚、甲胺和硫化氢等。蛋白质在分解过程中产生的酪胺、组胺对人体有毒，而吲哚、硫化氢等则有恶臭，是肉类变质、发臭的原因；还有在乳酸菌和酵母菌作用下产生酸败味。微生物对脂肪的作用是产生酸败味的另一重要原因，但肉中严重的酸败问题不只是由微生物所引起的，而是因空气中的氧，在光线、温度以及金属离子催化下进行氧化的结果。因此对环境条件的控制也是至关重要的。

（4）控制肉腐败的方法　肉的腐败主要由微生物繁殖引起，肉组织中的各种酶也起到一定的催化作用。因此肉腐败的控制，主要是抑制微生物的生长和降低酶的活力。考虑到可加工性，采用的方法以避免引起原料肉理化性质的改变为宜，如蛋白质的变性等。

① 温度是决定微生物生长的重要因素，温度越高微生物生长繁殖越快，因此肉的成熟过程常采用低温操作。

② 防腐剂的使用可以有效地抑制微生物的生长，目前常采用乳酸链球菌素、乳酸钠等溶液的涂膜保鲜法。

③ 辐射技术在食品保鲜中的应用也是非常方便、有效的方法，并经过多年的实验证明是安全可靠的。

④加工及贮藏环境以及工人的卫生状况均会影响肉的腐败变质，操作中应严格按照车间卫生操作规程进行。生产过程中应采用 HACCP 控制体系、GMP 体系等一系列确保肉品质量的管理方法。

（5）PSE 肉和 DFD 肉　在正常成熟过程中，为避免微生物繁殖，屠宰后胴体在 0～4℃下冷却。当 pH 在 5.4～5.6，温度也未达到 37～40℃，因此在成熟中蛋白质不会变性。但有些猪死后的糖酵解速度却比正常猪进行得要快得多，在胴体温度还未充分降低时就达到了极限 pH，所以就会产生明显的肌肉变性，即动物宰后 30～45min 肉的 pH 低于 5.8，肉会变得多汁、苍白，风味和保水性差，这种肉称为 PSE（pale soft exudative）肉。其特征为肉色苍白、质地柔软、持水性降低、表面渗水。PSE 肉以猪肉最为常见。出现这种现象的原因是糖原消耗迅速，致使猪体在宰杀后肉酸度迅速提高（pH 下降）。当胴体温度超过 30℃时，就使沉积在肌原纤维蛋白上的肌浆蛋白变质，从而降低其所带电荷及持水性。因此肉品随肌纤维的收缩而丧失水分，使肉软化。又因肌纤维收缩，大部分射到肉表面的光线被反射回来，使肉色非常苍白，即使有肌红蛋白色素存在也不起作用。

PSE 肉的重量损失一般是正常肉料的 2 倍。这种肉料不适合生产灌装火腿、生嫩的熏制火腿、生肠、肉汁肠。在屠宰时，对应激敏感的猪往往会表现出 PSE 现象。猪在宰前细心照料，击晕恰当，并且宰后迅速冷却避免肌浆蛋白变质，可在一定程度上减轻 PSE 现象。

如果动物在宰后 24h 肉的 pH 仍高于 6.2，肉会变得发暗、质地坚硬、风味差且易腐败，这种肉称为 DFD（dark firm dry）肉。其特征为色深、质硬、干燥。产生这种情况的原因是牲畜在宰杀前就已完全耗尽其能量（糖原），屠宰后就不再有正常能量可利用，使肌肉蛋白保留了大部分电荷和结合水，肌肉中含水量高，使肌原纤维膨胀，从而吸收了大部分射到肉表面的光线，使肉呈深色。猪肉和牛肉都会出现 DFD 现象。DFD 肉不适合生产块状膜制包装的火腿、切片火腿、生肠和腌制品，适合生产肉汁肠、火腿肠、烤肉和煎肉。

五、肉的食用品质

肉的食用品质主要指肉的色泽、气味、嫩度、保水性、pH 等，这些性质在肉的加工贮藏中直接影响到肉品的质量。

1. 肉的色泽

肌肉的色泽是重要的食用品质之一，事实上，肉的色泽本身对肉的营养价值和风味并无多大影响，但在某种程度上影响其商品价值，如果是微生物引起的色泽变化则影响肉的卫生质量。

肉的色泽本质上是由肌红蛋白（Mb）和血红蛋白（Hb）产生的。肌红蛋白为肉自身的色素蛋白，肉色的深浅与其含量多少有关；血红蛋白存在于血液中，对肉色泽的影响以放血是否充分而定。在肉中血液残留多则血红蛋白含量也多，肉色深。畜禽宰杀时放血充分，则肉色正常，放血不充分或不放血（冷宰）的肉色深且暗。

肌红蛋白为复合蛋白质，它由一条多肽链构成的珠蛋白和一个带氧的血红素基组成，血红素基由一个铁原子和卟啉环所组成。肌红蛋白的三种存在形式为还原型肌红蛋白（Mb 紫红）、氧合肌红蛋白（MbO_2鲜红）、高铁肌红蛋白（MMb 褐色），赋予肌肉不同的色调（见图 1－1）。可见肌红蛋白的状态对肉色有很大影响，而肌红蛋白的状态又受到温度、氧分压、pH、肉表面微生物活动、光照、腌制条件（渗透压）的影响。

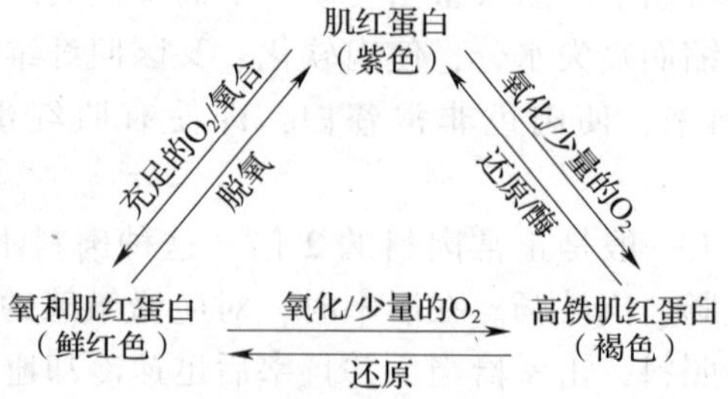

图1-1　肌红蛋白、氧合肌红蛋白和高铁肌红蛋白之间的转化

各种畜、禽有其本身正常的颜色，新鲜猪肉一般为鲜红色，牛肉为深红色，羊肉为紫红色，兔肉为粉红色。在同种牲畜中，幼龄屠畜肉色比老龄畜的淡。禽类肉的颜色有红、白两种之分，腿肉为淡红色，胸脯肉为白色。

2. 肉的风味

肉的风味[3]指生鲜肉的气味和加热后肉制品的香气和滋味，它是肉中固有成分经过复杂的生物化学变化产生各种有机化合物所致。其特点是成分复杂多样，含量甚微，用一般方法很难测定。除少数成分外，多数无营养价值，不稳定，加热时易被破坏和挥发。

(1) 气味　是肉中具有挥发性的物质，随气流进入鼻腔，刺激嗅觉细胞通过神经传导反映到大脑嗅觉区而产生的一种刺激感。愉快感为香味，厌恶感为异味、臭味。气味的成分十分复杂，约有1000多种。主要有硫化氢、氨、乙醛、丙酮、双乙酰、甲醛、己醛、甲基乙基甲酮、异丁醛、丁烯醛、戊醛、异丁醇、二甲基硫化物及C_4~C_{12}羰基化合物等。

新鲜肉具有的气味，与动物的种类、性别、环境、加工条件有关。一般来说生牛肉、猪肉没有特殊气味，羊肉有膻味（壬酸、癸酸等），狗肉、鱼肉有腥味（三甲胺、低级脂肪酸），性成熟的公畜有特殊的气味（与性腺体分泌物有关）。肉煮熟后的肉香味主要是由低级脂肪酸、氨基酸等物质产生的。肉腐败后产生臭味、酸败味。

肉香味化合物产生主要有以下三个途径。

① 氨基酸与还原糖间的美拉德反应；

② 蛋白质、游离氨基酸、糖类、核苷酸等物质的热降解；

③ 脂肪的氧化作用。

(2) 滋味　是由溶于水的可溶性呈味物质刺激人的舌面味蕾通过神经传递到大脑而产生的味觉。肉的鲜味成分，来源于核苷酸、氨基酸、酰氨、肽、有机酸、糖类、脂肪等前体物质。成熟肉鲜味的增加，主要是核苷酸类物质及氨基酸的增加所致。牛肉的风味主要是半胱氨酸，而猪肉则来自核糖、胱氨酸，瘦肉所含挥发性物质主要来自脂肪。

3. 肉的持水性

肉的持水性也称保水性或系水性，指肉在加压、切碎、加热、冷冻、解冻、腌制等加工或贮藏条件下保持其原有水分和添加水分的能力。它对肉的品质有很大的影响，是肉质评定时的重要指标之一。持水性的高低可直接影响到肉的风味、颜色、质地、嫩度等，对肉品加工的质量和产品的数量都有很大影响。

肉的持水性，按猪肉、牛肉、羊肉、禽肉次序降低。刚屠宰 1 ~ 2h 的肉持水性最高，在尸僵阶段的肉，持水能力最低，至成熟阶段保水性又有所提高：经过肥育的畜肉，由于肌肉间蓄积一定量脂肪，使肌肉组织的微细结构松散，提高保水能力。经过冰冻的肉，由于肌肉组织受到机械损伤，蛋白质的胶体结构也受到一定程度破坏，保水性降低。因此，用热鲜肉加工的灌肠制品，出品率高，质量好。

4. 肉的嫩度

肉的嫩度即人们食用时对肉的撕裂、切断和咀嚼时的难易程度，及咀嚼后口腔残留肉渣的大小、多少的总体感觉。是消费者最重视的食用品质之一，它决定了肉在食用时口感的老嫩，是反映肉质地的重要指标。

影响肌肉嫩度的因素很多，除与遗传因子有关外，主要取决于肌肉纤维的结构和粗细、结缔组织的含量及构成、热加工条件和肉的 pH 等。

肉的柔软性取决于动物的种类、年龄、性别，以及肌肉组织中结缔组织的数量和结构形态。例如，猪肉就比牛肉柔软，嫩度高。阉畜由于性特征不发达，其肉较嫩，幼畜由于肌纤维细胞含水分多，结缔组织较少，肉质脆嫩。役畜的肌纤维粗壮，结缔组织较多，因此质韧。研究证明，牛胴体上肌肉的嫩度与肌肉中结缔组织胶原成分的羟脯氨酸有关，羟脯氨酸含量越高，肉的嫩度越小。人们常常通过一些嫩化技术[4]来提高肉的嫩度。

任务一

原料肉的验收与品质评定

畜、禽肉类几乎包含了人体需要的蛋白质、脂肪、碳水化合物、各种无机盐和维生素等全部营养元素。原料肉的品质的好坏直接影响肉制品加工质量的好坏、营养价值的高低，因此必须对原料肉进行新鲜度检验与品质评定，以保证肉及肉制品的安全卫生和质量。

一、原料肉新鲜度检验与品质评定目的

原料肉是指经过屠宰的白条肉或分割肉，多数为冷冻肉，可以直接销售或作

为肉制品加工的原料，但其新鲜度关系到肉的商品价值和食用安全性。因此，在销售或加工之前必须要对原料肉的新鲜度进行检验。

检验肉品的新鲜度，一般是从感官性状、腐败分解产物的特性和数量及细菌的污染程度等三方面来进行，但是采用单一的方法很难获得正确的结果，因为肉的变质是一个渐进性过程，其变化又很复杂，很多因素都影响着人们对肉新鲜度的正确判断。所以，实践中一般都采用感官检验和实验室检验结合的综合检验方法。通常先进行感官检验，其感官性状完全符合新鲜肉指标时，可允许出售；当感官检验不能确定是否为新鲜肉时，则应做实验室检验，并综合两方面的结果做卫生评定。

对肉及肉制品的品质评定，人们大都从色、香、味、嫩度等几个方面来评价，通过评定或测定原料肉的颜色、失水率、嫩度、大理石纹及熟肉率，可对原料肉的品质做出综合评定。

二、原料肉新鲜度检验与品质评定方法及材料、器具

（一）原料肉新鲜度检验

1. 索要三证

肉检疫证明、卫生许可证、肉检验合格证。

2. 感官检验

（1）材料、器具　检肉刀、手术刀、镊子、温度计、100mL 量筒、200mL 烧杯、表面皿、酒精灯、石棉网、天平、电炉。

（2）检验方法

① 用视觉在自然光线下，观察肉的表面及脂肪的色泽，有无污染附着物，用刀顺肌纤维方向切开，观察断面的颜色；

② 用嗅觉在常温下嗅其气味；

③ 用食指按压肉表面，触感其硬度指压凹陷恢复情况、表面干湿及是否发黏；

④ 称取碎肉样 20g，放在烧杯中加水 10mL，盖上表面皿置于电炉上加热至 50～60℃时，取下表面皿，嗅其气味。然后将肉样煮沸，静置观察肉汤的透明度及表面的脂肪滴情况。

3. 实验室检验——挥发性盐基氮

（1）材料、器具

① 试剂：

a. 1% 氧化镁混悬液：取氧化镁 1g，加水 100mL 制成混悬液。

b. 吸收液：2% 硼酸溶液。

c. 混合指示剂：甲基红指示液（0.2% 的甲基红乙醇溶液），次甲基蓝指示液（0.1% 的次甲基蓝水溶液），使用时两指示液等量混合为混合指示剂。

d. 0.01mol/L 盐酸溶液。

② 仪器：半微量定氮器，微量滴定管（最小分度 0.01mL），10mL 吸管，小三角烧杯等。

（2）检验方法　蒸馏法。

（二）原料肉品质评定

1. 评定方法

肉色、大理石纹——目测法；酸碱度——酸度计；保水性——压力法；嫩度——感官评定或肉嫩度计；熟肉率——重量法。

2. 材料、器具

肉色评分标准图、大理石纹评分图、定性滤纸、酸碱度计、钢环允许膨胀压力计、LM－型肌肉嫩度仪、书写用硬质塑料板、分析天平。

三、原料肉新鲜度检验与品质评定程序

1. 原料肉新鲜度检验

索取三证 → 感官检验 → 实验室检验

2. 原料肉品质评定

猪半胴体 → 肉色评定 → 酸碱度测定 → 保水性测定 → 嫩度评定 → 大理石纹评定 → 熟肉率测定

四、原料肉新鲜度检验与品质评定操作要点

（一）原料肉新鲜度检验要点

1. 肉新鲜度的感官检验

感官检验是通过检验者的视觉、嗅觉、触觉及味觉等感觉器官，对肉品的新鲜度进行检查。这种方法简便易行，一般既能反映客观情况，又能及时做出结论。感官指标是国家规定检验肉品新鲜度的标准之一，是肉品新鲜度检验最基本

的方法。

感官检验主要是观察肉品表面和切面的颜色，观察和触摸肉品表面和新切面的干燥、湿润及粘手度，用手指按压肌肉判断肉品的弹性，嗅闻气味判断是否变质而发出氨味、酸味和臭味，观察煮沸后肉汤的清亮程度、脂肪滴的大小，以及嗅闻其气味，最后根据检验结果作出综合判定。

（1）新鲜肉　外观、色泽、气味都正常，肉表面有稍带干燥的“皮膜”，呈浅玫瑰色或淡红色；切面稍带潮湿而无黏性，并具有各种动物肉特有的光泽；肉汁透明肉质紧密，富有弹性；用手指按摸时凹陷处立即复原；无酸臭味而带有鲜肉的自然香味；骨骼内部充满骨髓并有弹性，带黄色，骨髓与骨的折断处相齐；骨的折断处发光；腱紧密而具有弹性，关节表面平坦而发光，其渗出液透明。肉品新鲜的感官检验卫生标准（见表1－2，表1－3）。

表1－2　　鲜猪肉、鲜羊肉、鲜兔肉感官指标

项目	一级鲜度	二级鲜度
色泽	肌肉有光泽，红色均匀，脂肪洁白或淡黄色	肌肉色稍暗，切面尚有光泽，脂肪缺乏光泽
黏度	外表微干或有风干膜，不粘手	外表干燥或粘手，新切面湿润
弹性	指压后的凹陷立即恢复	指压后的凹陷恢复慢且不能完全恢复
气味	具有鲜猪肉、鲜羊肉、鲜兔肉的正常气味	稍有氨味或酸味
煮沸后肉汤	透明澄清，脂肪团聚于表面，具特有香味	稍浑浊，脂肪呈小滴浮于表面，香味差或无鲜味

表1－3　　鲜鸡肉感官指标

项目	一级鲜度	二级鲜度
眼球	眼球饱满	眼球皱缩凹陷，晶体稍浑浊
色泽	皮肤有光泽，因品种不同而呈淡黄、淡红、灰白或灰黑等色，肌肉切面发光	皮肤色泽转暗，肌肉切面有光泽
黏度	外表微干或微湿润，不粘手	外表干燥或粘手，新切面湿润
弹性	指压后的凹陷立即恢复	指压后的凹陷恢复慢且不能完全恢复
气味	具有鲜鸡肉的正常气味	无其他异味，唯腹腔内有轻度不快味
煮沸后肉汤	透明澄清，脂肪团聚于表面，具特有香味	稍有浑浊，脂肪呈小滴浮于表面，香味差或无鲜味

（2）陈旧肉　肉的表面有时带有黏液，有时很干燥，表面与切口处都比鲜肉发暗，切口潮湿而有黏性。如在切口处盖一张吸水纸，会留下许多水迹。肉汁混浊无香味，肉质松软，弹性小，用手指按摸，凹陷处不能立即复原，有时肉的表面发生腐败现象，稍有酸霉味，但深层还没有腐败的气味。

密闭煮沸后有异味，肉汤混浊不清，汤的表面油滴细小，有时带腐败味。骨髓比新鲜的软一些，无光泽，带暗白色或灰色，腱柔软，呈灰白色或淡灰色，关节表面为黏液所覆盖，其液混浊。

（3）腐败肉　表面有时干燥，有时非常潮湿而带黏性。通常在肉的表面和切口有霉点，呈灰白色或淡绿色，肉质松软无弹力，用手按摸时，凹陷处不能复原，不仅表面有腐败现象，在肉的深层也有浓厚的酸败味。

密闭煮沸后，有一股难闻的臭味，肉汤呈污秽状，表面有絮片，汤的表面几乎没有油滴。骨髓软弱无弹性，颜色暗黑，腱潮湿呈灰色，为黏液所覆盖。关节表面由黏液深深覆盖，呈血浆状。

2. 肉新鲜度的实验室检验——蒸馏法测定挥发性盐基氮

挥发性盐基氮（TVB－N）即挥发性碱性物质。随着肉腐败变质，蛋白质分解为氨基酸，再分解成低分子的无机氮，此类物质具有挥发性，在碱性溶液中蒸出后，被硼酸吸收，最后用酸滴定定量。所以TVB－N含量是判断肉新鲜度的有效方法之一。鱼肉中含15～35mg/100g，畜肉中含30mg/100g定为上限。几种常用肉的理化指标见表1－4。

表1－4　　猪肉、牛肉、羊肉、兔肉的指标

项目	指标	
	一级鲜度	二级鲜度
挥发性盐基氮/（mg/100g）	≤15	≤25
汞含量（以Hg计）/（mg/kg）	≤0.05	

（1）制备样液　将样品除去脂肪、骨及腱后，切碎拌匀。称取10g放入锥形瓶中，加水100mL，不断振摇，浸渍30min后过滤，滤液备用。

（2）测定　预先将盛有吸收液10mL，并加有混合指示剂5～6滴的锥形瓶置于冷凝管下端，并使其下端插入锥形瓶内吸收液的液面下。精密吸取上述样品滤液5mL于蒸馏器反应室内，加1%氧化镁混悬液5mL，迅速盖塞，并加水以防漏气。通入蒸汽，待蒸汽充满蒸馏器内时即关闭蒸汽出口管。由出现第一滴冷凝水开始计算，蒸馏5min即停止。吸收液用0.01mol/L盐酸溶液滴定，终点呈蓝紫色。同时做空白试验。

（3）计算

$$\text{挥发性盐基氮/（mg/100g）}=\frac{c\times(V_1-V_2)\times 14}{m\times\frac{5}{100}}\times 100$$

式中 V_1——被测样液消耗盐酸标准溶液的体积，mL；
V_2——空白试剂消耗盐酸标准溶液的体积，mL；
c——盐酸标准溶液的浓度，mol/L；
m——样品质量；
14——1mol/L 盐酸标准溶液 1mL 相当氮的毫克数。

（二）原料肉品质评定要点

1. 肉色

肉色是指肌肉的颜色，由组成肌肉中的肌红蛋白和肌白蛋白的比例所决定，但与畜禽的性别、年龄、肥度、宰前状态、放血是否完全、冷却、冷冻等加工情况有关。

评定方法可用分光光度计精确测定肉的总色度，也可按肌红蛋白含量来评定。在现场多用目测法。取最后一个胸椎处背最长肌（眼肌）为代表，新鲜肉样于宰后 1～2h 采样，冷却肉样于宰后在 4℃左右冰箱中存放 24h，在室内自然光线下，用目测评分法评定肉新鲜切面，评分标准见表 1－5。

表 1－5　肉色评分标准*

肉色	灰白	微红	正常鲜红	微暗红	暗红
评分	1	2	3	4	5
肉质	劣质肉	不正常肉	正常肉	正常肉	正常肉

*为美国《肉色评分标准图》，因我国的猪肉肉色较深，故评分 3～4 者为正常。

2. 大理石纹理

大理石纹理是指肉眼可见的肌肉横切面红色肌细胞中的白色脂肪纹状结构，红色为肌细胞，白色为肌束间的结缔组织和脂肪细胞。大理石纹反映一块肉可见脂肪的分布状况。白色纹理多而显著，表示其中蓄积较多的脂肪，肉多汁、品质好，是简易衡量肉含脂量和多汁性的方法。现在常用的方法是取第一腰椎部背最长肌鲜肉样，取出横切，以新鲜切面观察其纹理结构，用目测评分法评定：脂肪只有痕迹评 1 分、微量脂肪评 2 分、少量脂肪评 3 分、适量脂肪评 4 分、过量脂肪评 5 分。

3. 失水率

畜禽屠宰后，肌肉蛋白质丧失保存肌肉中水分的性能，称为肌肉的失水性。失水率是指肉在一定压力条件下，经一定时间所失去的水分占失水前肉重的百分数。失水率越低，表示持水性强，肉质柔嫩，肉质越好。肉的失水率是与肉质关系最为密切的主要因素之一。

测定失水率使用最普遍的方法是压力法。我国现行的测定方法是用 35kg 重量压力法度量肉样的失水率，失水率愈高，系水力愈低，保水性愈差。

（1）取样　在第1~2腰椎背最长肌处，切取1.0mm厚的薄片，平置于干净橡皮片上，再用直径2.523cm的圆形取样器切取中心部肉样。

（2）测定　切取的肉样用感量为0.001g的天平称重后置于两层纱布间，上下各垫定性滤纸。滤纸外各垫一块书写用硬质塑料板，然后放置于改装钢环允许土壤膨胀压缩仪上，用均速摇动使加压至35kg，保持5min，撤除压力后立即称量肉样重。

（3）计算

$$失水率 = \frac{加压前肉样重 - 加压后肉样重}{加压前肉样重} \times 100\%$$

4. 肉的嫩度

嫩度评定分为主观评定和客观评定两种方法。

（1）主观评定　主观评定是依靠咀嚼和舌与颊对肌肉的软、硬与咀嚼的难易程度等方面进行综合评定。其优点是比较接近正常食用条件下对嫩度的评定，但评定人员须经专门训练。感官评定可从以下三个方面进行：① 咬断肌纤维的难易程度；② 咬碎肌纤维的难易程度或达到正常吞咽程度时的咀嚼次数；③ 剩余残渣量。

（2）客观评定　用肌肉嫩度计测定剪切肉样时的剪切力的大小来客观表示肌肉的嫩度。实验表明，剪切力与主观评定法之间的相关系数达0.60~0.85，平均为0.75。

测定时在一定温度下将肉样煮熟，用直径为1.27cm的取样器切取肉样，在室温条件下置于剪切仪上测量剪切肉样所需的力，用千克表示。其数值越小，肉越嫩。重复三次，计算其平均值。

5. 熟肉率

熟肉率是指肉熟后与生肉的质量比率，它反映在肉烹饪过程中的保水情况。熟肉率越高，肉在烹饪过程中的保水力越强。这是生产厂商十分关心的一个具有实际经济意义的实用指标。

熟肉率的测定方法是将完整腰大肌用感量为0.1g的天平称重后，置于蒸锅屉上用沸水蒸煮45min，取出后冷却30~40min或吊挂于室内无风阴凉处30min后，称重，用下列公式计算：

$$熟肉率 = \frac{蒸煮后肉样重}{蒸煮前肉样重} \times 100\%$$

五、注意事项

（一）原料肉检验

（1）原料、半成品、成品以及生、熟肉制品应分别存放，防止污染。

（2）肉新鲜度的实验室检验方法很多，如挥发性盐基氮的测定、纳斯斯（Nessler）氏试剂氨反应、球蛋白沉淀反应、pH 的测定、硫化氢的测定、细菌学检查等，但只有挥发性盐基氮的测定作为国家现行法定检测方法，其他的实验室检测方法只能作为肉品新鲜度的辅助检验方法，应根据情况选用。

（二）原料肉品质评定

（1）肉色评定时，应避免在阳光直射下或在室内阴暗处评定；评定结果两级间允许评 0.5 分。

（2）大理石纹评定时，如果评定鲜肉时脂肪不清楚，可将肉样置于 0 ~ 4℃冰箱 24h 后再评定。

（3）肉的失水率根据畜种、部位、鲜度等的不同会产生很大的差异。

（4）用酸度计测定肉样 pH 时，要按酸度计使用说明书在室温下进行。一般使用具有表面测定功能电极的 pH 计，因为即使肉表面完全腐败，内部 pH 几乎没有变化的情况也是有的。

六、思考与应用

（1）原料肉验收主要包括哪几个方面？

（2）原料肉验收时，为什么要采用感官检验与实验室检验相结合的方法？

（3）新鲜肉、陈旧肉、腐败肉的特征有哪些？

（4）如何利用挥发性盐基氮（TVB – N）来判断原料肉的新鲜度？

（5）在肉类品质评定中，生产厂商十分关心具有实际经济意义的实用指标是什么？

任务二

畜禽肉的分割

一、畜禽肉分割目的

分割肉是指宰后经兽医卫生检验合格的胴体，按分割标准及不同部位肉的组织结构分割成不同规格的肉块，经冷却、包装后的加工肉。肉制品加工品种不同，对原料肉的要求也各不相同，胴体分割不仅便于包装销售、贮藏保鲜、肉品加工，而且有利于提高畜禽肉的商品价值，增加肉制品企业的生产效益。肉的分割是按不同国家、不同地区的分割标准将胴体进行分割，以便进一步加工或直接供给消费者。

二、材料与器具

刀具（尖刀、方刀、弯头刀、直刀等）、刀棍、磨石、台秤、冰箱或冰柜、空调、不锈钢盆、不锈钢桶、塑料袋等。

三、分割方法与步骤

1. 猪肉的分割

我国供市场零售的猪胴体分为肩颈部、背腰部、臀腿部、肋腹部、前后肘子、前颈部及修整下来的腹肋部六大部位。供内、外销的猪胴体分为颈背肌肉、前腿肌肉、脊背肌肉、臀腿肌肉四个部分。我国商业上常将半片胴体分割为四大块（见图1－2）。

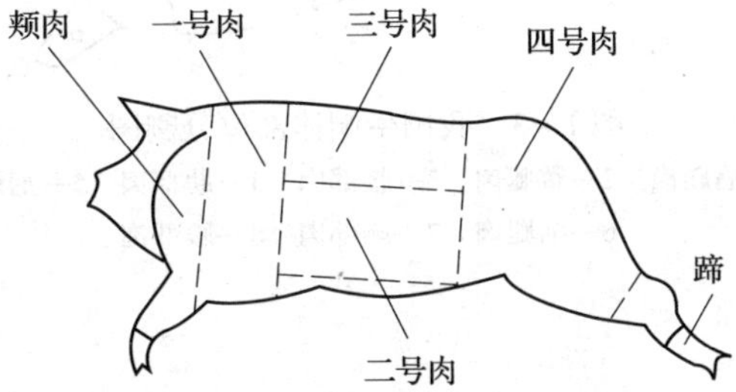

图1－2 我国常用猪胴体分割法

一号肉（肩颈肉、前夹心）：前端从第一、第二颈椎间，后端从第五、第六肋骨间与背线垂直切开，下端从肘关节处切开。这部分肉包括颈、背脊和前腿肉，瘦肉多，肌肉间结缔组织多，适于做馅、罐头、灌肠制品和叉烧肉。

二号肉（方肉）：大排下部割去奶脯的一方形肉块。这块肉脂肪和瘦肉互相间层，俗称五花肉，是加工酱肉、酱汁肉、走油肉、咸肉、腊肉和西式培根的原料。奶脯用于炼油。

三号肉（大排、通脊）：前端从第五、第六肋骨间，后端从最后腰椎与荐椎间垂直切开，在脊椎下5～6cm肋骨处平行切下的脊背部分。这块肉主要由通脊肉和其上部一层背膘构成。通脊肉是较嫩的一块优质瘦肉，是中式排骨、西式烧排、培根、烤通脊肉和叉烧肉的好原料。背膘较硬，不易被氧化，可用作灌肠的上等原料。

四号肉（后腿肉）：从最后腰椎与荐椎间垂直切下并除去后肘的部分。后腿肉瘦肉多，脂肪和结缔组织少，用途广，是中式火腿、西式火腿、肉松、肉脯、肉干和腊肠、灌肠制品的上等原料。

血脖（颈肉、槽头肉）：肉质较差，可用于制馅和低档灌肠制品。

另一种分割方法是在第五、第六肋骨间与背线垂直切开，颈背部分为一号肉，前大排称作二号肉，方肉称作三号肉。

2. 牛肉的分割

我国将标准的牛胴体二分体首先分割成臀腿肉、腹部肉、腰部肉、胸部肉、肋部肉、肩颈肉、前腿肉、后腿肉共八个部分（见图1－3）。在此基础上再进一步分割成牛柳、西冷、眼肉、上脑、胸肉、腱子肉、腰肉、臀肉、膝圆、大米龙、小米龙、腹肉、嫩肩肉13块不同的肉块（见图1－4）。

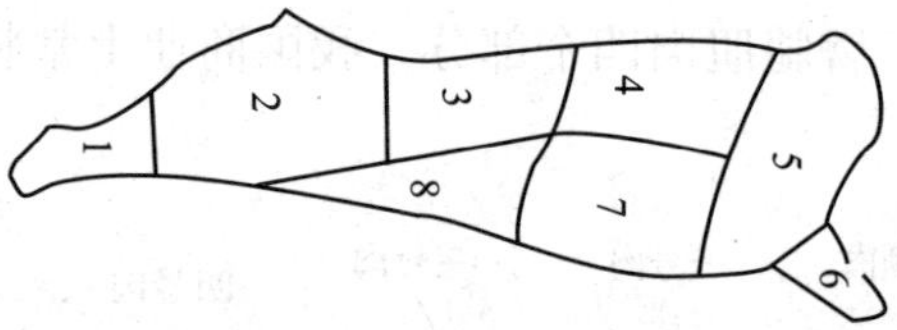

图1－3　我国牛胴体部位分割图

1—后腿肉　2—臀腿肉　3—腰部肉　4—肋部肉　5—肩颈肉

6—前腿肉　7—胸部肉　8—腹部肉

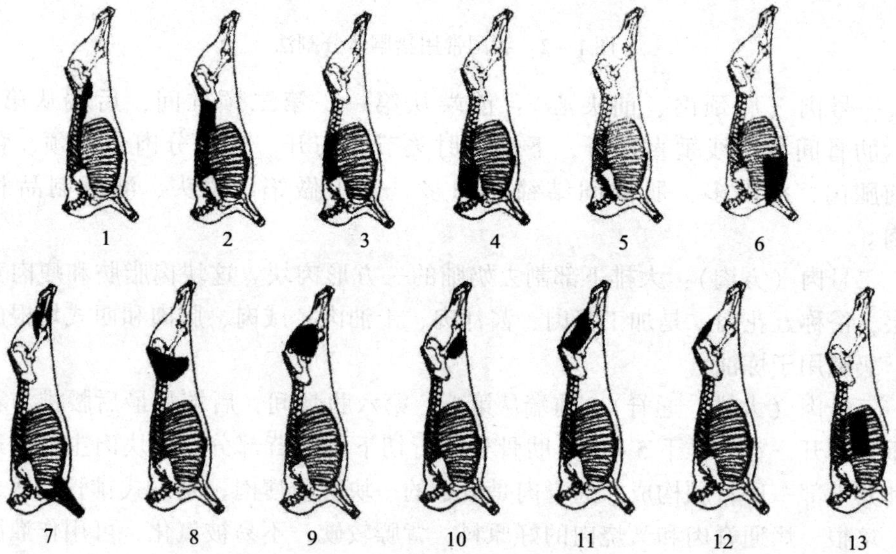

图1－4　我国牛肉分割图（阴影部）

1—牛柳　2—西冷　3—眼肉　4—上脑　5—嫩肩肉　6—胸肉　7—腱子肉

8—腰肉　9—臀肉　10—膝圆　11—大米龙　12—小米龙　13—腹肉

（1）牛柳　牛柳又称里脊，即腰大肌。分割时先剥去肾脂肪，沿耻骨前下方将里脊剔出，然后由里脊头向里脊尾逐个剥离腰横突，取下完整的里脊。

（2）西冷　西冷又称外脊，主要是背最长肌。分割时首先沿最后腰椎切下，然后沿眼肌腹壁侧（离眼肌5～8cm）切下。再在第12～13胸肋处切断胸椎，逐个剥离胸、腰椎。

（3）眼肉　眼肉主要包括背阔肌、肋最长肌、肋间肌等。其一端与外脊相连，另一端在第5～6胸椎处，分割时先剥离胸椎，抽出筋腱，在眼肌腹侧距离为8～10cm处切下。

（4）上脑　上脑主要包括背最长肌、斜方肌等。其一端与眼肉相连，另一端在最后颈椎处。分割时剥离胸椎，去除筋腱，在眼肌腹侧距离为6～8cm处切下。

（5）嫩肩肉　主要是三角肌。分割时循眼肉横切面的前端继续向前分割，可得一圆锥形的肉块，便是嫩肩肉。

（6）胸肉　胸肉主要包括胸升肌和胸横肌等。在剑状软骨处，随胸肉的自然走向剥离，修去部分脂肪即成一块完整的胸肉。

（7）腱子肉　腱子分为前、后两部分，主要是前肢肉和后肢肉。前牛腱从尺骨端下刀，剥离骨头，后牛腱从胫骨上端下切，剥离骨头取下。

（8）腰肉　腰肉主要包括臀中肌、臀深肌、股阔筋膜张肌。在臀肉、大米龙、小米龙、膝圆取出后，剩下的一块肉便是腰肉。

（9）臀肉　臀肉主要包括半膜肌、内收肌、股薄肌等。分割时把大米龙、小米龙剥离后便可见到一块肉，沿其边缘分割即可得到臀肉。也可沿着被切的盆骨外缘，再沿本肉块边缘分割。

（10）膝圆　膝圆主要是臀股四头肌。当大米龙、小米龙、臀肉取下后，能见到一块长圆形肉块，沿此肉块周边（自然走向）分割，很容易得到一块完整的膝圆肉。

（11）大米龙　大米龙主要是臀股二头肌。与小米龙紧接相连，故剥离小米龙后大米龙就完全暴露，顺该肉块自然走向剥离，便可得到一块完整的四方形肉块即为大米龙。

（12）小米龙　小米龙主要是半腱肌，位于臀部。当牛后腱子取下后，小米龙肉块处于最明显的位置。分割时可按小米龙肉块的自然走向剥离。

（13）腹肉　腹肉主要包括肋间内肌、肋间外肌等，也即肋排，分无骨肋排和带骨肋排。一般包括4～7根肋骨。

3. 羊肉的分割

以美国羊胴体的分割为例，羊胴体可被分割成腿部肉、腰部肉、腹部肉、胸部肉、肋排肉、前腿肉、颈部肉、肩部肉。在部位肉的基础上再进一步分割成零售肉块。羊胴体部位分割（见图1－5）。

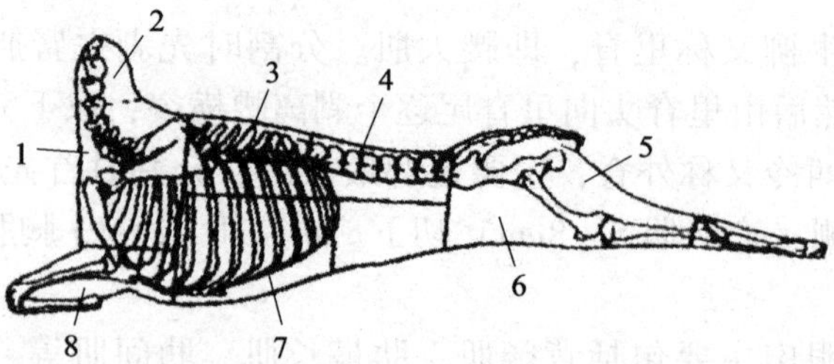

图 1－5　美国羊胴体的分割图
1—肩部肉　2—颈部肉　3—肋排肉　4—腰部肉　5—腿部肉
6—腹部肉　7—胸部肉　8—前腿肉

4. 禽肉的分割

随着人民生活水平的提高，对食品需求的不断发展，人们已经从过去喜爱购买活禽逐渐发展到购买光禽，进而希望能供应禽类包装产品和禽类的分割小包装产品。现在禽类的分割小包装在市场上已经逐渐增多，经常是供不应求。因此，发展和扩大禽类分割小包装的生产，提高分割小包装的产品和质量，适应和满足消费者的需要，是禽产品加工企业和生产者的重要任务。

（1）一般的分割

① 鸡胴体分割：国内外市场上分割鸡品种繁多，主要有鸡翅、鸡全腿、鸡腿肉、鸡胸肉、鸡肫、鸡脚、鸡凤爪、鸡颈皮、鸡尾、肉用鸡串等。

② 鸭胴体分割：沿脊椎骨左侧从颈至尾将胴体一分为二，右侧半胴体为一号硬边鸭肉，左侧半胴体为二号软边鸭肉。分割鸭还包括头、颈、翅、爪、心、肺、肫、肠等。

③ 鹅胴体分割：分割鹅包括一号硬边鹅胸肉、二号软边鹅胸肉、三号硬边鹅腿肉、四号软边鹅腿肉、头、颈、翅、爪、肝、心、肫、肠等。分割时用刀沿脊椎骨左侧从颈至尾将胴体一分为二，再由胸骨端至髋关节前缘连线处将两个半胴体一分为二即可。

（2）禽胴体肉的多部位的分割　分割禽主要是将一只禽按部位分割下来，如果不按照操作要求和工艺要求，就会影响产品的规格、卫生以及产品质量。国内禽的分割是近几年才开始逐步发展起来的。对于分割的要求尚无统一的规定，各地根据当地的具体情况，规定了当地的分割禽的部位和方法。分割仍然采取手工分割的方法，国内发展最早的禽分割，主要是鹅（鸭）的分割，而鸡的分割是近几年才渐渐开始的。主要的分割方法可借鉴和参考鹅（鸭）的分割，也可按购买者或经营者的要求予以规定。

目前分割方法有三种：平台分割法、悬挂分割法、按片分割法。前两种适合于鸡，后一种适合于鹅、鸭。

禽类的分割，亦是按照不同禽类提出不同的分割要求进行的，如鹅的个体较大，可以分割为 8 件；而鸭的个体相对较小，可以分割为 6 件；至于鸡，由于个体更小，可以再适当地分成更小的分割件数。

① 鹅、鸭的分割：鹅分割为头、颈、爪、胸、腿等8件；躯干部分分四块（1号胸肉、2号胸肉、3号腿肉、4号腿肉）。鸭躯干部分分为两块（1号鸭肉、2号鸭肉）。

第1刀从跗关节取下左爪；第2刀从跗关节取下右爪；第3刀从下颌后颈椎处平直斩下鹅头，带舌；第4刀从第十五颈椎（前后可相差一个颈椎）间斩下颈部，去掉皮下的食管、气管及淋巴；第5刀沿胸骨脊左侧由后向前平移开膛，摘下全部内脏，用干净毛巾擦去腹水、血污；第6刀沿脊椎骨的左侧（从颈部直到尾部）将鹅体、鸭体分为两半；第7刀从胸骨端剑状软骨至髋关节前缘的连线将左右分开，然后分成4块，即1号胸肉、2号胸肉、3号腿肉、4号腿肉。

② 肉鸡的分割：

a. 腿部分割：将脱毛去肠鸡放于平台上，鸡首位于操作者前方，腹部向上。两手将左右大腿向两侧整理少许，左手持住左腿以稳住鸡体再用刀分割，将左腿和右腿腹股沟的皮肉割开。用两手把左右腿向脊背拽去，然后侧放于平台，使左腿向上，用刀割断股骨与骨盆之间的韧带，再将连接骨盆的肌肉切开。用左手将鸡体调转方向，腹部向上，鸡首向操作者，用刀切开骨盆肌肉接近尾部3cm左右，将刀旋转至背中线，划开皮下层至第七根肋骨为止。左手持鸡腿，用刀口后部切压闭孔。左手用力将鸡腿向后拉开即完成一腿。调动鸡体，使腹部向右，另一腿向上，用刀切开骨盆肌肉直至闭孔，再用刀口后部切压闭孔，左手将鸡腿向后拉开，即完成。

b. 胸部分割：光鸡头位于操作者前方，左侧向上。以颈的前面正中线，从咽颌到最后颈椎切开左边颈皮，再切开左肩胛骨。同样切开右颈皮和右肩胛骨。左手握住鸡颈骨，右手食指从第一胸椎向内插入，然后两手用力向相反方向拉开。

c. 副产品操作：大翅分割，切开肱骨与喙骨连接处，即成三节鸡翅，一般称为大转弯鸡翅。鸡爪分割，用剪刀或刀切断胫骨与腓骨的连接处。从嗉囊处把肝、心、肫直至肠全部摘落。摘除肫、嗉带。将肫幽门切开，剥去肫的内金皮，不残留黄色。

d. 大腿去骨分割：鸡头位于操作者前方，分左右腿操作。左腿去骨时，以左手握住小腿端部，内侧向上，上腿部少许斜向操作者，右手持刀，用刀口前端从小腿顶端顺胫骨和股骨内侧划开皮和肌肉。左手持鸡腿横向，切开两骨相连的韧带为适，切勿切开内侧皮肉和韧带下皮肉。用刀剔开股骨部肌肉中的股骨，用刀口后部，从胫骨下部肌肉，然后再从斩断胫骨处切断。操作右腿时，调转方向，工序同上。

e. 鸡胸去骨分割：首先完成腿分割，光鸡头位于操作者前方，右侧向上，腹部向左，先处理右胸。在颈的前面正中线，从咽颌到最后颈椎切开右边颈皮，用刀切开鸡喙骨和肱骨的筋骨 2cm 左右。用刀尖顺肩胛骨内侧划开，再用刀口后部从鸡喙骨和肱骨的筋骨处切开肉至锁骨。左手持翅，拇指插入刀口内部，右手持鸡颈用力拉开。用刀尖轻轻剔开锁骨里脊肉，再用手轻轻撕下，使里脊肉成树叶状。左胸处理法是调转方向，操作同上。再从咽喉挑断颈皮，顺序向下，留下食道和气管，切勿挑破嗉皮。最后左手拇指插入锁骨中间的腹内，右手持颈骨用力拉下前胸骨。

四、注意事项

（1）分割肉加工工艺宜采用冷剔骨工艺，即片猪肉在冷却后进行分割剔骨。

（2）分割肉应修割净伤斑、出血点、碎骨、软骨、血污、淋巴结、脓疱、浮毛及杂质。严重苍白的肌肉及其周围有浆液浸润的组织应剔除。

（3）分割的原料及产品采用平面带式输送设备，在输送带两侧设置不锈钢分割工作台，进行剔骨分割，输送机末端配备分检台，对分割产品进行检验。

（4）屠宰车间非清洁区的器具和运输工具不得进入分割间，非分割间工作人员不得随意进入分割区。

（5）分割产品品种和质量要求根据需要按照 GB 9959.2—2008 的要求执行。分割冷却猪肉系列产品冷却终温应在 24h 之内达到，其肌肉深层中心温度不得高于 7℃；分割冻结猪肉系列产品的冻结终温须使其肌肉深层中心温度不得高于 -15℃。

五、思考与应用

（1）按内、外供销的原料猪肉可分割为几部分？各适于加工哪些肉制品？

（2）按我国标准将牛胴体二分体分割成几个部分？

（3）禽类一般如何进行分割？

任务三 肉的低温贮藏保鲜

肉中含有丰富的营养物质，是微生物繁殖的优良场所，如果控制不当，外界微生物会污染肉的表面并大量繁殖致使肉腐败变质，失去食用价值，甚至会产生对人体有害的毒素，引起食物中毒。另外肉自身的酶类也会使肉产生一系列的变化，在一定程度上可改善肉质，但若控制不当，也会造成肉的变质。肉的贮藏保鲜就是通过抑制或杀灭微生物、钝化酶的活力，延缓肉内部物理、化学变化，达到较长时期的贮藏保鲜目的。肉及肉制品的贮藏保鲜方法很多，如低温保鲜（冷却保鲜、冷冻保鲜）、辐射保鲜[5]、化学保鲜[6]、气调保鲜[7]以及生物保鲜[8]等。所有这些方法都是通过抑菌来达到目的的。但到目前为止，还没有单一的保鲜技术可以完美无缺的达到以上要求。因此在实际应用中，应采用综合保鲜技术，也就是组合两种以上的保鲜技术，发挥其互补和相辅相成的效果，以确保肉的品质和安全。目前肉制品加工企业最常用的方法是低温保鲜。

一、肉的低温贮藏保鲜原理

在众多贮藏方法中低温贮藏是应用最广泛、效果最好、最经济的方法。它不仅贮藏时间长，而且在冷加工中对肉的组织结构和性质破坏作用最小，被认为是目前肉类贮藏的最佳方法之一。食品的腐败变质主要是由微生物的作用和酶的催化引起的。这种作用的强弱与温度密切相关，只要降低食品的温度就可使微生物和酶的作用减弱，阻止或延缓食品腐败变质的速度，从而达到较长期贮藏的目的。

1. 低温对微生物的作用

任何微生物都具有正常生长繁殖的温度范围，温度越低，它们的活动能力就越弱，故降低温度能减缓微生物生长和繁殖的速度。当温度降到微生物最低生长点时，其生长和繁殖被抑制或出现死亡。一般微生物的最低生长温度在0℃以上，但许多嗜冷菌的最低生长温度低于0℃，如霉菌、酵母菌在－8℃低温条件下仍可看到孢子发芽，－10℃才被抑制。低温导致微生物活力减弱和致死原因主要有两个方面：一方面是由于微生物的新陈代谢受到破坏；另一方面是细胞结构的破坏，两者是相互关联的。正常情况下，微生物细胞内各种生化反应总是相互协调一致的。温度越低，失调程度越大，从而破坏了微生物细胞内的正常新陈代谢，以致它们的生理机能受到抑制甚至达到完全终止的程度。

2. 低温对酶的作用

酶是有机体组织中的一种特殊蛋白质，具有生物催化剂的作用。酶的活力与温度密切相关。肉类中大多数酶的适宜活动温度在37～40℃。温度每下降10℃，酶活力就会降低1/3～1/2。酶对低温的感受性不像高温那样敏感，当温度达到80～90℃时，几乎所有酶都失活。然而极低的温度条件对酶活力的作用也仅是部分抑制，而不是完全停止。例如脂肪酶在－35℃尚不失去活力。由此可以理解在低温下贮藏的肉类，有一定的贮藏期限。

3. 低温与寄生虫

鲜猪肉、牛肉中常有旋毛虫、绦虫等寄生虫，用冻结的方法可将其杀灭。在使用冻结方法致死寄生虫时，要严格按有关规程进行。

二、冷却肉与冷冻肉

刚屠宰的畜、禽，肌肉的温度通常在38～41℃，这种尚未失去生前体温的肉叫热鲜肉。在0℃条件下将热鲜肉冷却到深层温度0～4℃时，称为冷却肉。肉类的冷却就是将屠宰后的胴体，吊挂在冷却室内，使其冷却到最厚处的深层温度达到0～4℃的过程。如果继续降低肉温，当温度低于肉的冰点温度时，肉就开始冻结，肉的冻结温度通常为－20～－18℃，这样的肉就称为冷冻肉。

冷鲜肉又称排酸肉，是指严格执行兽医检疫制度，对屠宰后的畜胴体迅速进行冷却处理，使胴体温度在24h内降为0～4℃，并在后续加工、流通和销售过程中始终保持在0～4℃的生鲜肉。与热鲜肉、冷冻肉相比，冷鲜肉的优点是在适宜温度下屠体有序完成了尸僵、解僵、软化和成熟过程，肌肉蛋白质正常降解，肌肉排酸软化，嫩度明显提高、风味明显改善；与热鲜肉无异，且肉质更为柔软；同时一般热鲜肉保质期只有1～2d，而冷鲜肉在0～10℃的温度条件下，保质期一般一周以上。发达国家早在20世纪二三十年代就开始推广冷鲜肉，目前在其消费的生鲜肉中，冷鲜肉约占90%。我国的肉类产量在1990年就超过了美国，位居世界首位，而我国消费者消费的肉中未经加工的占90%以上，其中绝大多数是热鲜肉和冷冻肉，冷鲜肉的比例很低。

三、冻结速度

冻结速度对冻肉的质量影响很大，冻结速度的表示方法主要有两种。

1. 用冻结时间表示

肉中心温度从－1℃降至－5℃花费时间少于30min，称为快速冻结，多于30min称为缓慢冻结。

2. 用单位时间内形成冰层的厚度表示

国际制冷协会规定，冻结时间是品温从表面达到0℃开始，到中心温度达到－10℃所需的时间。冻层厚度和冻结时间单位分别用“cm”和“h”表示，则冻结速度（V）为：

$$V\ (\text{cm/h}) = \text{冰层厚度}/\text{冻结时间}$$

超快速冻结：冻结速度＞10cm/h，用液氮或液态CO_2冻结小块物品属于超快速冻结；

快速冻结：冻结速度＝5～10cm/h，用平板式冻结机或流化床冻结机可实现快速冻结；

中速冻结：冻结速度＝1～5cm/h，常见于大部分鼓风冻结装置；

慢速冻结：冻结速度 <1cm/h，纸箱装肉品在鼓风冻结期间多处在缓慢冻结状态。

在生产中把肉从 0 ~4℃降至 -15℃，需时间 48 ~72h 称为慢冻，需 24h 称为速冻。

四、肉在冷藏与冻藏期间的变化

1. 肉在冷藏期间的变化

冷藏条件下的肉，由于水分没有结冰，微生物和酶的活动还在进行，所以易发生干耗，表面发黏、发霉、变色等，甚至产生不愉快的气味。

(1) 干耗　处于冷却终点温度的肉 (0 ~4℃)，其物理、化学变化并没有终止，其中以水分蒸发而导致干耗最为突出。干耗的程度受冷藏室温度、相对湿度、空气流速的影响。高温，低湿度，高空气流速会增加肉的干耗。

(2) 发黏、发霉　这是肉在冷藏过程中，微生物在肉表面生长繁殖的结果，这与肉表面的污染程度和相对湿度有关。微生物污染越严重，温度越高，肉表面越易发黏、发霉。

(3) 颜色变化　肉在冷藏中色泽会不断地变化，若贮藏不当，牛、羊、猪肉会出现变褐、变绿、变黄、发荧光等。鱼肉产生绿变，脂肪会黄变。这些变化有的是在微生物和酶的作用下引起的，有的是本身氧化的结果。色泽的变化是品质下降的表现。

(4) 串味　肉与有强烈气味的食品存放在一起，会使肉串味。

(5) 成熟　冷藏过程中可使肌肉中的化学变化缓慢进行，而达到成熟，目前肉的成熟一般采用低温成熟法即冷藏与成熟同时进行，在 0 ~2℃，相对湿度 86% ~92%，空气流速为 0.15 ~0.5m/s，成熟时间视肉的品种而异，牛肉大约需 3 周。

(6) 冷收缩　主要是在牛、羊肉上发生，它是屠杀后在短时间进行快速冷却时肌肉产生强烈收缩。这种肉在成熟时不能充分软化。研究表明，冷收缩多发生在宰杀后 10h，肉温降到 8℃以下时出现。

2. 肉在冻藏中的变化

(1) 干耗　干耗的程度与空气条件有关，空气温度高、流速快可加大干耗。温度的波动也会引起干耗的增加，如把肉贮藏在恒定的 -18℃条件下，每月水分损失 0.39%，如温度波动在 ±3℃之间，则每月水分损失为 0.56%。包装能减少 4% ~20% 的干耗。

(2) 冰结晶的变化　温度升高或波动，小冰晶表面的水蒸气移向大冰晶表面，导致液态水和小冰晶消失，大冰晶逐渐长大，从而对食品组织产生机械损伤作用。

（3）变色　冻藏过程中肉的色泽会逐渐褐变。主要是肌红蛋白氧化成高铁肌红蛋白的结果。温度在氧化上起主要作用，冻结冷藏的温度越低，颜色变化越小，据研究 -15 ~ -5℃时的氧化速度是 -18℃时的 4 ~6 倍。脂肪氧化发黄也是变色的主要原因之一。

（4）微生物和酶　病原性微生物代谢活动在温度下降到 3℃时停止，当温度下降到 -10℃以下时，大多数细菌、酵母菌、霉菌的生长受到抑制。但如果冷冻肉在冷藏前已被细菌或霉菌污染，或者在冷藏条件不好的情况下冷藏时，冻结肉的表面也会出现细菌和霉菌的菌落，特别是溶化的地方易发现。

五、冷却肉的加工

经屠宰初加工之后的肉类温度一般在 40℃左右，这正是微生物生长繁殖和酶作用的最适温度，为了抑制微生物的生长繁殖，减弱酶的活力，必须使肉的温度迅速降低，使微生物和酶的作用在极短的时间内减弱到最低程度。

肉中的水分呈胶体状态，水分由内层向表层扩散性差，在冷却中，冷却介质与肉表面温差较大，表面水分大量蒸发。在适当的冷却条件下，肉体表面形成一干燥表层，称干燥膜。干燥膜可阻止内部水分向表面移动，减少肉水分蒸发，同时还可阻止微生物在表层繁殖和侵入肉内部。

此外，冷却也是达到肉成熟和冻结过程的预处理阶段，冷却肉因肌肉缩紧而易切割加工。冷却可延缓脂肪和肌红蛋白的氧化，使肉保持鲜红色泽和防止脂肪氧化。

1. 冷却工艺

冷却间预冷 →热鲜肉→ 调温、湿度及空气流速 → 冷却 → 冷藏

2. 冷却方法与冷却条件

（1）冷却方法　肉类经屠宰、修整、检验和分级后，应立即送入冷却间。冷却方法有空气冷却、水冷却、冰冷却和真空冷却等。我国主要采用空气冷却法。

空气冷却分为一段冷却、两段冷却两种。

① 一段冷却：指整个冷却过程在一个冷却间内完成。冷却间空气的温度控制在 0℃左右，空气的流速在 0.5 ~1.5m/s，相对湿度在 90% ~98%。冷却结束时，胴体后腿肌肉最厚部的中心温度应达到 4℃以下，整个冷却过程一般不超过 24h。

② 两段冷却：目前应用较多，两段冷却法的冷却过程是通过不同冷却温度和空气流速的两个冷却阶段完成的，冷却过程可以在同一冷却间内完成，也可在

不同的冷却间内完成。第一阶段冷却间空气温度2~3℃，空气的流速1~2m/s，冷却2~4h；第二阶段冷却间空气温度-2~-1℃，空气流速0.1m/s左右，冷却18h左右。在缓慢冷却中使肉表面与中心温度趋于一致。二段冷却的优点是：感官质量好，质量损失减少40%~50%。

（2）冷却条件

① 温度：冷却间温度在肉进入前应保持在-4~-2℃，这样在肉进入之后，不会引起冷却间温度突然升高。对牛、羊肉而言，为了防止冷收缩的发生，在肉的pH高于6.0以前，肉温不要降到10℃以下。

② 空气相对湿度：冷却间空气相对湿度的大小会影响到微生物的生长繁殖和肉的干耗程度。湿度大，肉的干耗少，但有利于微生物的生长繁殖；湿度小，可抑制微生物活动，但肉的干耗将增加。处理好这一矛盾的方法就是在冷却开始的1/4时间内，维持相对湿度95%~98%，在后期3/4时间内，维持相对湿度90%~95%，临近结束时控制在90%左右。

③ 空气流动速度：由于空气热容量小，热导率小，肉在静止的空气中冷却速度很慢。要想加速冷却，只有增大空气流动速度。但过快的空气流速会增大肉的干耗，故冷却过程中一般空气流速采用0.5m/s的流速，最大不超过2m/s。

猪胴体冷却工艺参数见表1-6。对于个体较小的禽肉，常用的冷却工艺条件为：空气温度在2~3℃，相对湿度在80%~85%，空气的流速在1.0~1.2m/s，冷却7h左右。

表1-6　猪胴体冷却工艺参数

品名	冷却方法		空气平均温度/℃	空气平均速度/（m/s）	肉的初温/℃	肉的终温/℃	冷却时间/h
猪肉	一次冷却法	慢速	2	0.1	35	4	36
		中速	0	0.5	35	4	24
		快速	-3	0.8	35	4	13
	二次冷却法	第一阶段	-7~-5	1~2	35	10~15	6
		第二阶段	-1	0.1	10~15	4	8

3．冷却肉的贮藏

冷藏环境的温度和湿度对贮藏期的长短起决定性的作用，温度越低，贮藏时间越长，一般以-1~1℃为宜，温度波动不得超过0.5℃，进肉或出肉时升温不得超过3℃，几种动物性食品的贮藏条件及时间见表1-7。

表 1-7　　动物性食品的贮藏条件和及时间

品名	温度/℃	相对湿度/%	贮藏期/d
牛肉	-1.5~0	90	28~35
小牛肉	-1~0	90	7~21
羊肉	-1~0	85~90	7~14
猪肉	-1.5~0	85~90	7~14
全净膛鸡	0	85~90	7~11
腊肉	-3~0	85~90	30
腌猪肉	-1~0	85~90	120~180

4. 注意事项

（1）吊轨上的胴体，应保持3~5cm的间距，轨道负荷每米定额以半片胴体计算，牛为2~3片（约200kg），猪为3~4片（约200kg），羊为10片（约150~200kg）。

（2）不同等级肥度的胴体要分室冷却，使全部胴体在相近时间内完成冷却，同一等级体重有显著差异的，则应把体重大的吊在靠近排风口，以加速冷却。

（3）在平行轨道上，按“品”字形排列，以保证空气的流通。

（4）整个冷却过程中，尽量少开门和人员出入，以维持冷却室的冷却条件，减少微生物的污染。

（5）副产品冷却过程中，尽量减少水滴、污血等物，并尽量缩短进冷却库前停留的时间。

（6）胴体冷却终点以后腿最厚部中心温度达0~4℃为标准。

六、冷冻肉的加工

肉的冻结温度通常为-20~-18℃，在这样的低温下水分结冰，有效地抑制了微生物的生长繁殖和肉中各种化学反应，防止肉类品质下降。因此冻结能较长时间地保持肉的新鲜度，防止肉类变质，其贮藏期为冷却肉的5~50倍。

1. 冷冻工艺

冷冻间预冷 →热鲜肉→ 调温、湿度及空气流速 → 冷冻 → 冻藏

2. 冷冻方法与冷冻条件

（1）冷冻方法

① 肉的冻结[9]方法分为空气冻结法、板式冻结法和浸渍冻结法。其中空气

冻结法最为常用。

a. 空气冻结法：是以空气作为冷却介质的一种冻结方法。即以空气作为与氨蒸发管之间的热传导介质。一般采用温度 -25 ~ -23℃（国外多采用 -40 ~ -30℃），相对湿度 90% 左右，风速 1.5 ~ 2m/s。是生产中应用最广泛的方法，其特点是经济、方便，但速度较慢。

b. 板式冻结法：是把肉放在制冷剂冷却的板、盘、带或其他冷壁上，肉与冷壁接触而冻结的方法。板式冻结法室温度通常为 -30 ~ -10℃，一般适用于薄片的肉品，如肉排、肉片，以及肉饼等的冷冻。冻结速率比空气冻结法稍快。

c. 浸渍冻结法：流体浸渍和喷雾是商业上用来冷冻禽肉最普遍的方法，一些其他肉类和鱼类也利用此法冷冻。此法热量转移迅速，稍慢于风冷或速冻，供冷冻用的流体必须无毒性，成本低，且具有低黏度，低冻结点以及高热传导性等特点。一般常用液态氮、食盐溶液、甘油、甘油醇和丙烯醇等。

② 冻结工艺分为一次冻结和二次冻结。

a. 一次冻结：宰后鲜肉不经冷却，直接送进冻结间冻结。冻结间温度为 -25℃，风速为 1 ~ 2m/s，冻结时间 16 ~ 18h，肉体深层温度达到 -15℃，即完成冻结过程，出库送入冷藏间贮藏。

一次冻结加工时间可缩短约为 40%，减少大量的搬运，提高冻结间的利用率，干耗损失少。但一次冻结对冷收缩敏感的牛、羊肉类，会产生冷收缩和解冻僵直的现象，故一些国家对牛、羊肉不采用一次冻结的方式。

b. 二次冻结：宰后鲜肉先送入冷却间，在 0 ~ 4℃温度下冷却 8 ~ 12h，然后转入冻结间，在 -25℃条件下进行冻结，一般 12 ~ 16h 完成冻结过程。

二次冻结肉质较好，不易产生冷收缩现象，解冻后肉的保水力好，汁液流失少，肉的嫩度好。

(2) 空气冻结法的冻结条件　牛、羊、猪、禽肉一般用 -20 ~ -18℃、相对湿度为 95% ~ 100%、风速 0.2 ~ 0.3m/s 的空气，冻结终温为 -18℃。

3. 冷冻肉的冻藏

将冷冻后的肉贮藏于一定的温度、湿度的低温库中，在尽量保持肉品质量的前提下贮藏一定的时间，就是冻藏。冻藏条件的好坏直接关系到冻藏肉的质量和贮藏期的长短。

(1) 冻藏条件

① 温度：从理论上讲，冻藏温度越低，肉品质量保持得就越好，保存期限也就越长，但成本也随之增大。对肉而言，-18℃是比较经济、合理的冻藏温度。近年来，水产品的冻藏温度有下降的趋势，原因是水产品的组织纤维细嫩，蛋白质易变性，脂肪中不饱和脂肪酸含量高，易发生氧化。

② 湿度：在 -18℃的低温下，湿度对微生物的生长繁殖影响很微小，从减

少肉品干耗考虑，空气湿度越大越好，一般控制在95% ~98%。

③ 空气流动速度：在空气自然对流情况下，流速为0.05 ~0.15m/s，空气流动性差，温、湿度分布不均匀，但肉的干耗少，多用于无包装的肉食品。在强制对流的冷藏库中，空气流速一般控制在0.2 ~0.3m/s，最大不能超过0.5m/s，其特点是温、湿度分布均匀，肉品干耗大。

(2) 冻藏期限　冷冻肉的贮藏温度与贮藏期关系见表1-8。在相同贮藏温度下，牛肉贮藏期最长，羊肉次之，猪肉最短。

表1-8　冻结肉类的贮藏条件和时间

类别	冰冻点/℃	温度/℃	相对湿度/%	期限/月
牛肉	-1.7	-23 ~ -18	90 ~95	9 ~12
猪肉	-1.7	-23 ~ -18	90 ~95	4 ~6
羊肉	-1.7	-23 ~ -18	90 ~95	8 ~10
子牛肉	-1.7	-23 ~ -18	90 ~95	8 ~10
兔肉	—	-23 ~ -18	90 ~95	6 ~8
禽类	—	-23 ~ -18	90 ~95	3 ~8

4. 冷冻肉的解冻

肉的解冻是将冻结肉类恢复到冻前的新鲜状态。各种冻肉在食用前或加工前都要进行解冻，从热量交换的角度来说，解冻是冻结的逆过程。由于冻结、冻藏中发生了各种变化，解冻后肉要恢复到原来的新鲜状态是不可能的，但可以通过控制冻结和解冻条件使其最大程度地复原到原来的状态。

(1) 解冻的方法和条件　解冻方法很多，如空气解冻法、水解冻法、高频电及微波解冻法。从传热的方式上可以归为两类：一类是从外部借助对流换热进行解冻，如空气解冻、水解冻；另一类是肉内部加热解冻，如高频电和微波解冻。肉类工业中大多采用空气解冻法和水解冻法。

① 空气解冻法：又称自然解冻，以热空气作为解冻介质，由于其成本低，操作方便，适合于体积较大的肉类。这种解冻方法因其解冻速度慢，肉的表面易变色、干耗、受灰尘和微生物的污染。故控制好解冻条件是保证解冻肉质量的关键，一般采用空气温度14 ~15℃，风速2m/s，相对湿度95% ~98%的空气进行解冻。

② 水解冻法：以水作为解冻介质，由于水具有较适宜的热力学性质，解冻速度比相同温度的空气快得多，在流动水中解冻速度更快。一般用水温度为10℃左右。水解冻的缺点是营养物质流失较多，肉色灰白。

(2) 解冻速度对肉质的影响　解冻是冻结的逆过程，冻结过程中的不利因素，在解冻时也会对肉质产生影响，如冰晶的变化、微生物、酶的作用等。为了保证解冻后肉的状态最大程度地复原到原来的状态，一般对冻结速度均匀，体积小的产品，应用快速解冻，这样在细胞内外冰晶几乎同时融解，水分可被较好地吸收，汁液流失少，产品质量高；对体积较大的胴体，采用低温缓慢解冻，因为大体积的胴体在冻结时，冰晶分布不均匀，解冻时融化的冰晶－要被细胞吸收需一定的时间。这样可减少汁液的流失，解冻后肉质接近原来状态。如在－18℃下贮藏的猪胴体，用快速解冻汁液流失量为3.05%，慢速解冻时汁液流失量只是1.23%。

5. 注意事项

(1) 冻藏库中的温度要稳定，温度的波动应控制在±2℃范围内，否则会促进小冰晶消失和大冰晶长大，加剧冰晶对肉的机械损伤作用。

(2) 对于冻藏胴体而言，一般没有包装，冷藏库多用空气自然对流方法，如要用冷风机强制对流，要避免冷风机吹出的空气正对胴体，增加干耗。

七、思考与应用

(1) 热鲜肉冷却的目的及特点是什么？
(2) 比较一段冷却法与二段冷却法的优缺点。
(3) 冷冻肉的特点是什么？
(4) 生鲜肉冷冻方法有哪些？空气冻结法的冻结条件是什么？
(5) 冷冻肉解冻方法有哪些？你认为哪种解冻方法好，并说明理由。

任务四 肉制品加工常用辅料

在肉制品加工中，往往要加入一定量的天然物质或化学物质，以改善产品的色、香、味、形、组织结构和贮藏性能，这些物质统称为肉制品加工辅料。所谓肉制品生产四大关键中，即合理的原料、良好的制作、适宜的火候、合理的调料，其调料的使用是极为重要的。各种调料均能给制品增添某种特殊的风味，并且具有抑制和矫正制品的不良气味、增进食欲、促进消化等作用。正确使用辅料，对提高产品的质量和产量，增加肉制品的花色品种，提高其营养价值和商品价值，保障消费者的身体健康，均具有十分重要的意义。

一、调味料

调味料是指为了改善食品的风味，能赋予食品特殊的味感（咸、甜、酸、苦、鲜、麻、辣等），使食品鲜美可口、增进食欲而添加入食品中的天然或人工合成的物质。有咸味料、甜味料、鲜味料等。在肉制品加工中，必须合理地、恰当地、正确地使用调味料，以达好的调味效果。

1. 咸味料

（1）食盐　是肉制品加工中最重要的调味料，具有调味、防腐保鲜、提高保水性和黏着性等作用。

食盐的使用量应根据消费者的习惯和肉制品的品种要求适当掌握，通常生制品的食盐用量为4%左右，熟制品的食盐用量为2%～3%。肉制品中含有大量的蛋白质、脂肪等具有鲜香味的成分，而常常需要有一定浓度的咸味才能表现出来，不然就淡而无味，所以食盐有“百味之王”之称。

（2）酱油　在肉制品加工中添加酱油不仅起到咸味料的作用，而且具有良好的增鲜增色、改良风味的效果。在中式肉制品中广泛使用，使制品呈美观的酱红色，是酱卤制品的主要调味料，在香肠等制品中，还有促进其发酵成熟的作用。

（3）黄酱　黄酱又称面酱，味咸香，色黄褐，为有光泽的泥糊状。在肉品加工中不仅是常用的咸味调料，而且还有良好的提香生鲜，除腥清异的效果。黄酱广泛用于肉制品和烹饪加工中，使用标准不受限制，依调味效果而定。

2. 甜味料

（1）蔗糖　肉制品中添加少量的蔗糖可以改善产品的滋味，缓冲咸味。糖比盐更能迅速、均匀地分布于肉的组织中，增加渗透压，形成乳酸，降低pH，提高肉的保藏性，并能促进胶原蛋白的膨胀和松弛，使肉质松软、色调良好。蔗糖添加量在0.5%～1.5%为宜，但因品种不同而有较大的差异。

（2）葡萄糖　在肉品加工中，葡萄糖除作为甜味料使用外，还可形成乳酸，有助于胶原蛋白的膨胀和疏松，从而使制品柔软。另外，葡萄糖的保色作用较好，而蔗糖的保色作用不太稳定。不加糖的制品，切碎后会迅速褪色。肉品加工中葡萄糖的使用量为0.3%～0.5%，在发酵肉制品中葡萄糖一般作为微生物的主要碳源。

（3）山梨糖醇　山梨糖醇甜度为砂糖的60%，常作为砂糖的代用品。在肉制品加工中，不仅用作甜味料，还能提高渗透性，使制品纹理细腻，肉质细嫩，增加保水性，提高出品率。

（4）饴糖　饴糖又称糖稀，味甜爽口，有吸湿性和黏性。在肉品加工中常作为烧、烤、酱卤、油炸制品的增色剂和甜味助剂。

3. 酸味料

酸味剂是食品中主要的调味料之一，不仅能够调味，还可增进食欲，并具有一定的防腐作用，也有助于纤维及钙磷等溶解，因而可促进人体消化吸收。

(1) 食醋　食醋为中式糖醋类风味产品的重要调味料，如与糖按一定比例配合，可形成宜人的甜酸味。因醋酸具有挥发性，受热易挥发，故宜在产品即将出锅时添加，否则，将部分挥发而影响到酸味。醋酸还可与乙醇生成具有香味的乙酸乙酯，故在糖醋制品中添加适量的酒，可使制品具有浓醇甜酸、气味扑鼻的特点。醋对人体有益无害，所以在制品加工中，可以不受限制地使用，以制品风味需要为度。

(2) 酸味剂　常用的酸味剂有柠檬酸、乳酸、酒石酸、苹果酸、醋酸等，这些酸均能参加体内正常代谢，在一般使用剂量下对人体无害，但应注意其纯度。

4. 鲜味料

鲜味是一种复杂的美味感觉，在肉中、鱼中、贝类中等都具有特殊的鲜美滋味，通常简称为鲜味。具有鲜味的食品调料很多，常使用的有氨基酸类、肽、核苷酸类、琥珀酸等。

(1) L-谷氨酸钠　L-谷氨酸钠又称味精，具有独特的鲜味，略有甜味或咸味。在肉制品加工中，一般使用量为0.25%～0.5%。

(2) 肌苷酸钠　肌苷酸钠有特殊的鲜味（松鱼味），在肉品加工中作为鲜味剂使用，其鲜味比谷氨酸钠强10～30倍，性质比谷氨酸钠稳定。与L-谷氨酸钠合用对鲜味有相乘效应。一般均与谷氨酸钠、鸟苷酸钠等合用，配制混合味精，以提高增鲜效果。使用量为谷氨酸钠的1%～5%。

5. 料酒

中式肉制品中常用的料酒有黄酒和白酒，应用最多的是黄酒，常称为料酒。以酒作为调味料，它可以除膻味、腥味和异味，并有一定的杀菌和固色作用，赋予制品特有的醇香味，使制品回味甘美，增加风味特色。黄酒色黄澄清，味醇正常，含酒精12°以上。白酒应无色透明，具有特有的酒香气味。在生产腊肠、酱卤等肉制品时料酒是必不可少的调味料，以正常生产需要量而添加。

6. 调味肉类香精

调味肉类香精是采用纯天然的肉类为原料，经过蛋白酶适当降解成小肽和氨基酸，加还原糖在适当的温度条件下发生美拉德反应，生成风味物质，经超临界萃取和微胶囊包埋或乳化调和等技术生产的粉状、水状、油状系列调味香精。包括猪、牛、鸡、羊肉、火腿等各种肉味香精，可单独添加或混合到肉类原料中，使用方便，是目前肉类工业常用的增香剂，尤其适用于高温肉制品和风味不足的西式低温肉制品。

二、香辛料

香辛料是指具有芳香味和辛辣味的辅助材料的总称。在肉制品中添加可起到赋予产品特有的风味，抑制或矫正不良气味，增进食欲、促进消化等作用。

在肉制品生产中，常用的香辛料大多属于芳香健胃类中药，种类很多，按照来源不同可分为天然香辛料、配制香辛料和抽提香辛料三大类。

天然香辛料是指利用植物的根、茎、叶、花、果实等部分，直接使用或简单加工（干燥、粉碎）后使用的香辛料；配制香辛料是把天然香辛料经过化学加工处理，提取出其有效成分，再浓缩、调配而成；抽提香辛料是利用物理方法对挥发性和不挥发的精油成分进行提取后调制而成。

1. 天然香辛料

（1）花椒　花椒又称川椒、秦椒等。花椒性热味辣，是肉品加工中常用的调味料，不仅能赋予制品以令人适宜的辛辣味，而且还有杀菌、抑菌等作用。在肉制品加工中，整粒多供腌制品及酱卤汁使用，粉末多用于调味和配制五香粉。使用量一般为0.2%～0.3%。能赋予制品适宜的香麻味。

（2）大茴香　俗称大料、八角，有去腥防腐的作用，是肉品加工中的主要调味料。能使肉失去的香气回复，故名茴香。

（3）小茴香　俗称茴香、席香、小茴等，气芳香、味微甜，稍有苦辣，性温和。肉制品中添加有增香调味、防腐除膻的作用。

（4）桂皮　桂皮又称肉桂，常用于调味和矫味。在烧、烤、酱卤制品中加入，更能增加肉品的复合香气味。是酱卤制品的主要调味料之一，也是五香粉的主要原料。

（5）白芷　白芷性辛温，香味浓者为佳品，能除腥，是酱卤制品中常用的香料。

（6）山柰　山柰又称三柰、山椒、砂姜，山柰性辛温，具有较强烈的芳香气味，具有增强风味、除腥提香、抑菌防腐的作用，在炖、卤制品中加入山柰则别具香味。

（7）丁香　丁香的花蕾叫公丁香，果实叫母丁香，具有特殊的浓烈香味，兼有桂皮香味，常作为桂皮的代用品，对提高制品风味具有显著的效果。但丁香对亚硝酸盐有消色作用。在使用时应加以注意。

（8）胡椒　胡椒有黑胡椒、白胡椒两种。未成熟的胡椒果实干后果皮皱缩的是黑胡椒；成熟后去皮晒干的为白胡椒。

胡椒味辣香，具有令人舒适的辛辣芳香，是制作咖喱粉、辣酱油、番茄沙司不可缺少的香辛料，也是荤菜肴、腌、卤制品不可缺少的香辛料，对西式肉制品来说，也是占主要地位的香辛料，用量一般为0.3%左右。

(9) 砂仁　砂仁气味芳香浓烈，具有矫臭压腥的作用。肚、肠、猪肉汤、汉堡饼等制品中常用。

(10) 肉豆蔻　肉豆蔻亦称豆蔻、肉蔻、玉果，不仅有增香去腥的调味功能，亦有一定的抗氧化作用，肉制品中普遍使用。

(11) 陈皮　陈皮性辛温，气味芳香，微苦。是肉品加工中常用的香辛料之一，能增加制品复合香味。

(12) 草果　草果性温味辣，多用于酱卤肉制品，常作烹饪香辛料用，特别是烧炖牛肉放入少许，可压膻除腥。

(13) 月桂叶　月桂叶具有清香气味，能除去生肉中的异味，常用作西式肉制品和肉类罐头的矫味剂，此外，在汤、鱼等菜肴中也常使用。

(14) 葱　葱具有强烈的葱辣味和刺激味，作香辛料使用，可压腥去膻，广泛用于酱制、红烧等肉制品。

(15) 姜　姜性辛微温、味辣香，在肉品加工中可以鲜用，也可以干制成粉末使用。具有去腥调味的作用，常用于酱制、红烧制品，也可将其榨成姜汁或制成姜粉等，加入灌肠制品中以增加风味。

(16) 蒜　含有强烈的辛辣味，具有调味、压腥、去膻作用，常用于灌肠制品。蒜中的硒，是一种抗诱变剂，它能使处于癌变情况下的细胞正常分解；阻断亚硝胺的合成，减少亚硝胺前体物的生成。所以大蒜还具有良好的防癌、抗癌作用。

(17) 辣椒　辣椒有强烈的辛辣味，不仅有调味功能，还有杀菌、开胃等效用，同时还具有抗氧化和着色作用。在肉品加工中，使用较多的是香辣椒和红辣椒。

2. 配制混合香辛料

配制混合香辛料是将数种香辛料混合起来，使之具有特殊的混合香气。它的代表性品种有咖喱粉、五香粉。

(1) 咖喱粉　咖喱粉味香辣，呈鲜艳黄色，是肉品加工和中西菜肴重要的调味品。使用时为了减少挥发损失，宜在制品临出锅前加入。咖喱粉常用胡椒粉、姜黄粉、茴香粉等混合配制（见表1-9）。

表1-9　几种咖喱粉配方　单位：kg

配方1		配方2	
品名	重量	品名	重量
芫荽籽粉	5	芫荽籽粉	16
小豆蔻粉	0.4	白胡椒粉	1
姜黄粉	5	辣椒粉	0.5

续表

配方1		配方2	
品名	重量	品名	重量
辣椒粉	10	姜黄粉	1.5
胡萝卜籽粉	40	姜粉	1
		肉豆蔻粉	0.5
		芹菜籽粉	0.5
		小豆蔻粉	0.5

（2）五香粉　五香粉是以花椒、八角、小茴香、桂皮、丁香等香辛料为主要原料配制而成的复合香料（见表1－10）。

表1－10　　五香粉的配方　　单位：kg

配方1		配方2	
品名	重量	品名	重量
八角	1	花椒	4
小茴香	3	小茴香	16
桂皮	1	桂皮	4
五加皮	1	甘草	12
丁香	0.5	丁香	4
甘草	3		

3. 抽提香辛料

抽提香辛料是由芳香植物不同部位的组织（如花蕾、果实、种子、根、茎、叶、枝、皮或全株）或分泌物，采用蒸汽蒸馏、压榨、冷磨、萃取、浸提、吸附等物理方法而提取制得的一类天然香料。因制取方法不同，可制成不同的制品，如精油、酊剂、浸膏、油树脂等。

三、添加剂

肉制品加工中使用的添加剂，根据其目的不同大致可分以下几种：发色剂与发色助剂、防腐剂、抗氧化剂和品质改良剂等。

1. 发色剂与发色助剂

为了使肉制品呈鲜艳的红色，在肉类腌制品中常使用硝酸盐及亚硝酸盐作为发色剂。

（1）硝酸盐　硝酸钠及硝酸钾（硝石）易溶于水，将其加入到肉制品中，硝酸盐在微生物的作用下还原，变成亚硝酸盐，其与肌肉中色素蛋白质发生化学反应形成鲜艳的亚硝基肌红蛋白和亚硝基血红蛋白，这种化合物在烧煮时变成稳定粉红色，使肉制品呈现鲜艳的色泽。

（2）亚硝酸钠　亚硝酸钠吸湿性强，长期保存必须密封在不透气容器中。亚硝酸盐的作用比硝酸盐大 10 倍，应用微小剂量就可迅速发色。欲使猪肉发红，在盐水中含有 0. 06% 亚硝酸钠就已足够；为使牛肉、羊肉发色，盐水中需含有 0. 1% 的亚硝酸钠。但是仅用亚硝酸盐的肉制品，在贮藏期间退色快，对生产过程长或需要长期存放的制品，最好使用硝酸盐腌制。现在许多国家广泛采用混合盐，能缩短腌制的时间。用于生产各种灌肠时混合盐料的组成是：食盐 98% ，硝酸盐 0. 83% ，亚硝酸盐 0. 17% 。亚硝酸盐毒性强，所以使用时用量要严格控制。在日本肉制品中亚硝酸根的残留量规定在 70mg/kg 以下。

硝酸钠和亚硝酸钠均具有毒性，尤其是亚硝酸根与蛋白质分解的中间体二级胺结合形成有强烈致癌性的亚硝胺，故应把硝的用量限制在最低水平。目前还没有理想的替代品。根据国家规定的标准，在肉制品生产中，硝酸钠的用量应低于 0. 5g/kg，亚硝酸钠用量应低于 0. 15g/kg。制成成品后的残留量以亚硝酸钠计，不得超过 30mg/kg。

（3）发色助剂　肉制品中常用的发色助剂有抗坏血酸和异抗坏血酸及其钠盐、烟酰胺、葡萄糖、葡萄糖酸内酯等。其助色机理与硝酸盐或亚硝酸盐的发色过程紧密相连。

① 抗坏血酸、抗坏血酸钠：抗坏血酸即维生素 C，具有很强的还原作用，但对热和重金属极不稳定，因此一般使用稳定性较高的钠盐。肉制品中最大使用量为 0. 1% ，一般为 0. 025% ～0. 05% 。在腌制或斩拌时添加，也可以把原料肉浸渍在该物质的 0. 02% ～0. 1% 的水溶液中。腌制剂中加谷氨酸会增加抗坏血酸的稳定性。

② 异抗坏血酸、异抗坏血酸钠：异抗坏血酸是抗坏血酸的异构体，其性质和作用与抗坏血酸相似。

③ 烟酰胺：烟酰胺属于 B 族维生素的营养强化剂的一种，也能形成稳定的烟酰胺肌红蛋白，使肉呈红色，且烟酰胺对 pH 的变化不敏感，与抗坏血酸同时使用有促进发色、防止褪色的作用。

④ δ – 葡萄糖酸内酯：δ – 葡萄糖酸内酯能缓慢水解生成葡萄糖酸，造成火腿腌制时的酸性还原环境，促进硝酸盐向亚硝酸转化，利于 NO – Mb 和 NO – Hb 的生成。

2. 着色剂

着色剂亦称食用色素，是指为使食品具有鲜艳而美丽的色泽，改善感官性状以增进食欲而加入的物质。食用色素按其来源和性质分为食用天然色素和食用合成色素两大类。对肉制品加工来讲应考虑两方面：一是肉制品的外面（着色），二是制品内部的色调调整。肠衣着色也不允许添加食用色素以外的色素，对于添加到肉制品中的色素更要慎重，因为有些色素是有毒的。

天然红色素中尤以红曲色素最为普遍，它是一种安全性比较高、化学性质稳定的色素。在灌肠中使用，其效果可与人工合成色素媲美，色泽也比较理想，但耐光性比不上人工合成色素。

我国批准使用的天然色素除红曲米外，尚有姜黄色素、虫胶色素、红花黄色素、叶绿素铜钠盐、β-胡萝卜素、红辣椒红素、甜菜红、糖色等。但这些色素在肉制品生产中不常用。

人工合成色素种类较多，但根据 GB 2760—2014《食品安全国家标准　食品添加剂使用标准》，我国允许使用的有胭脂红、苋菜红、柠檬黄、日落黄、靛蓝、赤藓红、新红等。值得注意的问题是人工合成色素，因其原料主要是煤焦油，通常称为煤焦或胺色素，这类色素对人有害，特别是致癌问题。在生产中应尽量避免使用合成色素，以保证食用的安全性。

3. 防腐剂

防腐剂是能够杀死微生物或抑制其生长繁殖的一类物质，在肉品加工中常用的防腐剂有以下几种。

（1）苯甲酸（钠）　苯甲酸（钠）又名安息香酸（钠），苯甲酸及苯甲酸钠在酸性环境中对多种微生物有明显抑制作用，但对产酸菌作用较弱。其抑菌作用受 pH 的影响。pH 为 5.0 以下，其防腐抑菌能力随 pH 降低而增加，最适 pH 为 2.5～4.0。pH 为 5.0 以上时对很多霉菌和酵母没有什么效果。其最大使用量为 0.2%。

苯甲酸和苯甲酸钠同时使用时，以苯甲酸计，不得超过最大使用量。

（2）山梨酸　山梨酸系白色结晶粉末或针状结晶，几乎无色无味，较难溶于水，易溶于一般有机溶剂。耐光耐热性好，适宜在 pH 为 5.0～6.0 以下使用。对霉菌、酵母和好气性细菌均有抑制其生长的作用。肉制品加工中其最大使用量为 0.1%。

（3）山梨酸钾　山梨酸钾系山梨酸的钾盐，易溶于水和乙醇。它能与微生物酶系统中的硫基结合，破坏许多重要酶系，达到抑制微生物增殖和防腐的目的，其防腐效果随 pH 的升高而降低，适宜在 pH 为 5.0～6.0 以下使用。最大使用量为 0.1%。

（4）山梨酸钠　山梨酸钠性质与山梨酸钾类同，但难溶于乙醇。其稳定性比山梨酸钾差，放置时能被氧化而自白黄色变浓褐色。其效力与山梨酸钾同，使用量为 0.10% 以下。

4. 抗氧化剂

氧化作用常常使肉制品变质酸败，为了保证贮存期较长的肠类制品和腌腊制品的正常气味，防止酸败，在制品中添加抗氧化剂可以取得一定的效果。

（1）丁基羟基茴香醚　又名特丁基－4－羟基茴香醚、丁基大茴香醚，简称BHA。为白色或微黄色的蜡状固体或白色结晶粉末，带有特异的酚类臭气和刺激味。丁基羟基茴香醚有较强的抗氧化作用，还有相当强的抗菌力，使用方便，但成本较高。它是目前国际上广泛应用的抗氧化剂之一，最大使用量（以脂肪计）为0.01%。

（2）二丁基羟基甲苯　又名2，6－二特丁基对甲酚，简称BHT，为白色或无色结晶粉末或块状，无臭无味。二丁基羟基甲苯抗氧化作用较强，耐热性好，价格低廉，但其毒性相对较高。它是目前国际上特别是在水产品加工方面广泛应用的廉价抗氧化剂，使用范围及其使用量参照BHA项。

（3）没食子酸丙酯　又名棓酸丙酯，简称PG，为白色或浅黄色晶状粉末，无臭、微苦，对脂肪、奶油的抗氧化作用较BHA或BHT强，三者混合使用时最佳。加增效剂柠檬酸则抗氧化作用更强。但与金属离子作用而着色。

在三种抗氧化剂中，BHT比其他抗氧化剂的效果好，没有BHA的异味，也没有PG与金属离子反应着色的缺点，而且价格低廉，所以是肉制品中一种比较理想的抗氧化剂，可用于大多数肉制品如腊肉、火腿、各式灌肠、肉脯、肉干、肉松等产品。

GB 2760—2014规定，没食子酸丙酯的使用范围同BHA或BHT，其最大使用量0.01%。丁基羟基茴香醚（BHA）与二丁基羟基甲苯（BHT）混合使用时，总量不得超过0.02%，没食子酸丙酯不得超过0.005%。

（4）维生素E　维生素E又名生育酚，是目前国际上唯一大量生产的天然抗氧化剂。本品为黄色至褐色几乎无臭的澄清黏稠液体，可与植物油任意混合，对热稳定。

维生素E的抗氧作用比丁基羟基茴香醚（BHA）、二丁基羟基甲苯（BHT）的抗氧化力弱，但毒性低，也是食品营养强化剂。主要适于作婴儿食品、保健食品、乳制品与肉制品的抗氧化剂和食品营养强化剂。在肉制品、水产品、冷冻食品及方便食品中，其用量一般为食品油脂含量的0.01%～0.2%。

5. 品质改良剂

（1）增稠剂　在肉制品生产中，使用最普遍的增稠剂是淀粉。加入淀粉后，对于肉制品的持水性，组织形态均有良好的效果。这是由于在加热的过程中，淀粉颗粒吸水、膨胀、糊化的结果。据研究，淀粉颗粒的糊化温度较肉蛋白变性温度高，当淀粉糊化时，肌肉蛋白质的变性作用已经基本完成并形成了网状结构，此时淀粉颗粒夺取存在于网状结构中不够紧密的水分，这部分水分被淀粉颗粒固定，因而持水性变好；同时淀粉颗粒因吸水变得膨润而有弹性，并起黏着剂的作用，可使肉馅黏合，填塞孔洞，使成品富有弹性，切面平整美观，具有良好的组织形态；同时在加热蒸煮时，淀粉颗粒可吸收溶化成液态的脂肪，减少脂肪流失，提高成品率。肉品加工中常添加的淀粉有玉米淀粉、马铃薯淀粉、小麦淀粉、大米淀粉、甘薯淀粉等。

肉制品淀粉的使用量视品种而定，一般在5% ~30% 范围内。高档制品用量宜少，并最好使用玉米淀粉。

（2）保水剂　为了提高肉的黏着力通常往肉中加磷酸盐。磷酸盐不仅有提高肉的黏着力的作用，还有封闭金属离子，防止添加剂和盐的再结晶，增进乳化性，防止氧化、腐败、防止维生素分解的作用。在灌肠和火腿生产中加入磷酸盐可使肉制品保水性、嫩度、黏性增强，改善了风味，成品率可提高3%左右。

实验和生产实践证明，各种磷酸盐混合使用比单独使用好，且混合的比例不同，效果也不同。在肉品加工中，使用量一般为肉重的0.1% ~0.4% 。用量过大会导致产品风味恶化，组织粗糙，呈色不良。

磷酸盐溶解性较差，因此，在配制腌液时需先将磷酸盐溶解后再加入其他腌制料。

在腌制用的盐水中允许使用少量的聚磷酸盐，但在成品中总量不超过0.5% 。在使用磷酸盐时，必须考虑到肌肉组织中大约有0.1% 的天然磷酸盐。

肉制品生产中使用的磷酸盐有20余种，但GB 2760—2014中明文规定可用于肉制品的磷酸盐有三种：焦磷酸钠、三聚磷酸钠和六偏磷酸钠。

① 焦磷酸钠：为无色至白色的结晶性粉末，溶于水，不溶于乙醇，能与金属离子络合，本品对制品的稳定性起很大作用，并具有增加弹性、改善风味和抗氧化作用。常用于灌肠和西式火腿等肉制品中，单独使用时最大用量为0.5% ，多与三聚磷酸钠混用。

② 三聚磷酸钠：为无色至白色的玻璃状、片状或者白色粉末，溶于水，具有很强的黏着作用对，还有防止制品变色、变质、分散的作用，对脂肪有很强的乳化性。添加三聚磷酸钠的肉制品，加热后水分流失很少、使制品光泽变得更好、还能提高出品率，最大使用量为0.5% 。

③ 六偏磷酸钠：为无色粉末或白色纤维状结晶或玻璃块状，潮解性强，对金属离子螯合力、缓冲作用、分散作用均很强。本品能促进蛋白质凝固，最大用量为0.5% 。

实践证明，几种磷酸盐混合使用比单一使用效果好，混合磷酸盐的使用量一般为0.2% ~0.45% 。其参考混合比见表1－11。

表 1－11　　复合磷酸盐的配方　　单位：%

配方	1	2	3	4	5	6
焦磷酸钠	—	2	3	60	40	48
三聚磷酸钠	23	26	85	10	40	25
六偏磷酸钠	77	72	12	30	20	27

（3）乳化剂　为了提高肉制品的感官质量和营养价值，在制品中添加大豆粉或大豆蛋白作为改良品质的乳化剂受到人们的重视和注意。

大豆粉的蛋白质含量高达成40%左右，是瘦肉蛋白质含量的2.5倍。同时具有优良的乳化、保水、吸水和黏合作用，而且具有乳化脂肪和增强凝胶的性能。在肉品加工中添加5%～7.5%较为适宜。大豆蛋白在肉制品中的主要作用在于改善肉制品的组织结构、改善肉制品的乳化性状、加强肉制品的凝胶效应，大大减轻由于肌纤维收缩造成的汁液流失，提高出率。

大豆蛋白在肉品加工中的使用量因制品不同而不同，一般以添加2%～12%较为适宜。

（4）凝胶剂　卡拉胶是由海藻中提取的一种多糖类，可保持自身重量10～20倍的水分。在肉馅中添加0.6%时，即可使肉馅保水率从80%提高到88%以上。

卡拉胶是天然胶质中唯一具有蛋白质反应性的胶质，它能与蛋白质形成均一的凝胶。添加到肉制品中，在加热时表现出充分的凝胶化，形成巨大的网络结构，可保持制品中的大量水分，减少肉汁的流失，使制品具有良好的弹性、韧性。卡拉胶还具有很好的乳化效果，稳定脂肪，表现出很低的离油值，从而提高制品的出品率。另外，卡拉胶能防止盐溶性肌球蛋白及肌动蛋白的损失，抑制鲜味成分的溶出。

在肉制品中，卡拉胶的使用是将其渗入盐水中，借助盐水注射器和按摩加工，使它与盐水溶液共同进入肉组织中，一般推荐的使用量为成品质量的0.1%～0.6%。

四、思考与应用

（1）肉制品生产的四大关键是什么？

（2）肉制品加工常用的辅料有哪些？

（3）肉制品加工中常用的发色剂有哪些？如何控制使用发色剂肉制品的安全性？

（4）肉制品生产中使用最普遍的增稠剂是什么？并说明理由。

任务五 肉制品加工常用设备及清洗消毒

现代肉制品加工质量在很大程度上取决于加工设备的自动化程度，因此肉制品加工设备是肉制品加工的重要内容。随着我国肉制品加工业快速发展，肉制品加工设备在肉制品加工中的作用越来越重要。

有了精良的肉类设备，才可能设计与开发出更多与众不同、多品种、高质量、低成本的肉类产品，持续增强企业的核心竞争力。高性能的肉类加工设备能够满足肉类加工制作工艺上的技术要求，是肉类产品质地稳定的重要保障。

一、肉制品加工常用设备的种类

（一）原料肉处理设备

肉制品加工原料种类繁多，由于不同生产工艺对原料要求不同，因此在加工前对原料进行解冻、骨肉分离、绞碎、去皮等不同处理。

1. 解冻设备

（1）空气解冻设备

① 低温微风解冻装置：是指把加湿空气（$7g/m^2$），以 1m/s 速度送入 0～5℃解冻库内，使冻肉类原料在 18～19h 达到半解冻状态。

② 压缩空气解冻装置：这是生产高档肉制品的冻肉解冻的一种装置，即把冻肉放入一个密闭的压力容器内，容器内压力为 0.5MPa、温度 22℃，风速为 1m/s 的条件下运转 2.75h 完成解冻。肉类色泽和风味很好，汁液流失少。

（2）水解冻设备　水是热的良好导体，水解冻的速度要远远高于空气静止解冻的速度。这是目前我国肉类加工企业冻肉解冻最为常见的方法，可在较短时间内使大批冻肉解冻。

方法是把冻肉放入流动水的池中解冻，水温度设定为 15～18℃，通常需 12～16h 即可解冻。

（3）微波解冻设备　运用微波加热完成冻肉解冻过程的方法（见图 1－6）。空气解冻和水解冻是从外部向内部传热，而微波解冻不仅是表面加热，内部同时也可加热，因此微波解冻所需要的时间较短，一般 1h 可以完成解冻，而常规的空气解冻要 10h 以上。

图1－6　连续式微波肉类解冻系统

2. 骨肉分离机

目前，我国肉类工业在肉类加工前处理阶段，普遍尚未应用骨肉分离设备。骨肉分离机（见图1－7）在国外肉类加工企业应用较为广泛，主要用于禽肉、鱼类和预切割的红肉类（猪、牛、羊）的骨肉分离。进料容量（因原料各类而异），每小时680～1361kg。

图1－7　骨肉分离机

目前市面上主要有三种类型的分离机。

（1）挤压式（高压和低压）　使用活塞或气缸等装置。借助活塞或气缸的高压推动产品通过孔板，将肉从骨架上挤压出来，残骨留在腔体内，然后将残骨取出，放入新的原料骨，如此往复循环，工作不能够连续进行。

（2）皮带式　由特制的皮带围绕着带有筛孔的转鼓旋转，原料骨被输送到皮带和转鼓之间，借助皮带和转鼓产生的压力将肉从筛孔中挤出，残骨仍留在皮带和转鼓之间，直到被排除。

（3）旋转式（高速和低速） 原料由专用绞肉机、肉泵或其他装置输送到料斗。旋转式应用了新的工作原理，螺杆在狭长的腔体内旋转，原料在腔体内由螺杆驱动。肉在螺杆的挤压下从腔体的孔槽间被挤出，残骨在螺杆的驱动下在末端被排出。螺杆转速至少在1000~2000r/min，外力源于螺杆和腔体。

3. 绞肉机

绞肉机是指能把适当大小肉块（剔骨）经金属螺旋推进通过锋利的不同孔径筛板，再经过绞刀将通过筛板孔的肉条切割成为不同颗粒大小细粒或肉糜的机械与设备（见图1-8）。

图1-8 绞肉机

目前，有多种型号的绞肉机，有的是多孔眼圆盘状板刀，板刀的孔眼有锥形和直孔，直孔直径根据工艺要求确定。有的绞刀则是“十”字型的绞肉机，其内部有一个螺旋推进器（亦称绞龙），原料从进料口投入后通过螺旋推进，送至刀刃而进行绞肉，绞刀的外面则是多孔漏板，漏板孔径可调整。

（二）肉制品加工设备

1. 腌制设备

腌制是肉制品加工的一个重要的工艺过程，传统的腌制工艺如湿腌法、干腌法周期长，为了实现快速腌制的目的，需要满足两个工艺要求：一是将腌制液迅速、均匀地分散到肌肉组织中，二是对肌肉组织进行一定强度的破坏，使肌浆蛋白等可溶性物质渗透溶解到盐水溶液中。腌制设备主要有盐水注射机、嫩化机、滚揉机。

（1）盐水注射机 盐水注射机是加工西式火腿的专用设备（见图1-9）。将按比例配好的盐水及辅料，通过注射器注入肉块中，不仅快速提高生产效率，而

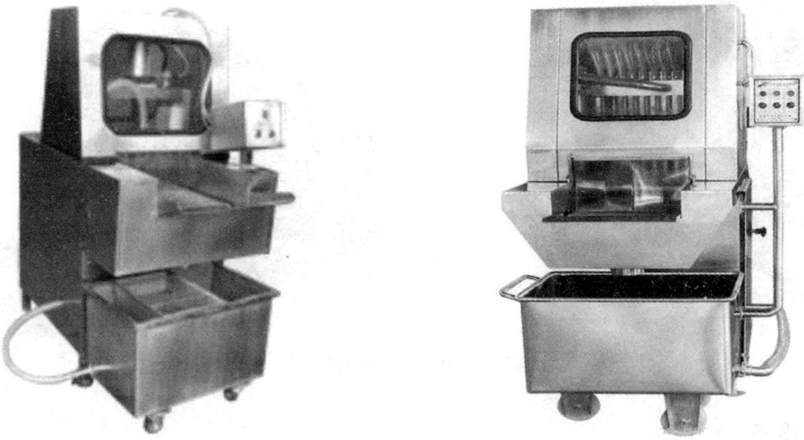

图 1－9　自动盐水注射机

且使盐水均匀分布在肉块中，再经过滚揉使肉质嫩化、松软，缩短腌制时间，并使肉发色均匀，具有较好的持水性，提高肉制品的质量和出率。

盐水注射机由压力泵、贮液槽、注射针及传送带等部分组成。工作时，将配好净化后的腌制液装入贮液槽，贮液槽与注射针的针管有压力阀相连接。作业时，称重后的肉片放在喂料传送带上，被推移从注射针下部通过。加压阀使贮液槽中的腌制液进入注射针管中，当针头冲碰到肉片时开始注射盐水，针头恒速下降。针头上升时，停止注射。盐水注射机配有几十至几百根注射管，通过注射针的上下运动（5～120 回/min），把腌制盐水定量、均匀、连续地注射到原料肉中。

（2）滚揉机　滚揉机是专供已注射盐水或嫩化的肉块在真空或非真空的条件下，使肉块得到有规律性的、均匀的挤压、按摩的一种专用密闭容器装置。它加速了肉块盐溶蛋白的释放及盐水的渗透，增加肉块结构质地、或肉块与肉块、肉块与肉糜之间的黏着力和保水性，从而改善肉制品的质地脆嫩的切片性，同时可提高产品的出率。

滚揉机按肉块的滚揉方式可分为滚筒式和搅拌式。

滚筒式滚揉机，肉在滚筒内上下翻动的同时也相互碰撞摩擦，因此也达到揉搓的效果。

搅拌式滚揉机近似于搅拌机，不能转动，通过筒内转动的桨叶搅拌肉，使肉在筒内上下滚动，相互摩擦而变松弛。

真空滚揉机（见图 1－10）是在整个滚揉过程中保持滚筒内部的真空度，一般真空度要求在 60～90kPa。

滚揉机应安装在腌制间，其环境温度应控制在 0～5℃。

图1－10　真空滚揉机

2. 斩拌设备

斩拌的目的一是对原料肉进行细切，使原料肉馅产生黏着力；二是将原料肉馅与各种辅料进行搅拌混合，形成均匀的乳化物。斩拌机是中、西式肉糜制品生产必不可少的设备。

斩拌机（见图1－11）的主要功能是把原料肉在斩拌刀高速、可调旋转（300～6000r/min）斩拌下，在较短的时间（往往是几分钟）内把原料肉切割剁碎成肉糜，同时将剁碎的原料肉与其他添加的辅料混合均匀，形成均匀、富有弹性的乳化状肉糜。

图1－11　斩拌机

斩拌时投料顺序会影响肉的质地结构，不同的产品在斩拌时的投料顺序不一样。在斩拌过程中，为了保持原料肉在斩拌期间不同阶段的理想温度，必须在斩拌过程中辅以冰片或冰水随原料肉等物料一起斩拌，从而有效控制料温。

斩拌好坏直接影响产品质量。斩拌时先慢速混合，再高速乳化，斩拌温度控制在10℃左右，斩拌时间一般在5～8min，经斩拌后的肉馅应色泽乳白、黏性好、油光好。

3. 充填、结扎设备

经过斩拌、搅拌或乳化工序的肉馅，在进入加热工序或速冻工序前，要进行填充、结扎或成形，使肉馅由肠衣或由模具固定为一种特定的形状，如圆柱形、方形、扁平形等。主要设备有填充机、挂肠机、填充结扎机、火腿填充机等。

（1）灌肠机　灌肠机是生产肉糜灌肠和小肉块火腿的设备，将搅拌好的原料肉倒入料筒内，在一定的压力作用下，对肉糜进行挤压，使一定量的原料肉通过出料口灌至人造或天然肠衣中，形成各种肉肠。

灌肠机有手动式充填机和动力式充填机，手动式灌肠机一般是利用杠杆原理将气缸中的肉馅通过出料口灌至肠衣中，一般适合家庭作坊小规模生产。动力式灌肠机可分为油压式、气压式、电动式，无论哪种动力，都是对肉馅施加压力，将其挤出，填充进肠衣中。动力式灌装机（如图1－12所示）一般都配有真空系统，可保证灌装过程中在真空下进行，再填充的同时把肉馅中的气泡排出，这样加工出来的肠体内基本没有因空气的混入而产生气泡现象，在蒸煮时也不会涨破肠衣，产品质量较好。

现代先进的灌肠机（如图1－13所示）都是自动连续灌装，自动扭结，自动晾挂，同时设备还具备全自动的清洗系统，使用方便，但全自动的灌肠机一般只能使用人造肠衣。

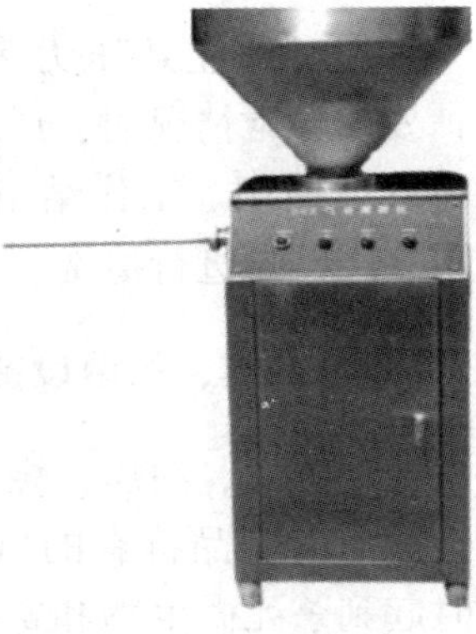

图1－12　真空灌肠机

图1－13　连续真空大肉块充填机

（2）结扎机　结扎机是将灌制好的盐水火腿和灌肠在拉紧肠衣状态下封口的机械。扎紧肠衣可以避免肉馅从肠衣中漏出来，防止外部的细菌污染，起到隔绝空气及使香肠、火腿成形的作用。

结扎机有扎线（绳）、打卡机两大类，每类设备又分为手动式、半自动式和自动式三种，打卡机（见图1－14、图1－15、图1－16）一般都用铝线进行结扎，扣为鸡心扣，通常根据肠衣种类的折幅尺寸来选择需要的型号。

图1－14　手动式打卡机

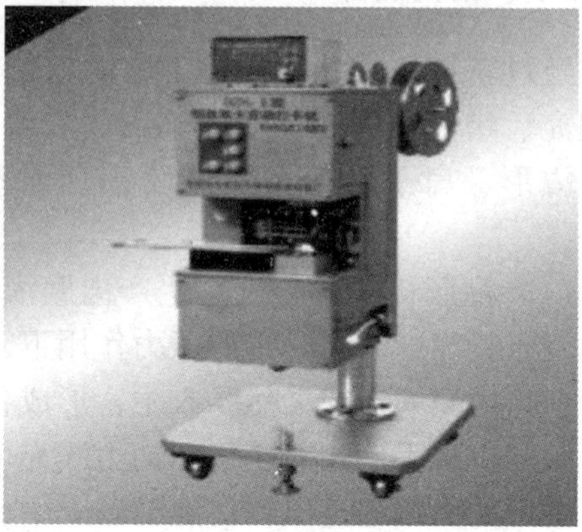

图1－15　自动式打卡机

工作时应注意压力表上的气压指数是否正常，发生异常情况时，应停车检查，等恢复正常后再继续使用。工作结束后，应先关掉空压机，排出余气，再进行清洗。

图1－16　双卡封口机

4. 蒸煮、油炸、杀菌设备

通过蒸煮、油炸、烧烤，可以使肉食从生变熟，赋予肉制品特有的风味、颜色和营养价值，同时起到杀死微生物和寄生虫、提高肉制品保持期的作用。

(1) 蒸煮锅（夹层锅）　蒸煮是以热水为传热介质，在100℃以下较低温度进行加热的加工。蒸煮也是大部分西式肉制品必须经过的加工环节。在中式肉制品的加工中，也有很多特别的蒸煮工艺，如72～80℃炖、卤、煮等。蒸煮设备种类很多，如蒸煮锅和夹层锅，其中以夹层锅最常见。

① 蒸煮锅：又称方锅，是煮制灌肠、压缩火腿的主要设备，具有结构简单、操作方便、工作效率高、造价低等优点。常用的蒸煮锅有长方形和圆筒形两种，主要由蒸煮吊架、电动葫芦升降设备和锅体三部分组成。蒸煮锅的加热方法可采用电、油、煤气、蒸汽、煤炭等。

② 夹层锅：夹层锅一般由不锈钢材料制成，常用来煮制各种肉制品。夹层锅按其深浅可分为浅型、半深型和深型；按其操作可分为固定式和可倾式。最常用的是半球形壳体（夹层），加上一段圆柱形壳体的可倾式夹层锅，见图1－17。

图 1－17　夹层锅

（2）油炸设备　随着人们生活节奏的加快，油炸肉制品所占的比重越来越大。油炸设备从生产规模上大致可分为通用型油炸设备（见图 1－18）和机械化连续作业油炸设备（见图 1－19）。在肉制品加工中，常用的是通用型油炸设备。

图 1－18　油炸机

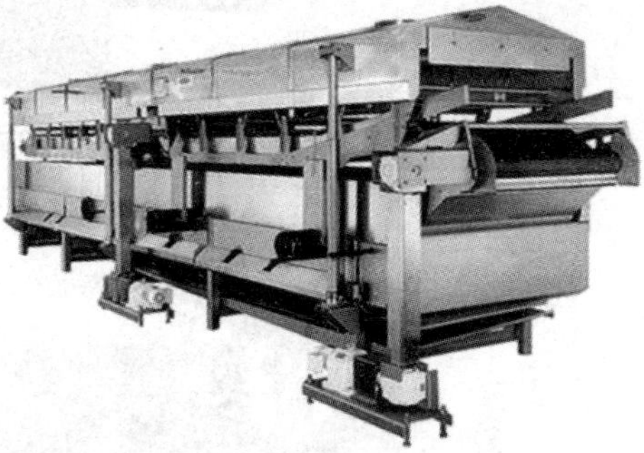

图 1－19　连续式油炸机

油炸机主要由油炸槽、加热系统、温控系统等部分组成。加热系统有电加热、燃气加热、蒸汽加热，油槽的上层是油、下层为水。油层又分上、中、下三层。上层为工作层，又称油炸层，能提升的炸笼就放在该层中。工作层视油炸介质而定，一般为 65～120mm；中层为换热层，加热室也位于中层；下层为隔离层，它使加热室与水层分开。水层的作用，主要是来冷却及排除油炸物碎屑，一般层厚 25～35mm。

油炸机的油温从 0～230℃可随意设定，根据所生产的产品而定，一般设定为 150℃左右。从上方加水的，一定要在油温低于 50℃时方才可以加入；如果加水阀设在低部油层处，任何时候加水都可以，不会影响油炸工作，并设有止回阀，这样就解决了在加水过程中如果停水，把油倒流到水管中的问题。底部水设有测温装置，水温显示一目了然。油水分离面设有观察玻璃管和放油阀检测装置，水位线可以较准确。

（3）杀菌设备　杀菌设备按杀菌温度分为常压杀菌（温度 100℃）、高压杀菌设备（温度 100～120℃）、超高压杀菌设备（温度 120～135℃），按操作分为间歇工、连续式，按外形分为立式、卧式，按设备密封形式分为螺旋密封式、水静压式、机械式，按杀菌热源分为直接蒸汽加热、热水加热、火焰（煤气、微波），按罐体运动形式分为静置式、滚动式（见图 1－20、图 1－21、图 1－22）。

图 1－20　GT75 卧式杀菌釜

图 1－21　全自动侧喷式杀菌釜

图 1－22　循环水式杀菌釜

GT7C5 系列为静置间歇式蒸气杀菌设备，其容量较立式杀菌釜大，是目前国内肉类加工企业、大中型罐头厂普遍使用的一种杀菌釜（锅）。可对罐头、火腿肠、软包装类食品进行杀菌处理。

(4) 蒸煮箱　这是用于低温肉制品杀菌或熟肉制品包装后二次杀菌的专用设备，水浴温度为 68 ~ 100℃。肉类产品经蒸煮加热熟化，形成产品特有风味，有助人体消化吸收；同时完成杀菌和灭酶作用，有助于肉制品质量稳定，保证消费者安全食用。该设备由箱体、蒸煮架、蒸汽加热排管、吊篮、电动葫芦提升等结构组成（见图 1 - 23）。

图 1 - 23　蒸煮箱

5. 烟熏、干燥设备

烟熏、干燥设备是很多高档特色肉制品如培根肉、色拉米香肠、金华火腿等的特色工艺，最初烟熏、干燥主要是为了防腐需要，随着冷藏技术的发展，烟熏、干燥工艺成为一种赋予产品特殊嗜好性风味的手段。

(1) 烟熏炉　烟熏炉是将各种肉品加工成具备烟熏风味的设备（见图 1 - 24），通过烟熏加工，用以提高产品的色、香、味，同时进行二次脱水，确保产品质量。烟熏炉种类较多，如直火式烟熏炉、半自动烟熏炉、全自动烟熏炉等。

直火式烟熏炉是在烟熏室内燃放着发烟的材料，产生烟雾，依靠空气自然对流熏制产品，基本已经淘汰，只有个别小企业还在使用。

间接式烟熏炉不在烟熏室内发烟，而是将烟雾发生器产生的烟通过鼓风机强制送入烟熏室内对制品进行烟熏，又称为强制循环式烟熏设备。

自动烟熏炉可以在同一室内完成烟熏、蒸煮、干燥、冷却和清洗等多道工序。

(2) 干燥设备　肉制品干燥的目的，一是形成特殊的风味满足消费者的嗜好；二是减少产品中游离水的含量，降低水分活性，抑制微生物及酶的活性，延长产品的保质期；三是可以减轻肉制品的质量、缩小体积、便于运输。肉制品的干燥设备可分为自然干燥和人工干燥两大类。

图 1－24　烟熏炉

图 1－25　微波干燥箱

① 微波干燥装置：微波是指频率在 300～3000MHz，介于无线电波和光波之间的超高电磁波。微波干燥具有加热、干燥时间比较短，对较复杂形状的物体加热均匀性好、便于控制、穿透能力强、热效率高等特点，但微波也具有设备费贵、耗电量高，如装置不妥，有漏波危险的缺点，常见设备如图1－25，图 1－26 所示。

② 冷冻（升华）干燥装置：该设备将肉块急速冷却至－40～－30℃，再置于真空压力为 13～133Pa 的干燥室内，使冰升华而脱水干燥（见图 1－27）。采用冷冻干燥设备加工肉制品，产品的色、香、味和营养成分都得到了很好的保持，且在食用时能迅速吸水复原，是目前最理想的肉制品干燥设备，但是冷冻干燥的肉制品一般要求真空包装或充氮包装，否则容易氧化变质（冷冻干燥肉制品结构为多孔状，与空气接触面积很大），同时冷冻干燥设备投资大，能源消耗大，限制了在肉制品干燥加工上的应用，目前国内用冷冻干燥设备加工肉制品的，主要用于高档方便面配套肉丁、肉块的加工以及出口产品加工。

（三）包装设备

肉类产品包装设备大体可分为四种类型，即非真空连续封口机、真空包装机（见图 1－28）、连续真空拉伸包装机（见图 1－29）、气调包装封口机等。

图1－26　微波干燥机

图1－27　真空冷冻干燥箱

图1－28　真空双室包装机

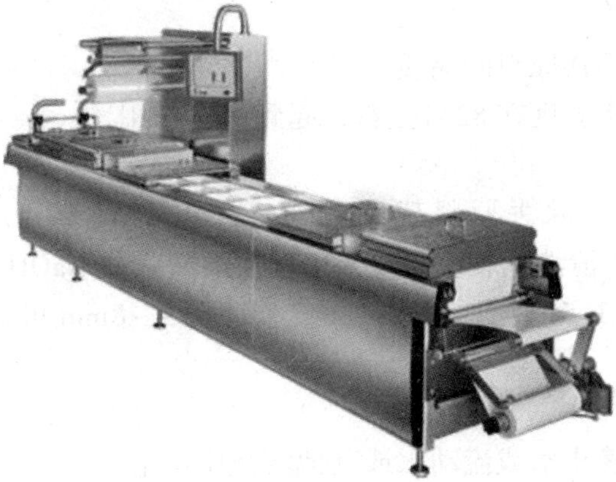

图1－29　连续真空拉伸包装机

真空包装机由真空系统、抽充气密封系统、热压封合系统、电器控制系统四部分组成。真空包装时将食品装入包装袋，抽出包装袋内的空气，达到预定真空度后，完成封口工序。真空包装实际上不是完全真空的，而是采用真空包装技术使包装的食品容器内的真空度通常在600～1333Pa，所以又将真空包装称为减压包装或排气包装。

外抽式真空包装机是将包装袋内抽成低真空后，当即自动封口，由于袋内真空度高，残留空气极少，抑制细菌等微生物的繁殖，避免了物品氧化、霉变和腐败；同时对某些松软的物品，经全自动真空包装机包装后，可缩小包装体积，便于运输和贮存。台式真空包装机原理是以塑料复合薄膜或塑料铝箔复合薄膜为包装材料，对固体、液体、粉状、糊状的食品、粮食、果品、酱菜、果脯、化学药品、电子元件、精密仪器仪表、稀有金属等进行真空包装或真空充气包装。

二、肉品加工设备的清洗与消毒

肉类加工设备以及所使用工器具的清洗与消毒，是肉类产品质量控制的关键点之一，是企业质量管理的一项重要工作。肉制品生产设备清洗消毒主要包括生产管道、机械设备、操作台面、工器具等。不同材质的工器具须用不同的清洗与消毒方法，要求经清洗消毒后设备和器具的细菌总数控制在 1.0×10^2 个以下。通常，所有的设备与工器具必须每天清洗、消毒。

（一）肉品加工设备的清洗

肉品加工清洗的目的在于除去污垢及微生物。虽然清洗不能完全除去微生物，但清洗却是消毒的前处理，清洗剂、消毒剂一起与设备、管道等充分接触，提高消毒效果。如没有充分的清洗，无论采取什么消毒手段也难以达到预期的效果。

1. 常用的清洗液

（1）冷水　不损伤原料的品质。

（2）热水　热水温度在82℃左右，起到消毒作用。

（3）蒸汽。

（4）药剂溶液　除去原料残留农药，常用0.5% ~1.5% 的盐酸溶液或600μL/L 的漂白粉；清洗包装容器常采用碱性溶液，如 NaOH 溶液能杀菌和去油脂，碱液浓度1% ~1.5%、温度70 ~80℃、清洗5 ~8min 可得到满意的效果。

2. 常见的清洗方法

（1）浸泡　在静止水或流动水或其他溶液中浸泡。

（2）喷淋　适合大多数产品的清洗，但要注意选择好喷水压力和水雾分布型式。

（3）冲洗　在高速水流中靠物料间摩擦、碰撞等清洗物料。

（4）刷洗　通过刷棍、尼龙刷等刷洗物料。

清洗作业可采用上述几种方法的一种，也可以把其中几种方法组合起来使用。

（二）肉品加工设备的消毒

肉品加工设备的消毒包括杀灭病原微生物的消毒、杀灭细菌芽孢在内的全部病原微生物和非病原微生物的灭菌及设备、管道和仪器在使用前杀灭上次清洗和杀菌后污染或残存的微生物的预杀菌三种类型。

常用的消毒方法分为物理消毒法、化学消毒法两种。

1. 物理消毒法

使用加热、辐射等物理方法杀灭法或清除病原微生物及其他有害微生物称为物理消毒法。常用的物理消毒法如下。

（1）机械除菌　是用机械的方法从生产经营场所和机械设备、容器具、管道等除去污染的有害微生物，减少食品被污染的机会。常用的方法有干式或湿式清洗，通过冲洗、刷、擦、抹、扫、铲除、通风、过滤等达到清除有害微生物和去污目的。

（2）热力消毒　热力消毒是一种应用最早，效果较可靠，使用最广泛的方法，包括82℃以上热水、煮沸、流通蒸汽、巴氏低温消毒（62～65℃，30min）、红外线消毒等。

（3）辐射消毒　包括紫外线消毒和电离辐射消毒。

①紫外线消毒：紫外线是一种低能量的电磁辐射波，在短波段（240～280mm）附近的紫外线有较强的杀菌力。目前多用253.7nm紫外线波长进行杀菌。利用紫外线杀菌是用人工制造的紫外线杀菌灯进行的。此法主要用于设备表面及生产环境空气的消毒，杀菌时间应在30min以上。

②电离辐射消毒：是指利用γ射线电子辐射能穿透物品，杀死其中的微生物所进行的低温灭菌方法，因为该消毒方法不升高被照射物品的温度而达到消毒灭菌目的，而称之为“冷”灭菌。电子辐射能穿透被辐射物品，不受物品包装、形态的限制，因此使用范围非常广泛。

2. 化学消毒法

化学消毒法是利用化学消毒剂通过与被消毒物质接触或熏蒸的方法来杀灭微生物，此种方法效果好、效率高、经济简便。

理想的化学消毒剂应具备有效浓度低、作用速度快、性质稳定、易溶于水，可在较低温度下应用，不易受酸、碱、有机物等因素影响，无色、无味、消毒后易于除去残留药物，毒性低，使用无危险，价格低廉，对物品无腐蚀性等条件。

（三）肉制品行业常用化学消毒剂种类

根据化学消毒剂对微生物的杀灭种类和效果不同，可分为高效消毒剂、中效消毒剂和低效消毒剂。高效消毒剂可杀灭病毒、细菌繁殖体、真菌孢子、细菌芽孢，常用的有过氧化氢、过氧乙酸、二氧化氯、含氯类（次氯酸钠、次氯酸钙等）消毒剂等；中效消毒剂可杀灭除细菌芽孢以外的上述微生物，常用的有醇类（乙醇、异丙醇）、含碘类（碘伏、碘酒）、酚类（来苏儿）消毒剂；而低效消毒剂只能杀灭亲脂病毒、细菌繁殖体和部分真菌，常用的有新洁尔灭、洁尔灭、洗必泰等。

根据化学消毒剂的成分和性质可将化学消毒剂分为过氧化物类、卤素类、醇类、季铵盐。

1. 过氧化物类消毒剂

过氧化物类消毒剂主要有过氧乙酸、过氧化氢、臭氧、二氧化氯等。过氧化物类消毒剂具有较强的氧化性，属高效消毒剂。绝大部分对金属有腐蚀性，对织物有漂白作用，不稳定，需随制随用。

2. 卤素类消毒剂

卤素类消毒剂主要有氯消毒剂和含碘消毒剂。

（1）含氯消毒剂其品种较多，可分为有机化合物类和无机化合物类，最常用的有次氯酸钠、次氯酸钙、漂白粉、二氯异氰尿酸钠、三氯异氰尿酸等。含氯消毒剂，具有广谱、高效、低毒、有强烈的刺激性气味、对金属有腐蚀性、对织物有漂白作用，受有机物影响很大，消毒液不稳定等特点。

（2）含碘消毒剂以碘伏为代表，只在酸性条件下起作用，因此受杀菌环境的 pH 影响较大。碘消毒剂具有对微生物作用范围广泛、迅速，使用过程中渗透性好、容易配制、容易控制和有效期长的特点，碘消毒剂稀释时基本无毒，可广泛应用，其有效使用浓度为 25mg/L。

3. 醇类消毒剂

醇类消毒剂主要有乙醇和异丙醇，属中效消毒剂。具有速效、无毒、对皮肤黏膜有刺激性、对金属无腐蚀性，受有机物影响很大，易挥发、不稳定等特点。

4. 季铵盐类消毒剂

季铵盐类消毒剂以苯扎溴铵（$C_{21}H_{38}NBr$）和苯扎氯胺（$C_{21}H_{38}NCl$）为代表。具有芳香味，呈淡黄色胶状，易溶于水，具有表面活性作用，振摇可产生大量泡沫。对化脓性病原菌有良好杀灭作用，对革兰氏阳性菌的杀灭作用要大于阴性细菌。适用于手、皮肤黏膜的消毒和物体表面的消毒。

（四）肉品加工设备清洗消毒操作

肉品加工设备的清洗消毒应在每班生产结尾完成，即做到班班清洗，未做清洗不交班、不接班，从而及时消除管道和设备表面上利于细菌生长繁殖的食品残留附着物。常用的清洗方法是用热水冲刷。若用酸、碱或其他洗涤剂冲刷生产管道、设备，应随即用清洁饮用水冲洗掉残留。由于清洗后的生产管道、设备处于潮湿状态，微生物仍可生长。所以，应在开班前先对生产管道、机械设备进行消毒。

1. 清洗消毒材料及器具

（1）清洗消毒液　洗涤剂（按1:20比例加水配成清洗使用液）、消毒剂（100～200mg/L含氯消毒液、2‰～4‰过氧乙酸等）。

（2）消毒设备　尼龙毛刷、塑料刷、水管、高压水枪、蒸煮池（带热蒸汽）、塑料桶。

2. 清洗消毒流程

（1）生产线、桶车、平板车、操作台、不锈钢槽、刀具等设备的清洗消毒流程　清水冲洗→洗涤剂刷洗→清水冲洗→82℃以上热水消毒或用100～200mg/L次氯酸钠消毒或者2‰过氧乙酸→清水冲洗（用82℃以上热水消毒时除外）。

清洗消毒频率：班前、班后各一次，班中每2h消毒一次。

（2）真空包装机、滚揉机、金属探测、电子称重器清洗消毒流程　清水擦拭→82℃以上热水消毒或100～200mg/L次氯酸钠擦拭或者2‰过氧乙酸→清水擦拭（用82℃以上热水消毒时除外）。

清洗消毒频率：班前、班后各一次，班中每2h一次。

（3）烟熏炉清洗消毒流程　200mg/L含氯消毒液对设备表面进行擦拭→清水冲洗。

清洗消毒频率：班前、班后各一次，每周进行1次喷雾消毒。

（4）不锈钢刀、刀棍清洗消毒流程　清水冲洗→用82℃热水消毒。

清洗消毒频率：刀具应一刀一消毒。

（5）清洁刷清洗消毒流程　食用碱水刷洗→清水冲洗→82℃以上热水消毒或100～200mg/L次氯酸钠消毒→清水冲洗（用82℃以上热水消毒时除外）。

清洗消毒频率：班前、班后各一次，班中每2h一次。

（6）周转箱清洗消毒流程　清水冲洗→100℃热水煮10min或浸泡于100～200mg/L含氯消毒液10min以上→清水冲洗。

清洗消毒频率：每天一次。

（7）架车、架杆、桶车、垫盘等工器具清洗消毒流程　清水冲洗→82℃以上热水进行消毒或200mg/L含氯消毒液喷雾消毒或清洗消毒或泼洒消毒或浸泡消毒3min→清水冲洗（用82℃以上热水消毒时除外）。

清洗消毒频率：班前、班后各一次。

3. 肉制品生产设备清洗方法

（1）例行清洗　指设备使用后立即进行清洗作业。

缺点：效果不完全，可能留下一些污物蓄积在设备表面。

（2）定期清洗　使用活性较高或不同成分的清洗液，施加较强的清洗能量（如清洗液的冲力和温度）。

① 手工清洗：优点是效果良好，节省清洗液。缺点：耗费时间，易造成设备表面刮痕。另清洗液浓度不可太高，以免伤害操作员。

② 高压清洗：优点是对滤网、设备凸缘和钻孔物体清洗效果优良。缺点：清洗时会产生气雾，可能对人体造成不良影响。

③ 泡沫/凝胶清洗：此法可延长洗液与污物接触时间，提升清洗效果。

④ 定位外清洗：将待洗之机器、零件浸在洗涤槽中，利用输送泵使洗涤槽中的洗液循环流动，以进行清洗。

⑤ 定位清洗：使用泵输送清洗液，清洗一密闭管路，以便将设备与食物接触面做彻底的净洗；另外，以背压泵或其他方法（如背压阀）以确保溶液与管路表面完全接触。

4. 操作要点

（1）准备工作　能拆卸的设备要拆卸开来，使各个部件都能得到充分清洗。

（2）冲洗　用水龙头冲洗去除残留物或刮除固体残留物。

（3）清洗　所有表面都用清洗剂清洗，并使其接触10min以上。

（4）冲洗　用水管喷水冲洗，直到清洗剂被清除掉。

（5）感官检查　检查所有已清洗的表面，如果发现残留，重复清洗步骤。

（6）消毒　100～200mg/L含氯消毒液消毒，消毒时间为1min以上，设备、操作台、工器具、架车等采用喷洒措施，小部件采用浸泡措施；或用82℃以上的热水消毒10min以上。

（7）冲洗　用水对所有消毒表面进行冲洗（用热水消毒者除外）。

（8）检查　检查所有清洗消毒过的表面，如发现任何残留痕迹，重复消毒步骤。开工生产前，由下班班长对上班卫生工作进行感官检验，并将检验结果记录于每日车间卫生交接记录表中。

5. 注意事项

（1）生产过程中，对工器具、操作台和接触食品的加工表面定期进行清洗消毒（用75%的酒精消毒或100～200mg/L含氯消毒液），然后再用水冲洗。清洗消毒时应采取适当措施防止对产品造成污染。

（2）各种消毒剂，检查是否有符合相关食品行业标准的合格证，证件齐全后方可进厂；在专用间根据计算的量将消毒剂称量好，专人到各车间进行现场配制，消毒液应搅拌均匀。

（3）定期由化验员对消毒水浓度进行抽检，检测结果记录于每日清洁消毒检查表。对发现的不合格者应重新更换或配制。

（4）生产结束后，由工厂专职卫生消毒员对加工设备、操作台、工器具等进行全面彻底的清洗，首先用热水加清洁剂清洗，然后用水进行冲洗，冲洗后开启紫外灯照射30min。

（五）清洗、消毒的关键点及效果检验

1. 关键点

（1）设备的清洗和消毒应分为两个不同操作阶段进行，不宜将两个过程同时进行，否则很难达到预期效果。

（2）用过的设备和管道、器具必须立即清洗，要先用温水冲洗。

（3）罐垢是由于使用硬水做冷却水形成的，经常除去有利于提高换热效率。罐垢中含有大量碳酸钙成分，可以用适当的酸处理掉。一般用稀磷酸，或用添加了阻化剂的其他有机酸。

（4）所有金属包括不锈钢在内，都会受氯的腐蚀，但使用适当浓度的次氯酸盐，并能很快将洗液完全冲洗掉时，则不会发生腐蚀作用。消毒剂溶液中氯含量一般配制成150mg/L，使用温度不超过27℃，接触时间0.5～2min即可达到杀菌目的。

（5）使用化学药剂消毒的设备、器具，在消毒结束要用净水（最好是杀过菌的水）彻底清洗，去除残留物。

（6）清洗后的设备长时间不用时，应通风干燥。使用间隔时间较长的设备，应在临用前再进行一次消毒处理。

（7）工器具在使用前的杀菌以热水或蒸汽较为安全可靠。使用90℃以上的热水循环15～20min可杀死绝大多数微生物的营养细胞。使用蒸汽杀菌时，要注意管路上不能有死角，为防止阀门处温度达不到要求，阀门不可全关，要有蒸汽泄漏。

（8）采用不准确的消毒处理，如经常采用低浓度洗液消毒剂、较低的消毒温度、或消毒时间不足等，可使微生物逐渐驯化而引起抗性增加，会有抗热性、抗氯性或抗碱性的抗性菌型出现，往往会使杀菌工作失效，带来微生物超标的严重质量事故。这在炎热的夏天最容易发生。

为了防止抗性菌生成，可采取如下措施。

①使用任何一种消毒剂，都要尽可能在不过量的原则下使用足够的浓度，绝不可采用由低到高逐次加浓的使用方法。

② 每个设备每次都要进行彻底清洗，尤其要注意设备的上盖、角落、管道弯头、连接件等部位。

③ 应轮流交换使用不同的消毒方法或消毒剂，如使用碱液或氯消毒一个星期后再使用季胺化合物或蒸汽消毒一个星期。

2. 消毒效果[10]检验

对消毒后的设备要经常抽验消毒是否彻底，可以取样化验，即用无菌纱布（或脱脂棉）擦拭设备某个区域，再让其置于无菌水中，或者用无菌水冲洗设备某个部位，再用无菌吸管吸取部分冲洗水进行检验。最常用的是间接取样，即在生产开始时按工序分别取物料样品进行验检。总的原则是后道工序中物料样品的微生物指标应该不超过前道工序的指标。

直接取样的检验结果应符合下列要求之一。

（1）每平方厘米细菌总数在 5 个以下为消毒效果良好，5 ~ 19 个为效果较差，20 个以上为效果不好。

（2）每毫升冲洗液中细菌总数应不超过 500 个，大肠菌群在 $100cm^2$ 面积内不得检出。

三、思考与应用

（1）肉制品加工常用设备大致可分为几类？

（2）肉制品加工设备有哪些？你所在肉制品加工实训车间有哪些主要设备？

（3）腌制是肉制品加工的关键工序，常用的腌制设备有哪些？

（4）生产车间清洗消毒的主要方法有哪些？

（5）比较紫外线灯空气消毒、臭氧空气消毒的优缺点。

探索与创新

1. 对原料肉新鲜度实验室检验方法进行改进，设计出简单易于操作的方法。

2. 比较肉类低温保鲜方法的优缺点，以某一种鲜肉为例，设计出最佳的保鲜方案。

3. 从食品安全和环境保护的角度考虑，请你设计一种效果最好的肉制品清洗消毒方法。

链接与拓展

[1] 肉的成熟：屠宰后的畜禽肉类只有经过成熟，才具有最好的食用品质和加工性能，可用以下方式促进肉的成熟：① 抑制宰后僵直发展：通过宰前给予胰岛素、肾上腺素等，减少体内糖原含量；② 加速宰后僵直发展：用高频电或电刺激（60Hz，550 ~ 700V/5A），可在短时间内达到极限 pH 和最大乳酸生成

量，从而加速肉的成熟；③ 加速肌肉蛋白分解：宰前静脉注射蛋白酶，使肌肉中胶原蛋白和弹性蛋白分解，使肉嫩化。

[2] 肉类腐败：健康的动物血液和肌肉通常是无菌的，肉类的腐败，实际上是由外界污染的微生物在肉表面繁殖所致。表面微生物沿血管进入肉的内层，并进而深入到肌肉组织，在适宜条件下中，进入肉中的微生物大量繁殖，以各种各样的方式对肉产生作用，产生许多对人体有害甚至使人中毒的代谢产物。

① 微生物对糖类的作用：许多微生物均优先利用糖类作为其生长的能源。好氧性微生物在肉表面的生长，通常把糖完全氧化成二氧化碳和水。如果氧的供应受阻或因其他原因氧化不完全时，则可有一定程度的有机酸积累，肉的酸味即由此而来。

② 微生物对脂肪的腐败作用：微生物对脂肪可进行两类酶促反应，一种是由其所分泌的脂肪酶分解脂肪，产生游离脂肪酸和甘油，霉菌以及细菌中的假单胞菌属、无色菌属、沙门菌属等都是能产生脂肪分解酶的微生物；另一种则是由氧化酶通过β-氧化作用氧化脂肪酸，这些反应的某些产物常被认为是酸败气味和滋味的来源。但是，肉和肉制品中严重的酸败问题不是由微生物所引起，而是因空气中的氧，在光线、温度以及金属离子催化下进行氧化的结果。

[3] 肉的风味：肉的风味与其分子结构有关，呈味物质均具有各种发香基团，如羟基（—OH），羧基（—COOH），醛基（—CHO），羰基（—CO），硫氢基（—SH），酯基（—COOR），氨基（$—NH_2$），酰胺基（—CONH），亚硝基（—NO），苯基（$—C_6H_5$）等。这些肉的风味是通过人的高度灵敏的嗅觉和味觉器官反映出来的。

[4] 肉的嫩化技术：① 电刺激：主要是加速肌肉的代谢，从而缩短尸僵的持续期并降低尸僵的程度；电刺激可以避免羊胴体和牛胴体产生冷收缩；② 酶法：利用蛋白酶类可以嫩化肉，常用的酶为植物蛋白酶，主要有木瓜蛋白酶、菠萝蛋白酶和无花果蛋白酶，商业上使用的嫩肉粉多为木瓜蛋白酶。酶对肉的嫩化作用主要是由于蛋白质的裂解所致，所以使用时应控制酶的浓度和作用时间，如酶解过度，则食肉会失去应有的质地并产生不良的味道；③ 醋渍法：将肉在酸性溶液中浸泡可以改善肉的嫩度，据试验，溶液 pH 为 4.1 ~4.6 时嫩化效果最佳，用酸性红酒或醋来浸泡肉较为常见，它不但可以改善嫩度，还可以增加肉的风味；④压力法：给肉施加高压可以破坏肉的肌纤维中亚细胞结构，使大量Ca^{2+}释放，同时也释放组织蛋白酶，使得蛋白水解活性增强，一些结构蛋白质被水解，从而导致肉的嫩化。

[5] 辐射保鲜：辐射对肉品质的影响① 颜色：鲜肉类及其制品在真空无氧条件下辐照时，瘦肉的红色更鲜，肥肉也出现淡红色；② 嫩化作用：辐射使部分蛋白质发生变性，肌肉保水力降低。对胶原蛋白有嫩化作用，可提高肉品的嫩度，辐射能使粗老牛肉变得细嫩，可能是射线打断了肉的肌纤维所致；③ 辐射

味：肉类等食品经过辐照后产生一种类似于蘑菇的味道，称作辐射味，可以采取低温辐照方法防止。

[6] 化学保鲜：使用化学方法延长肉制品贮藏期，主要有（1）有机酸的防腐保鲜：大多数细菌只能在中性或弱碱性介质中生长，这类保鲜剂主要包括：①醋酸：醋酸抑菌作用较弱，但在酸性条件下作用可增强，在1.5%的浓度时有明显抑菌作用。②丙酸和丙酸盐：丙酸和丙酸盐可抑制霉菌和一些高度需氧菌。由于丙酸有异味，工业上都用丙酸盐作防霉剂。③山梨酸：山梨酸是良好的真菌抑制剂，在pH小于6.0效果好。对霉菌、酵母和好气性微生物有较强抑菌作用，但对厌氧菌、嗜酸乳杆菌几乎无效。④乳酸钠：是一种中性物质（pH为6.5~7.5）加入肉中不会明显改变肉的pH，近年来，被认为是有效地抗微生物剂，可延长肉的贮藏期。主要用于禽肉。（2）抗氧化保鲜：目前我国肉品生产中使用较多的抗氧化剂有丁基羟基茴香醚（BHA）、二丁基羟基甲苯（BHT）、没食子酸丙酯（PG）和抗坏血酸（维生素C）及其盐类、抗坏血酸基棕榈酸酯、异构抗坏血酸及生育酚，可用于大多数肉制品如腊肉、火腿、灌肠、肉脯、肉干、肉松等。其抗氧化作用BHT效果最好。BHT最大使用量为0.2g/kg。

[7] 气调保鲜：气调保鲜是利用调整环境气体成分来延长肉品贮藏寿命和货架期的一种技术。其基本原理是：在一定的封闭体系内，通过各种调节方式得到不同于正常大气组成的调节气体，以此来抑制肉品本身的生理生化作用和抑制微生物的作用。肉质下降是由自身的生理生化作用和微生物作用的结果，这些作用都与O_2、CO_2有关。肉类保鲜中常用的气体是O_2、CO_2、N_2。①低氧或无氧可以抑制氧化作用、酶的活性和需氧菌的生长，但会使肌红蛋白失去鲜红的色泽，所以对于不同肉品要用不同的含氧量。②高浓度的CO_2可明显抑制腐败微生物的生长和降低pH，这种作用随浓度升高而增大。在气调保鲜中发挥抑菌作用的浓度在20%以上。③N_2是一种惰性气体，在气调保鲜中作为一种填充剂，可防止肉的氧化和酸败，对色泽没有影响。实际生产中很少单独使用某一种气体，一般是混合使用，常用的混合气体比例见表1-12。

表1-12　肉品气调包装所用混合气体比例

种类	贮藏时间/d	气体比例（O_2:CO_2:N_2）
鲜肉	5~12	70:20:10
香肠、熟肉	28~56	75:25:0
禽肉	6~14	50:25:25
鲜肉	>7（1℃条件贮藏）	80:20:0

气调保鲜的效果与肉的质量，贮藏条件（温度）等有关，一般气调贮藏要配合低温效果更好。

[8] 生物保鲜：人类在生产、生活中利用微生物的作用，创造了许多有特色的肉制品，它们的贮藏期比原料肉长，而且由于发酵作用，这些产品都具有特殊的芳香味。自古以来，人们就利用酸来贮藏肉食。如发酵香肠，它们有较长的贮藏期主要是因为酸化使有害菌被抑制，同时伴有干燥、营养物竞争、抗菌素和H_2O_2等的作用协同。L链球菌肽（Nisin）在肉贮藏上已经被许多国家使用。

[9] 冻结率：从物理化学角度看，肉是充满组织液的蛋白质胶体系统，其初始冰点比纯水的冰点低。因此食品要降到0℃以下才产生冰晶，此冰晶出现的温度即所谓冰结点。一般冷库的贮藏温度为 -25 ~ -18℃。食品内水分的冻结率（%）=1-食品的冻结点/食品的冻结终温。大部分食品，在 -1 ~ -5℃温度几乎80%水分结成冰，此温度范围称为最大冰晶生成带。对保证冻肉的品质来说这是最重要的温度区间。

[10] 消毒效果：在消毒效果评价过程中，要想检测消毒物体表面的所有病原微生物是不切合实际的。实用和可行的方法是检测既能指示粪便污染又能反映消毒效果的微生物。常用的指示微生物是大肠菌群和菌落总数。

自我测试

一、填空（24×1分）

1. 肌肉中的蛋白质按其构成位置和在盐溶液中溶解度不同，可分为________、________、________三种。

2. 脂肪对肉的食用品质影响甚大，肌肉内脂肪的多少直接影响肉的多汁性和嫩度，动物的脂肪可分为____________、____________两大类。

3. 肉的食用品质主要指肉的____________、____________、____________等，这些性质在肉的加工贮藏中直接影响到肉品的质量。

4. 肉的嫩度评定分为____________、____________两种方法。

5. 肉（胴体）主要由____________、____________、____________、____________四大部分构成。

6. 畜禽屠宰后肉的变化包括____________、____________、____________三个连续变化过程。

7. 原料肉冻结终温为________。肉类解冻方法很多，肉类工业中大多数采用的解冻方法为____________、____________。

8. 肉制品生产四大关键，即合理的________、良好的________、适宜的________、合理的________。

二、单项选择题（10×1分）

1. 原料肉的组织结构中，与肉的嫩度密切相关的蛋白质是________。

A. 肌原纤维蛋白质　　B. 肌浆蛋白质

C. 基质蛋白质　　D. 肌红蛋白

2. 原料肉的新鲜度关系到肉的商品价值和食用安全性，因此，在销售或加工前必须进行检验的指标是________。

A. 嫩度　B. 风味　C. 新鲜度　D. 肉的 pH

3. 肉新鲜度的实验室检验方法很多，作为国家现行法定检测方法是________。

A. 球蛋白沉淀反应　B. 硫化氢测定

C. pH 测定　D. 挥发性盐基氮测定

4. 肉的酸碱度可反映其新鲜程度，正常肉的 pH 为________。

A. 5 以下　B. 5.1 ~5.5　C. 6.1 ~6.4　D. 6.7 以上

5. 我国商业上常将猪半片胴体分割为________。

A. 二大块　B. 四大块　C. 四大块　D. 六大块

6. 肉类的冷却就是将屠宰后的胴体，吊挂在冷却室内，使其冷却到最厚处的深层温度达到________。

A. −18℃　B. −5℃　C. 0 ~4℃　D. 10℃

7. 快速冻结是指肉中心温度从 −1℃降至 −5℃花费时间为________。

A. 少于 5min　B. 少于 15min　C. 少于 25min　D. 少于 30min

8. 肉的冻结方法有不同种类，其中最为常用的方法是________。

A. 快速冻结法　B. 空气冻结法

C. 板式冻结法　D. 浸渍冻结法

9. 食盐是肉制品加工中最重要的调味料，使用量应根据消费者的习惯和肉制品的品种要求适当掌握，熟制品的食盐用量为________。

A. 2% ~3%　B. 4% 左右　C. 6%　D. 10%

10. 肉制品加工中淀粉的使用量视品种而定，一般在 5% ~30% 范围内。高档制品用量宜少，并最好使用________。

A. 马铃薯淀粉　B. 玉米淀粉

C. 小麦淀粉　D. 甘薯淀粉

三、多项选择题（5×2 分）

1. 脂肪对肉的食用品质影响甚大，肌肉内脂肪的多少直接影响肉的________。

A. 色泽　B. 风味　C. 多汁性　D. 嫩度

2. 影响肌肉嫩度的因素很多，除与遗传因子有关外，主要取决于________。

A. 肌肉纤维的结构和粗细　B. 结缔组织含量

C. 热加工　D. 肉 pH

3. 肌肉组织是构成肉的主要组成部分，可分为________、________和________三种。

A. 横纹肌　B. 心肌　C. 平滑肌　D. 神经纤维

4. 在肉的四种组织中，肉的营养价值所在是________，这两部分占全肉的比例越大，肉的食用价值和商品价值越高，质量越好。

A. 骨组织　　B. 结缔组织　　C. 脂肪组织　　D. 肌肉组织

5. 肉变质时的变化主要是和脂肪的分解过程________。

A. 碳水化合物　B. 蛋白质　　C. 脂肪　　D. 维生素

四、判断题（10×1分）

1.（　　）肉品中水分含量和持水性直接关系到肉及肉制品组织状态、品质、甚至风味。

2.（　　）肌内脂肪使鲜肉脂肪外观呈现大理石纹理，是所有肉质量好坏的重要标志。

3.（　　）肌肉的颜色是重要的食用品质之一，可以通过感官给消费者以好或坏的影响。

4.（　　）大理石纹反映一块肉可见脂肪的分布状况。白色纹理多而显著，表示其中蓄积较多的脂肪，肉多汁、品质好。

5.（　　）肉的失水率是与肉质关系最为密切的主要因素之一。肉的失水率越低，表示持水性强，肉质柔嫩，肉质越好。

6.（　　）原料肉成熟的时间愈长，肉愈柔软，而且风味也相应地增强。

7.（　　）肉类腐败的感官特征有表面发黏：是微生物作用产生腐败的主要标志。在流通中当肉表面的细菌数达100万/cm^2个时就出现黏液。

8.（　　）原料肉的新鲜度关系到肉的商品价值和食用安全性，因此，在销售或加工之前必须要对原料肉的新鲜度进行检验。

9.（　　）冷藏过程中可使肌肉中的化学变化快速进行，而达到成熟，目前肉的成熟一般采用低温成熟法即冷藏与成熟同时进行，

10.（　　）从理论上讲，冻藏温度越高，肉品质量保持得就越好，保存期限也就越长。

五、名词解释（5×2分）

1. 肉的风味　2. 肉保水性　3. 肉嫩度　4. 冷却肉　5. 肉的成熟

六、问答题（6×6分）

1. 在肉品工业生产中，如何控制尸僵，促进成熟，防止腐败？
2. 原料肉检验主要包括哪几个方面？
3. 原料肉的食用品质有哪些，如何提高肉的食品品质？
4. 简述低温贮藏保鲜的原理。
5. 试述肉制品加工中发色剂的种类及成色原理。
6. 生产设备清洗消毒后消毒效果如何检验？

项目二 腌腊肉制品加工

项目描述

腌腊肉制品是传统的中式肉制品之一，通过腊肉、板鸭、风鹅加工的学习，掌握腌腊肉制品的加工原理、了解腌腊肉制品加工常用的腌制材料及其作用、腌制过程中的呈色变化以及肉的腌制方法，能够进行典型腌腊肉制品的加工。

学习目标

1. 知识目标
- 掌握腌腊肉制品的概念与加工原理；
- 掌握腌制的材料及其作用、腌制过程中的呈色变化；
- 掌握肉的腌制方法。

2. 能力目标
- 能够进行广式腊肉、南京板鸭、风鹅的加工制作；
- 能够进行腌腊肉制品生产配方设计及质量控制。

背景知识

腌腊肉制品[1]是我国传统的肉制品之一，指原料肉经预处理、腌制、脱水、保藏成熟而成的一类肉制品。腌腊肉制品的特点：肉质细致紧密，色泽红白分明，滋味咸鲜可口，风味独特，便于携带和贮藏。腌腊肉制品主要包括腊肉、咸肉、板鸭、中式火腿、西式火腿等。

肉的腌制是肉品贮藏的一种传统手段，也是肉品生产常用的加工方法。肉的腌制是用食盐或以食盐为主并添加硝酸钠、蔗糖和香辛料等辅料对原料肉进行浸渍的过程。近年来，随着食品科学的发展，在腌制时常加入品质改良剂如磷酸盐、异维生素 C、柠檬酸等以提高肉的保水性，获得较高的成品率，同时腌制的目的已从单纯的防腐保藏发展到主要为了改善风味和色泽，提高肉制品的质量，从而使腌制成为许多肉类制品加工过程中一个重要的工艺环节。

一、腌制材料及其作用

1. 食盐的防腐作用

食盐是腌腊肉制品的主要配料，也是唯一不可缺少的腌制材料。食盐不能灭菌，但一定浓度的食盐（10% ~15%）能抑制许多腐败微生物的繁殖，因而对腌腊制品具有防腐作用。肉制品中含有大量的蛋白质、脂肪等成分，但其鲜味要在一定浓度的咸味下才能表现出来。

腌制过程中食盐的防腐作用主要表现在：① 食盐较高的渗透压，引起微生物细胞的脱水，变形，同时破坏水的代谢；② 影响细菌酶的活性；③ 钠离子的迁移率小，能破坏微生物细胞的正常代谢；④ 氯离子比其他阴离子（如溴离子）更具有抑制微生物活动的作用。此外，食盐的防腐作用还在于食盐溶液减少了氧的溶解度，氧很难溶于食盐水中，由于缺氧减少了需氧性微生物的繁殖。

2. 硝酸盐和亚硝酸盐的防腐作用

硝酸盐和亚硝酸盐可以抑制肉毒梭状芽孢杆菌的生长，也可以抑制许多其他类型腐败菌的生长。这种作用在硝酸盐浓度为0.1%和亚硝酸盐浓度为0.01%左右时最为明显。

肉毒梭状芽孢杆菌能产生肉毒梭菌毒素，这种毒素具有很强的致死性，对热稳定，大部分肉制品进行热加工的温度仍不能杀灭它，而硝酸盐能抑制这种菌的生长，防止食物中毒事故的发生。

硝酸盐和亚硝酸盐的防腐作用受pH的影响很大，在pH为6时，对细菌有明显的抑制作用，当pH为6.5时，抑菌能力有所降低，在pH为7时，则不起作用，但其机理尚不清楚。

3. 磷酸盐的保水作用

磷酸盐在肉制品加工中有增强肉的保水性和黏结性的作用。由于磷酸盐呈碱性反应，加入肉中可提高肉的pH，使肉膨胀度增大，从而增强肉的保水性，增加产品的黏着力和减少养分流失，防止肉制品的变色和变质，有利于调味料浸入肉中心，使产品有良好的外观和光泽。

目前肉及肉制品加工中使用的磷酸盐，根据GB 2760—2014规定有焦磷酸钠、三聚磷酸钠、六偏磷酸钠，通常混合成复合磷酸盐，其保水效果优于单一成分。磷酸盐的添加量一般在0.1% ~0.3%，添加磷酸盐会影响肉的色泽，并且过量使用有损风味。

二、腌制过程中的呈色变化

1. 硝酸盐和亚硝酸盐对肉色的作用

肉在腌制时食盐会加速血红蛋白（Hb）和肌红蛋白（Mb）氧化，形成高铁血红蛋白（MetHb）和高铁肌红蛋白（MetMb），使肌肉丧失天然色泽，变成紫色调的淡灰色。为避免颜色变化，在腌制时常使用发色剂——硝酸盐和亚硝酸盐，常用的有硝酸钠和亚硝酸钠。加入硝酸钠或亚硝酸钠后，由于肌肉中色素蛋白质和亚硝酸钠发生化学反应形成鲜艳的亚硝基肌红蛋白和亚硝基血红蛋白，这种化合物在烧煮时变成稳定粉红色，使肉呈现鲜艳的色泽。

发色机理：首先硝酸盐在肉中脱氮菌（或还原物质）的作用下还原成亚硝酸盐；然后与肉中的乳酸产生复分解作用而形成亚硝酸；亚硝酸再分解产生氧化氮；氧化氮与肌肉纤维细胞中的肌红蛋白（或血红蛋白）结合而产生鲜红色的亚硝基（NO）肌红蛋白（或亚硝基血红蛋白），使肉具有鲜艳的玫瑰红色。

$$NaNO_3 \xrightarrow{\text{脱氮菌还原（+2H）}} NaNO_2 + H_2O$$

$$NaNO_2 + CH_3CH(OH)COOH \longrightarrow HNO_2 + CH_3CH(OH)COONa$$

$$2HNO_2 \longrightarrow NO + NO_2H_2O$$

$$NO + \text{肌红蛋白（血红蛋白）} \longrightarrow NO\ \text{肌红蛋白（血红蛋白）}$$

亚硝酸是提供一氧化氮的最主要来源。实际上获得色素的程度，与亚硝酸盐参与反应的量有关。

亚硝酸盐能使肉发色迅速，但呈色作用不稳定，适用于生产过程短而不需要长期贮藏的制品，对那些生产周期长和需长期保藏的制品，最好使用硝酸盐。现在许多国家广泛采用混合盐料。用于生产各种灌肠时混合盐料的组成是：食盐98%、硝酸盐0.83%、亚硝酸盐0.17%。

2. 发色助剂抗坏血酸盐对肉色的稳定作用

肉制品中常用的发色助剂有抗坏血酸和异抗坏血酸及其钠盐、烟酰胺等。其助色机理与硝酸盐或亚硝酸盐的发色过程紧密相连。

如前所述硝酸盐或亚硝酸盐的发色机理是其生成的亚硝基（NO）与肌红蛋白或血红蛋白形成显色物质，其反应如下：

$$KNO_3 \xrightarrow[+2H]{\text{肉中硝酸还原菌}} KNO_2 + H_2O \qquad (2-1)$$

$$\underset{\text{亚硝酸钾}}{KNO_2} + \underset{\text{乳酸}}{CH_3CHOHCOOH} \longrightarrow \underset{\text{亚硝酸}}{HNO_2} + \underset{\text{乳酸钾}}{CH_3CHOHCOOK} \qquad (2-2)$$

$$3HNO_2 \xrightarrow{\text{不稳定分解}} H^+ + NO_3^- + 2NO + H_2O \quad (2-3)$$

$$NO + Mb\,(Hb) \longrightarrow NO-Mb\,(NO-Hb) \quad (2-4)$$

由反应（2－4）可知，NO的量越多，则呈红色的物质越多，肉色则越红。从反应式（2－3）可知，亚硝酸经自身氧化反应，只有一部分转化成NO，而另一部分则转化成了硝酸。硝酸具有很强氧化性，使红色素中的还原型铁离子（Fe^{2+}）被氧化成氧化型铁离子（Fe^{3+}），而使肉的色泽变褐。同时，生成的NO可以被空气中的氧氧化成亚硝基（NO_2），进而与水生成硝酸和亚硝酸：

$$\left.\begin{array}{l} 2NO + O_2 \longrightarrow 2NO_2 \\ 2NO_2 + H_2O \longrightarrow HNO_3 + HNO_2 \end{array}\right\} \quad (2-5)$$

反应结果不仅减少了NO的量，而且又生成了氧化性很强的硝酸。

发色助剂具有较强还原性，其助色作用通过促进NO生成，防止NO及亚铁离子的氧化。抗坏血酸盐容易被氧化，是一种良好的还原剂。它能促使亚硝酸盐还原成一氧化氮，并创造厌氧条件，加速一氧化氮肌红朊的形成，完成肉制品的发色作用，同时在腌制过程中防止一氧化氮再被氧化成二氧化氮，有一定的抗氧化作用。若与其他添加剂混合使用，能防止肌肉红色褐变。

腌制液中复合磷酸盐会改变盐水的pH，会影响抗坏血酸的助色效果，因此往往加抗坏血酸的同时加入助色剂烟酰胺。烟酰胺也能形成稳定的烟酰胺肌红蛋白，使肉呈红色，且烟酰胺对pH的变化不敏感。据研究，同时使用抗坏血酸和烟酰胺助色效果好，且成品的颜色对光的稳定性要好得多。

目前世界各国在生产肉制品时，都非常重视抗坏血酸的使用，其最大使用量为0.1%，一般为0.025%～0.05%。

3. 影响腌制肉制品色泽的因素

（1）发色剂的使用量　肉制品的色泽与发色剂的使用量密切相关，用量不足时发色效果不明显。为了保证肉色呈红色，亚硝酸钠的最低用量为0.05g/kg；用量过大时，过量的亚硝酸根的存在又能使血红素物质中的卟啉环的α－甲炔键硝基化，生成绿色的衍生物。为了确保食用安全，我国国家标准规定：在肉制品中硝酸钠最大使用量为0.5g/kg；亚硝酸钠的最大使用量为0.15g/kg，在这个安全范围内使用发色剂的多少和原料肉的种类、加工工艺条件及气温情况等因素有关。一般气温越高，呈色作用越快，发色剂可适当少添加些。

（2）肉的pH　肉的pH也影响亚硝酸盐的发色作用。亚硝酸钠只有在酸性介质中才能还原成一氧化氮，所以当pH呈中性时肉色就淡，特别是为了提高肉制品的保水性，常加入碱性磷酸盐，加入后会引起pH升高，影响呈色效果，所以应注意其用量。在过低的pH环境中，亚硝酸盐的消耗量增大，如使用亚硝酸盐过量，又易引起绿变，发色的最适pH范围一般为5.6～6.0。

（3）温度　生肉呈色的过程比较缓慢，但经烘烤、加热后，反应速度加快。而如果配好料后不及时处理，生肉就会褪色，特别是灌肠机中的回料，因氧化而褪色，这就要求操作迅速，及时加热。

（4）腌制添加剂　添加蔗糖和葡萄糖由于其还原作用，可影响肉色强度和稳定性；加烟酸、烟酰胺也可形成比较稳定的红色，但这些物质无防腐作用，还不能代替亚硝酸钠。另一方面香辛料中的丁香对亚硝酸盐还有消色作用。

（5）其他因素　微生物和光线等也会影响腌肉色泽的稳定性，正常腌制的肉，切开后置于空气中切面会逐渐发生褐变，这是因为一氧化氮肌红蛋白在微生物的作用下引起卟啉环的变化。一氧化氮肌红蛋白不但受微生物影响，对可见光也不稳定，在光的作用下 NO－血色原失去 NO，在氧化成高铁血色原，高铁血色原在微生物等的作用下，使得血红蛋白中的卟啉环发生变化，生成绿、黄、无色衍生物，这种褪变现象在脂肪酸败、有过氧化物存在时可加速发生。有时制品在避光的条件下贮藏也会褪色，这是由于 NO－肌红蛋白单纯氧化所造成。如灌肠制品由于灌得不紧，空气混入馅中，气孔周围的颜色变成暗褐色。肉制品的褪色与温度有关，在 2～8℃温度条件下褪色速度比在 15～20℃以上的温度条件下要慢一些。

综上所述，为了使肉制品获得鲜艳的颜色，除了要有新鲜的原料外，必须根据腌制时间长短，选择合适的发色剂，掌握适当的用量，在适宜的 pH 条件下严格操作。此外，要注意低温、避光、并采用添加抗氧化剂，真空包装或充氮包装，添加去氧剂脱氧等方法避免氧的影响，保持腌肉制品的色泽。

三、腌制过程中的保水变化

腌制除了改善肉制品的风味，提高保藏性能，增加诱人的颜色外，还可以提高原料肉的保水性和黏结性。

1. 食盐的保水作用

食盐能使肉的保水作用增强。Na^+ 和 Cl^- 与肉蛋白质结合，在一定的条件下蛋白质立体结构发生松弛，使肉的保水性增强。此外，食盐腌肉使肉的离子强度提高，肌纤维蛋白质数量增多，在这些纤维状肌肉蛋白质加热变性的情况下，将水分或脂肪包裹起来凝固，使肉的保水性提高。

肉在腌制时由于吸收腌制液中的水分和盐分而发生膨胀。对膨胀影响较大的是 pH、腌制液中盐的浓度、肉量与腌制液的比例等。肉的 pH 越高膨润度越大；盐水浓度在 8%～10% 时膨润度最大。

2. 磷酸盐的保水作用

磷酸盐有增强肉的保水性和粘结性作用。其作用机理如下。

（1）磷酸盐呈碱性反应，加入肉中可提高肉的pH，从而增强肉的保水性。

（2）磷酸盐的离子强度大，肉中加入少量即可提高肉的离子强度，改善肉的保水性。

（3）磷酸盐中的聚磷酸盐可使肌肉蛋白质的肌动球蛋白分离为肌球蛋白、肌动蛋白，从而使大量蛋白质的分散粒子因强有力的界面作用，成为肉中脂肪的乳化剂，使脂肪在肉中保持分散状态。此外，聚磷酸盐能改善蛋白质的溶解性，在蛋白质加热变性时，能和水包在一起凝固，增强肉的保水性。

（4）聚磷酸盐有除去与肌肉蛋白质结合的钙和镁等碱土金属的作用，从而能增强蛋白质亲水基的数量，使肉的保水性增强。磷酸盐中以聚磷酸盐即焦磷酸盐的保水性最好，其次是三聚磷酸钠、四聚磷酸钠。

四、肉的腌制方法

肉在腌制时采用的方法主要有四种，即干腌法、湿腌法、混合腌制法和注射腌制法。不同腌腊制品对腌制方法有不同的要求，有的产品采用一种腌制法即可，有的产品则需要采用两种甚至两种以上的腌制法。

1. 干腌法

用食盐或盐硝混合物涂擦肉块，然后堆放在容器中或堆叠成一定高度的肉垛。操作和设备简单，在小规模肉制品厂和农村多采用此法。腌制时由于渗透和扩散作用，由肉的内部分泌出一部分水分和可溶性蛋白质与矿物质等形成盐水，逐渐完成其腌制过程，因而腌制需要的时间较长。干腌时产品总是失水的，失去水分的程度取决于腌制的时间和用盐量。腌制周期越长，用盐量越高，原料肉越瘦，腌制温度越高，产品失水越严重。

干腌法生产的产品有独特的风味和质地，中式火腿、腊肉均采用此法腌制；国外采用干腌法生产的比例很少，主要是一些带骨火腿如乡村火腿。干腌的优点是操作简便，不需要多大的场地，蛋白质损失少，水分含量低、耐贮藏。缺点是腌制不均匀，失重大，色泽较差，盐不能重复利用，工人劳动强度大。

2. 湿腌法

湿腌法即盐水腌制法，就是在容器内将肉品浸没在预先配制好的食盐溶液内，并通过扩散和水分转移，让腌制剂渗入肉品内部，并获得比较均匀的分布，直至它的浓度最后和盐液浓度相同的腌制方法。

湿腌法用的盐溶液一般是15.3～17.7°Bé[2]，硝石不低于1%，也有用饱和溶液的，腌制液可以重复利用，再次使用时需煮沸并添加一定量的食盐，使其浓度达 12°Bé，湿腌法腌制肉类时，每千克肉需腌 3～5d。

湿腌法的优点是腌制后肉的盐分均匀，盐水可重复使用，腌制时降低工人的劳动强度，肉质较为柔软，不足之处是蛋白质流失严重，所需腌制时间长，风味不及干腌法，含水量高，不易贮藏。

3. 混合腌制法

混合腌制法是采用干腌法和湿腌法相结合的一种方法。可先进行干腌放入容器中，再放入盐水中腌制或在注射盐水后，用干的硝盐混合物涂擦在肉制品上，放在容器内腌制。这种方法应用最为普遍。

干腌和湿腌相结合可减少营养成分流失，增加贮藏时的稳定性，防止产品过度脱水，咸度适中，不足之处是较为麻烦。

4. 注射腌制法

为加速腌制液渗入肉内部，在用盐水腌制时先用盐水注射，然后再放入盐水中腌制。盐水注射法分动脉注射腌制法和肌肉注射腌制法。

（1）动脉注射腌制法　此法是用泵将盐水或腌制液经动脉系统压送入分割肉或腿肉内的腌制方法，为扩散盐液的最好方法。但一般分割胴体的方法并不考虑原来的动脉系统的完整性，故此法只能用于腌制前后腿。腌制液一般用 16.5～17°Bé。此法的优点在于腌制液能迅速渗透肉的深处，不破坏组织的完整性，腌制速度快；不足之处是用于腌制的肉必须是血管系统没有损伤，刺杀放血良好的前后腿，同时产品容易腐败变质，必须进行冷藏。

（2）肌肉注射腌制法　肌肉注射用的针头大多为多孔的，分单针头和多针头两种。

单针头注射法适合于分割肉，带骨或去骨肉均可采用此法，一般每块肉注射 3～4 针，每针腌制液注射量为 85g 左右，一般增重 10%，肌肉注射可在磅秤上进行。

多针头肌肉注射最适合用于形状整齐而不带骨的肉类，肋条肉最为适宜。多针头机器，一排针头可多达 20 枚，每一针头中有小孔，插入深度可达 26cm，平均每小时注射 60000 次，由于针头数量大，两针相距很近，注射时肉内的腌制液分布较好，可获得预期的增重效果。肌肉注射时腌制液经常会过多地聚集在注射部位的四周，短时间难以散开，因而肌肉注射时就需要较长的注射时间以便充分扩散腌制液而不至于聚集过多。

盐水注射法可以降低操作时间，提高生产效益，降低生产成本，但其成品质量不及干腌制品，风味稍差，煮熟后肌肉收缩的程度比较大。

任务一

广式腊肉加工

广式腊肉亦称广东腊肉，是广东地方的名特肉制品，颇受消费者欢迎，畅销国内及东南亚等地，广式腊肉具有瘦肉深红、肥肉透明，香味浓郁，味道鲜美，肉质细嫩有脆性，肥瘦适中等特点。

一、材料、器具及设备

1. 材料与配方

猪肋条肉 100kg，白糖 3.7kg，硝酸钠 0.125kg，精盐 1.9kg，60°大曲酒 1.6kg，白汤酱油 6.3kg，香油 1.5kg。

2. 器具及设备

冷藏柜，烘房，燃气灶，台秤，天平，砧板，刀具，塑料盆，缸，竹竿，麻绳。

二、工艺流程

原料选择→剔骨、切条→洗肉条→配料→腌制→烘烤→包装→成品

三、操作要点

1. 选料

选用卫检合格、皮薄肉嫩的新鲜猪肋条肉为原料。

2. 剔骨、切条

将原料肉剔去肋骨、椎骨、软骨、奶脯和碎肉，边缘修割整齐，切成长 35～50cm，宽3～4cm，每条重 180～200g 的薄肉条，在肉条顶端硬膘右边斜刀穿皮打成 0.3～0.4cm 的小眼，用于穿绳悬挂。

3. 洗肉条

将切好的肉条用 30℃左右的温水浸泡、漂洗 1～2min，除去肉表面的浮油、污物，沥干水分放入大容器内。

4. 配料

按配料标准，先把糖、硝、精盐倒入盆中，然后加大曲酒、白酱油、香油等辅料，使固体腌料和液体调料充分混合拌匀，完全熔化。

5. 腌制

将沥干水分的肉条放入大缸中，加入混合好的配料，随即翻动，使每根肉条都与腌液接触，20℃下腌制约8h，每2h翻一次缸。

6. 烘烤

先在烘房内放上火盆，使烘房温度上升到50℃。烘房为三层式，底层温度在80℃左右，可移动火盆使烘房内温度均匀。烘房平均温度保持在45～50℃。连续烘制时，腊肉坯先放底层，每24h往上升高一层，经72h烘烤，表皮干燥，并有出油现象，即可出烘房。烘后的肉条，送入通风干燥的晾挂室中晾挂冷凉，肉温降到室温时即可包装。

7. 包装

晾凉后的腊肉用防潮蜡纸包装，竹筐或麻板纸箱盛装，还可采用真空包装。

8. 成品

每条重150g左右，在5℃以下贮存，真空包装的可在20℃下保存3～6个月。

四、注意事项

（1）腌制时肉条与腌料要拌均匀，并每隔2h上下翻动一次，腌制时间充足，使配料渗透到条坯内部，能完全被肉条吸收。腌制时必须分清等级和规格，确保质量。

（2）烘烤前，用炭把明火压住，将腌好肉条系上麻绳，挂在竹竿上送入烘房，再将火盆中压灭的炭拨开，使其燃烧，进行烘烤。在连续烘烤过程中，升层时里外竹竿应相互调换位置，使肉坯受热均匀。烘房温度不易太高或太低。温度过高，火力太旺，则滴油过多，甚至烤焦，影响成品率和成品质量。如温度过低，则水分蒸发不足，容易产生酸味，而且色泽发暗，影响质量。

（3）成品出房时须掌握先进先出，分清级别，分批出房。并检查是否干透，如发现外表有杂质、白斑、焦斑和霉点等现象时，应剔出另外处理。

（4）成品包装时，箱底应用竹叶垫底，应尽量避免在阴雨天包纸装箱，防止受潮，保证产品质量。

（5）腊肉贮藏时应注意保持清洁，防止污染。同时要防潮、防鼠啮、虫蛀。

五、质量标准

（1）感官指标　外形整齐，条头均匀，肥肉金黄、透明，瘦肉深红，肉身干燥，富有光泽，具有特殊的腊制香味，味道鲜美，不带碎骨，无黏液、无霉点、无异味、无酸败味。

（2）理化指标　见表2－1。

表2－1　腊肉理化指标

项　目	指　标
过氧化值（以脂肪计）/（g/100g）	≤0.50
酸价（以脂肪计）（KOH）/（mg/g）	≤4.0
铅（Pb）含量/（mg/kg）	≤0.2
无机砷含量/（mg/kg）	≤0.05
镉（Cd）含量/（mg/kg）	≤0.1
总汞（以Hg计）含量/（mg/kg）	≤0.05
亚硝酸盐（以 $NaNO_2$ 计算）含量/（mg/kg）	≤30

六、思考与应用

（1）广式腊肉加工时采用什么腌制方法？

（2）如何控制广式腊肉的烘烤工序？

（3）按实际操作任务过程写出实训报告，并分析出现质量问题的原因。

任务二

南京板鸭加工

南京板鸭[3]又名“贡鸭”，是我国著名的特产，可分为“腊板鸭”和“春板鸭”两类。“腊板鸭”是从小雪到立春，即农历十月到十二月底加工的板鸭，其品质最好，肉质细嫩，保存时间较长，一般可以保存三个月。“春板鸭”是从立春到清明，即由农历一月至二月底加工的板鸭，其特点是：香、酥、板、嫩，但其保存时间较短，一般一个月左右，3～4个月滴油。

南京板鸭的特点是：体肥、皮白、肉红、骨绿，肉质细嫩、紧密、味香，回味甜。

一、材料、器具及设备

1. 材料与配方

（1）主料　150kg 新鲜光鸭（70～80 只）。

（2）干腌辅料　食盐 9.375kg（光鸭重的 1/16），八角 46.875g（食盐重的 0.5%）。

炒盐制备：按干腌辅料配方将食盐放入锅内，加入八角，用火炒熟，并磨细即制成炒盐。

（3）湿腌辅料　洗鸭血水 150kg，食盐 50kg，生姜 100g，八角 50g，葱 150g。

盐卤的配制：按湿腌辅料配方将洗鸭血水中加入食盐，放锅中煮沸，使食盐溶解成为饱和溶液，撇去血污，澄清，用纱布滤去杂质，再加入打扁的大片生姜，整形的八角，整根的葱，冷却后即成新卤。新卤经过腌鸭后多次使用和长期贮藏即成老卤，每 200kg 老卤可腌板鸭 70～80 只。盐卤腌鸭 4～5 次后，必须煮沸一次，撇去上浮血污，并澄清。可适当补充食盐，使卤水保持一定咸度。

2. 器具及设备

冷藏柜，燃气灶，波美度计，锅，刀具，台秤，砧板，缸，盆。

二、工艺流程

1. 传统工艺流程

原料选择→宰杀→修整→腌制→叠坯→排坯→成熟→成品

2. 现代板鸭加工工艺流程（具体操作略）

原料选择→宰杀→修整→盐注→低盐腌→风干→煮制→真包→杀菌→成品

三、操作要点

1. 原料选择

腌制南京板鸭要挑选体长、身宽、胸腿肉发达，两腋下有“核桃肉”，体重 1.75kg 以上的活鸭为原料。无条件的也可用优质瘦肉鸭代替，体重 1.5～2kg，以肌肉丰满，鸭体皮肤洁白，新鲜健康为宜。

2. 宰杀

宰前断食18～24h，不断给水，在鸭舌5cm下颈部宰杀。宰杀后的鸭子5min内进行浸烫、煺毛。浸烫水温62～65℃为宜，一般时间为30～60s。烫好后立即煺毛，拉出鸭舌齐根割下，至冷水中浸洗，去血污，净细毛。

3. 修整

将浸洗后的鸭尸切除两翅、两脚。由肛门处拉断直肠，在右翼下开一长约5～6cm的半月口，取出食管、嗉囊及全部内脏。先用冷水洗净体腔，再放入冷水中浸泡1～2h后，将鸭体取出，挂起，沥干水分，放在案上（背部向上，腹部向下，头朝里，尾朝外），以手掌用力压扁三叉骨，使鸭体呈扁长方形。

4. 腌制

（1）擦盐干腌　先取3/4制备好的炒盐，从右翼下开口处装入鸭子体腔，反复翻转鸭体，使盐均匀布满体腔，再把余下食盐在大腿下部用力上抹，同时揉搓在胸部肌肉、刀口、肛门和口腔内部。内外擦透盐后的鸭体逐只叠入缸中，腌制12h。

（2）抠卤　干腌12h后，用手提起鸭翅，手指插入并撑开肛门，放出鸭体内卤出的盐水。此一工序称“抠卤”。第一次抠卤后鸭子再叠入缸中，8h后再进行第二次抠卤。

（3）复卤　二次抠卤后，从右翼刀口处灌入预先配好的盐卤（新卤或老卤，最好用老卤），再逐一叠入另一缸中，缸上压盖使鸭体全部淹在卤中，腌制15～20h。

5. 叠坯

复卤时间达到规定标准后，鸭体出缸，沥尽卤水（抠卤），放在案上用手掌压成扁形，再叠入缸中，这一工序称“叠坯”。叠坯时间2～4d。

6. 排坯

将叠在缸中的鸭体取出，用清水把鸭身洗净，挂在木档钉上，用手将颈部拉直，胸部拍平，两腿展开，腹部挑起（即用手插入肛门把下腹部挑成球形），再用水冲洗，然后挂在通风良好处吹干。等鸭体水滴完，皮吹干后，收回再排一次，加盖印章。这一工序就叫“排坯”。排坯的目的是使鸭肥大好看，达到外形美观，同时也使鸭子内部通气。

7. 成熟

排坯并加盖印章后转到仓库晾挂保管。晾挂仓库必须通风良好，不受日晒雨淋，鸭体互不接触，经过2~3周即为成品。

8. 成品

成品板鸭体肥、皮白、肉红、骨绿，肉质细嫩、紧密、味香。通常品质好的板鸭能保存到4月底以后，存放在0℃左右的冷库内，可保存到6月底或更长的时间。进行真空包装的板鸭，在10℃以下可保存3~6个月。

四、注意事项

（1）正宗南京板鸭加工时，活鸭在屠宰前要用稻谷饲养数周，进行催肥，使其膘肥肉嫩，皮肤洁白。也有用米糠或玉米为主要饲料育肥的，但皮肤色泽、肉的品质都比稻谷育肥差。催肥后的鸭脂肪熔点高，在气温较高的情况下也不易滴油、哈喇。经稻谷育肥的活鸭称“箱膘活鸭”。制成的板鸭叫“白油板鸭”，是板鸭中的上品。

（2）活鸭在宰杀前一天停食，不断给水，使皮肤洁白，并利于煺毛。另外，用电击昏后宰杀利于放血。

（3）浸烫、煺毛必须在宰杀后5min内进行。这时鸭体刚死，周身柔软，容易烫透。否则，停留时间过久尸体发硬，毛孔收缩，煺毛就困难，又容易使皮肤破裂，影响外观，甚至成次品。未死透的鸭子不能浸烫，因为周身血液尚未排净，会使皮肤发红，造成次品。煺毛时先拔翅羽，再拔腹胸毛、尾毛、颈毛，鸭毛拔后随即拉出鸭舌，投入冷水中浸洗并用镊子拔净小毛、绒毛。

（4）开膛时刀口不要太大或太小，否则影响美观或不利净膛。浸鸭时要用冷水，并充分浸泡，浸出鸭体内剩余的血污，使肌肉洁白，肉味鲜美。

（5）鸭子整理时压扁三叉骨，鸭体内外全部漂洗干净，既不影响肉的鲜美品质，又不易腐败变质，与板鸭能长期保存有很大关系。

（6）干腌擦盐时应遍及体内外，外部各处都要用盐擦透。特别是大腿处擦盐时要从大腿下部用力上抹，在肌肉与腿骨脱开的同时使部分食盐从骨与肉脱离处入内，使大腿肌肉也能充分腌透。

（7）复卤时盖上加压不宜太紧，以免鸭体吸收盐分不均匀。复卤时间的长短，应根据季节、鸭体大小而确定，从15~20h不等。盐卤越陈旧腌制出的板鸭风味越好。这是因为腌鸭后一部分营养物质渗进卤中，每烧煮一次，卤中营养成分浓厚一些，越是老卤，其中营养成分越浓厚。

（8）叠坯时放入缸中的鸭体必须腹向上，头向缸中心，以免刀口渗出血水污染鸭体。

（9）排坯后的鸭体不要挤压，防止变形。晾挂时若遇阴雨天，则时间要适当延长。

(10) 保存中不要受潮或污染，在气候干燥时，可把腌制3周左右的鸭坯在缸内木板上盘叠堆起（盘叠法）。

(11) 现代南京板鸭的工艺创新：

① 产品由生制品向开袋即食的熟制品转变。

② 腌制由一次湿腌取代以往的干腌加湿腌。

③ 采用自动风干，风干时间由15d以上缩短至3～5d。

④ 温湿度的有效控制，产品盐度降为3%～4%，省去了传统的脱盐工序。

⑤ 采用轨道式自动旋转吊钩，提高了产品的均一性和生产效率。

五、质量标准

(1) 感官指标　无黏液、无霉点、无异味、无酸败味。

(2) 理化指标　见表2-2。

表2-2　板鸭的理化指标

项　目	指　标
过氧化值（以脂肪计）/（g/100g）	≤2.50
酸价（以脂肪计）（KOH）/（mg/g）	≤1.6
铅（Pb）含量/（mg/kg）	≤0.2
无机砷含量/（mg/kg）	≤0.05
镉（Cd）含量/（mg/kg）	≤0.1
总汞（以Hg计）含量/（mg/kg）	≤0.05
亚硝酸盐（以$NaNO_2$计）含量/（mg/kg）	≤30

六、思考与应用

(1) 南京板鸭加工对原料选择有何要求？

(2) 如何控制南京板鸭的腌制工序？

(3) 按实际操作任务过程写出实训报告，并分析出现质量问题的原因。

任务三
风鹅加工

风鹅即鹅经屠宰后取出内脏，经腌制，通过控制温度、湿度和风速进行风干而制成的一种特殊腌腊肉制品。除风鹅制品外，还有风鸡、风鸭等产品面市，近年来特别流行，深受消费者青睐。风鹅制品腊香浓郁、肥而不腻、酥嫩可口。

一、材料、器具及设备

1. 材料与配方

（1）腌制所用的卤水配方见表2－3。

表2－3　腌制所用的卤水配方

品名	用量/%	品名	用量/%
水	85	砂仁	0.12
食盐	10	肉桂	0.63
大茴香	0.55	肉豆蔻	0.17
花椒	0.48	丁香	0.1
草果	0.45	陈皮	0.54
小茴香	0.05	香叶	0.13
甘草	0.54		

（2）蒸煮所用的料水配方见表2－4。

表2－4　蒸煮所用的料水配方

品名	用量/%	品名	用量/%
水	96.8	醋	0.12
食盐	2	料酒	0.1
姜	0.4	白糖	0.12
葱	0.41	味精	0.1
芝麻油	0.05		

2. 器具及设备

冷藏柜，解冻池，刀具，烫毛缸，小型脱毛机，腌制缸，煮制锅。

二、工艺流程

原料选择→宰杀→烫煺毛→净膛→注射→腌制→风干→出水镊毛→挂架→蒸煮→卸架→装袋→真空包装→杀菌→冷却→成品

三、操作要点

1. 鹅的选择

选择健康的活鹅，将筛选出的鹅经宰杀、退毛、净膛、漂洗得到光鹅，如果是冻鹅要用流水解冻。

2. 宰杀

以口腔宰杀为佳，可保持商品完整美观，减少污染，但为便于拉出内脏，目前多采用切断三管法。为了便于放血和内脏处理，宰杀前进行饥饿管理，禁食12～24h，不断饮水。

3. 烫煺毛

（1）烫毛　水温以63～65℃为宜，水量要多，以便于鹅体搅烫均匀，一般2～3min。

（2）煺毛　在大毛和脚爪皮能拔除时，立即用手工或小型脱毛机进行煺毛处理。手工煺毛时，先拔翅上羽毛，再拔背毛，然后拔腹脯毛、尾毛、颈毛，此称为抓大毛。脱毛机则可煺去80%～90%的大毛。拔毛后随即投入冷水中浸洗，并用镊子拔净小毛、绒毛，称为净小毛。

4. 开膛取内脏

将右翅提起，用刀在肋下垂直向下切，深约3cm，再将刀向上划至翅根的中部，再向下划至腰窝，形成一月牙形刀口，长6～8cm。用左手抵住胸部，用右手大拇指在月牙形刀口下部推断肋骨，挖出心脏，然后拉出食道和嗉囊。用右手食指，由月牙形刀口伸入腹腔，将内脏和体壁相连的筋膜搅断，用力拖出鹅肫，抽出食道，扯出肠子，并将全部消化系统由月牙形刀口拉出，最后取出肺脏。按上述方法取出内脏后，鹅空腹，但外观完整美观，与没有取出内脏的光鹅一样。

5. 净膛

（1）清膛　用清水清洗体腔内残留的破碎组织和血液，从肛门内把肠子断头拉出并剔除，注意切勿将腹膜内脂肪和油皮割破，以免影响成品品质。

（2）水浸　将洗净的鹅体浸泡在流动水中，1～2h，以拔净血水使肌肉洁白。

（3）沥水　将体腔内残留的水沥净，并挂起鹅体沥水晾干，便于腌制。

6. 盐水注射

（1）用事先配制好的含盐15%和亚硝100mg/kg的卤液进行注射。

（2）根据鹅的大、小、肥、瘦而增减针数和剂量，每只鹅注射 1～18 针不等，每针剂量为 5mL，如 2.5kg 以上的大鹅注射 18 针，剂量 90mL，1.75kg 以下的小鹅注射 3 针，剂量 10mL。

7. 腌制

将注射后的光鹅放置在温度为 10～20℃ 含盐 14% 的卤液中进行腌制，根据鹅的老、嫩腌制时间为 18～36h。

8. 风干

腌制后的光鹅放置于温度 <18℃、相对湿度 <75% 的风干车间内风干，时间为 3～5d，使鹅皮表面微出油。

9. 出水镊毛

将风干后的鹅置于温度为 80～90℃ 的水池中 5～8min，出水后将鹅表面小毛镊尽，用水清洗干净放在固定的架子上。

10. 蒸煮

已上架的鹅通过蒸煮生产线送至温度 95～102℃ 的已配制好的卤液中蒸煮，根据鹅的大、小、老、嫩时间为 45～120min，如嫩鹅煮制时间为 45min，若是老鹅时间为 120min，卤液中油层厚度 3～5cm。

11. 真空包装

将煮制后的成熟鹅从架子上取下进行冷却，冷却后的风鹅装入真空包装袋，进行真空包装，抽气时间为 30s。将真空包装后的风鹅进行感官检测，将不合格品检出进行处理，待处理好后重新进行真空包装。

12. 灭菌

（1）微波灭菌　将感官检测后的风鹅放置隧道式微波里，温度 75～115℃。

（2）高温灭菌　将感官检测后的风鹅放置温度为 121℃ 的高压锅内，时间为 15min。

13. 冷却

将微波杀菌或高温杀菌后的风鹅放置速冷机内冷却，将冷却后的风鹅进行外包装密封、称重、打印生产日期，送至冷库内进行保存。

四、注意事项

（1）宰杀要注意以切断三管为度，刀口过深容易掉头和出次品。

（2）烫毛时温度过高，制成的成品皮色不好，易出次品；水温过低，脚爪不能蜕皮，大毛不易拔除，且皮易撕破。此外，浸烫时间过长，则毛孔收缩，尸体发硬，煺毛困难。

（3）注射腌制的好处是入味快，加速风鹅香气的形成和产生，强化风鹅体内层的香味、鲜味和嫩度，保证卤腌后风鹅风味形成的均匀性，注射使工厂化生产的可行性增加，使腌制时间大大减少。如果是家庭作坊式生产，在腌制步骤中也可以不采用注射方式。

（4）盐卤用5～6次必须煮沸一次，撇除浮沫、杂物等，同时加盐或水调整浓度，加入香辛料。

（5）卤水腌制过程中，将注射后的光鹅鹅腹朝上，鹅颈弯回，平放于腌制池中，注入特制卤水，每隔3～4h翻动一次，依次将上层鹅翻到下层，下层鹅翻到上层，翻动一次，换一次卤水，恒温腌制8～24h，使鹅肉鲜香扑鼻。

（6）腌制后的光鹅放置于温度<18℃、相对湿度<75%的风干车间内风干，风速一般控制在5～8m/s，不能超过15m/s，时间为3～5d。温度太低，湿度太小所需的风干时间太长；温度过高，湿度过大，容易造成微生物的繁殖，脂肪容易氧化，也将影响风鹅品质。

（7）微波杀菌的杀菌效果虽然不如高温杀菌，但微波杀菌的风鹅口味更好。微波杀菌更能保持风鹅的原有风味。

五、质量标准

（1）感官指标见表2－5。

表2－5　风鹅感官指标

项　目	指　标
色泽	色表面呈淡黄色，切面有光泽，肌肉显淡红色
组织状态	肉制酥嫩，肉质紧密，切面光整
气味	皮香肉酥、无焦苦味、哈败味及其他异味
滋味	滋味鲜香，回味悠长

（2）理化指标见表2－6。

表2－6　风鹅理化指标

项　目	指　标
水分/%	≤55
蛋白质含量/%	≥10
游离氨基酸含量/（mg/kg）	46.5
氯化钠含量/%	2～6

续表

项　　目	指　标
亚硝酸钠含量/（mg/kg）	≤50
总汞（以 Hg 计）含量/（mg/kg）	≤0.05
镉（Cd）含量/（mg/kg）	≤0.1
污染物限量	按 GB 2762—2012 执行
农药最大残留量	按 GB 2763—2014 执行

（3）微生物指标见表 2－7。

表 2－7　　风鹅微生物指标

项　　目	指　　标
细菌总数/（cfu/g）	≤50 000
大肠菌群/（MPN/100g）	≤70
致病菌（沙门菌、金黄色葡萄球菌、志贺菌）	不得检出

六、思考与应用

（1）在风干过程中要控制要哪些工艺参数，并说明原因。

（2）简述风鹅的加工过程流程。

（3）对风鹅加工来说，微波灭菌和高温高压灭菌有何区别?

（4）按实际操作任务过程写出实训报告，并分析出现质量问题的原因。

探索与创新

1. 你食用过哪些腌腊肉制品，印象最深的是哪个品牌？通过查资料、学习团队讨论，设计其制作方案，结合该项目学习进行产品开发。

2. 对你所在的学习团队加工的腌腊肉制品进行质量分析，提出产品的改进方案。

3. 如何创新南京板鸭的生产工艺？

链接与拓展

[1] 腌腊肉制品：腌腊肉制品如腌肉、腊肉、火腿、腊肠等，常含有较多的硝酸盐，食物中在有二级胺同时存在的情况下，硝酸盐和二级胺可以发生化学反应而产生亚硝胺，亚硝胺是一种危险的致癌物质，极易引起细胞突变而致癌。茶叶中的儿茶素类物质，具有阻断亚硝胺合成的作用，因此食用了盐渍蔬菜和腌

腊肉制品以后，应多饮些儿茶素含量较高的高级绿茶，可以抑制致癌物的形成，而且能增强免疫功能，有益于健康。

[2] °Bé：波美度，是表示溶液浓度的一种方法。把波美比重计浸入所测溶液中，得到的度数就叫波美度。波美度以法国化学家波美（Antoine Baume）命名。波美是药房学徒出身，曾任巴黎药学院教授。他创制了液体比重计——波美比重计。

波美比重计有两种：一种叫重表，用于测量比水重的液体；另一种叫轻表，用于测量比水轻的液体。当测得波美度后，从相应化学手册的对照表中可以方便地查出溶液的质量浓度。例如，在15℃测得浓硫酸的波美度是66°Bé，查表可知硫酸的质量浓度是98%。

波美度数值较大，读数方便，所以在生产上常用波美度表示溶液的浓度（一定浓度的溶液都有一定的密度或比重）。

不同溶液的波美度的测定方法是相似的，都是用测定相对密度的方法，根据测得的相对密度，查表换算浓度。现在对不同溶液的波美表都是专用的，如酒精波美表、盐水波美表，这种波美表上面，有测定溶液波美度对应的该种类溶液的浓度，可以直接读数，不用查表了。

波美度与相对密度换算方法：

对于比水重的：相对密度=144.3/（144.3－波美度）

对于比水轻的：相对密度=144.3/（144.3+波美度）

一般来说，波美比重计应在15.6℃温度下测定，但平时实际使用的时候温度一般不会刚好符合标准，所以需要校正。一般来说，温度每相差1℃，波美计则相差0.054°Bé。温度高于标准时加，低则减。

[3] 南京板鸭：南京板鸭、镇江香醋、苏州刺绣并称江苏三宝，作为三宝之一的南京板鸭驰名中外。素有北烤鸭南板鸭之美名。明清时南京就流传“古书院，琉璃塔，玄色缎子，咸板鸭”的民谣，可见南京板鸭早就声誉斐然了。板鸭因其肉质细嫩紧密，像一块板似的，故名板鸭。南京板鸭的制作技术已有600多年的历史，但是若追溯源头，怕已有一千多年的了。到了清代时，地方官员总要挑选质量较好的新板鸭进贡皇室，所以又称“贡鸭”；朝廷官员在互访时以板鸭为礼品互赠，故又有“官礼板鸭”之称。现在的南京板鸭，由于食用不太方便，已经衍生出了一些其他品种。如桂花盐水鸭则是其中之一，南京桂花盐水鸭同样久负盛名。南京桂花盐水鸭一年四季皆可制作，腌制复卤期短，现做现卖，现买现吃，不宜久藏。此鸭皮白肉嫩、肥而不腻、香鲜味美，具有香、酥、嫩的特点。每年中秋前后的盐水鸭色味最佳，是因为鸭在桂花盛开季节制作的，故美名曰：桂花鸭。《白门食谱》记载：“金陵八月时期，盐水鸭最著名，人人以为肉内有桂花香也。”桂花鸭“清而旨，久食不厌”，是下酒佳品。逢年过节或平日家中来客，上街去买一碗盐水鸭，似乎已成了南京世俗的礼节。

自我测试

一、填空（24×1分）

1. 肉的腌制是以__________为主、并添加__________、蔗糖和香辛料等辅料对原料肉进行浸渍的过程。

2. 在肉类腌制时采用的方法主要有__________、__________、__________、__________四种。

3. 为了使肉制品获得鲜艳的颜色，除了要有__________外，必须根据腌制__________，选择合适的发色剂，掌握__________，在__________下严格操作。

4. 在肉制品加工中，肉类腌制时常使用发色剂为__________、__________。

5. 肉制品的色泽与发色剂使用量密切相关，为了确保食用安全，我国国家标准规定：在肉制品中硝酸钠最大使用量为__________；亚硝酸钠的最大使用量为__________。

6. 影响腌制肉制品色泽的因素有__________、__________、__________、__________、__________。

7. 亚硝酸盐能使肉__________，但呈色作用__________，适用于生产过程短而不需要长期贮藏的制品。

8. 在肉类腌制时常使用发色剂，加入硝酸钠或亚硝酸钠后，由于肌肉中__________发生化学反应形成鲜艳的__________和__________，这种化合物在烧煮时变成稳定粉红色，使肉呈现鲜艳的色泽。

二、单项选择题（10×1分）

1. 肉类腌制时磷酸盐添加过量使用有损风味，所以其用量一般________。

A. 0.1%~0.3%　　B. 0.1%~0.6%

C. 0.7%~0.9%　　D. 1%~1.2%

2. 在肉类腌制方法中，可以降低操作时间，提高生产效益，降低生产成本，但其成品风味稍差，煮熟后肌肉收缩的程度比较大的方法是________。

A. 干腌法　　B. 湿腌法　　C. 混合腌制法　　D. 盐水注射腌法

3. 在肉类腌制方法中，应用最为普遍的是________。

A. 干腌法　　B. 湿腌法　　C. 混合腌制法　　D. 盐水注射腌法

4. 对生产周期长和需长期保藏的肉制品，腌制时最好使用的发色剂是________。

A. 磷酸盐　　B. 硝酸盐　　C. 亚硝酸盐　　D. 抗坏血酸

5. 肉类腌制时，对亚硝酸盐还有消色作用的添加剂是________。

A. 磷酸盐　　B. 食盐　　C. 八角　　D. 丁香

6. 肉在腌制时由于吸收腌制液中的水分和盐分而发生膨胀，膨润度最大盐水浓度为________。

A. 1% ~3%　　B. 4% ~6%　　C. 7% ~9%　　D. 8% ~10%

7. 肉类腌制时，湿腌法用的盐溶液一般为________。

A. 10°Bé　　B. 12 ~14°Bé　　C. 15.3 ~17.7°Bé　　D. 20°Bé

8. 下列不属于腌制目的的是________。

A. 防腐　　B. 提高肉的保水性

C. 改善肉的风味　　D. 提高产品切片性

9. 腌腊肉制品加工时的主要配料，也是唯一不可缺少的腌制材料是________。

A. 磷酸盐　　B. 食盐　　C. 八角　　D. 药椒

10. 含水量较高的原料肉用于生产干制品时，最合适的腌制方法是________。

A. 干腌法　　B. 湿腌法　　C. 腌水注射法　　D. 混合腌制法

三、多项选择题（5×2分）

1. 干腌法生产的产品有独特的风味和质地，哪些产品采用此法腌制？________。

A. 腊肉　　B. 中式火腿　　C. 西式火腿　　D. 盐水鸭

2. 肉制品加工中常用的发色助剂有________。

A. 生育酚　　B. 抗坏血酸　　C. 异抗坏血酸　　D. 烟酰胺

3. 肉的腌制是通过添加以下哪些物料对原料肉进行浸渍的过程？________。

A. 食盐　　B. 硝酸钠　　C. 蔗糖　　D. 香辛料

4. 在肉类腌制除加入磷酸盐外，还可添加哪些物料提高肉的保水性获得较高成品率________。

A. 生育酚　　B. 柠檬酸　　C. 异抗坏血酸　　D. 食盐

5. 现在许多国家广泛采用混合盐料进行肉类腌制，混合盐料的组成是________。

A. 香辛料　　B. 食盐　　C. 硝酸盐　　D. 亚硝酸盐

四、判断题（10×1分）

1.（　　）肉的腌制是肉品贮藏的一种传统手段，也是肉品生产常用的加工方法。

2.（　　）硝酸盐是腌腊肉制品的主要配料，也是唯一不可缺少的腌制材料，同时还能起到灭菌作用。

3.（　　）湿腌法的优点是腌制后肉的盐分均匀，盐水可重复使用，肉质较柔软，风味比干腌法好。

4.（　　）肉制品的色泽与发色剂的使用量密切相关，用量不足时发色效果不明显。

5.（　　）肉制品的色泽除与发色剂的使用量密切相关外，还与加工工艺条件及气温情况等因素有关。一般气温越高，呈色作用越快，发色剂可适当少添加些。

6.（　　）磷酸盐中以焦磷酸盐的保水性最好，其次是三聚磷酸钠、四聚磷酸钠。

7.（　　）腌制液中复合磷酸盐虽会改变盐水的pH，但不会影响抗坏血酸的助色效果。

8.（　）生肉呈色的过程比较缓慢，但经烘烤、加热后，反应速度加快。

9.（　　）干腌法的优点是腌制后肉的盐分均匀，肉质较为柔软，含水量高，不易贮藏。

10.（　　）为加速腌制液渗入肉内部，在用盐水腌制时先用盐水注射然后再放入盐水中腌制。

五、名词解释（5×2分）

1. 腌腊肉制品　　2. 湿腌法　　3. 混合腌制法　　4. 注射腌制法

5. 保水性

六、问答题（6×6分）

1. 试述腌腊肉制品的种类及特点。
2. 肉类加工腌制的方法有哪些？
3. 腌腊肉制品加工中的关键技术有哪些？
4. 试述肉类腌制发色的机理。
5. 试述肉类腌制常用的原料及作用。
6. 影响腌制肉制品色泽的因素有哪些？

项目三
酱卤肉制品加工

项目描述

酱卤肉制品是传统的中式熟肉制品之一，通过对盐水鸭、肴肉、烧鸡加工的学习，了解酱卤肉制品的分类及肉在煮制过程中的变化，掌握酱卤肉制品的加工原理、影响酱卤肉制品加工的关键工序——调味和煮制，能够进行典型酱卤肉制品的加工。

学习目标

1. 知识目标
- 掌握酱、卤、酱卤肉制品的概念；
- 了解酱卤肉制品的特点及其分类；
- 掌握调味的概念、作用及方法，煮制的概念、作用及方法；
- 掌握肉在煮制过程中的变化。

2. 能力目标
- 能够进行南京盐水鸭、镇江肴肉、道口烧鸡的加工制作；
- 能够进行酱卤肉制品生产配方设计及质量控制。

背景知识

酱卤肉制品简称为酱卤制品，它是将原料肉加入调味料和香辛料，以水为加热介质煮制而成的熟肉类制品。

酱卤肉制品都是熟肉制品，可以直接食用，产品酥润，风味浓郁，有的带有卤汁，不易包装和贮藏，适于就地生产，就地供应。近些年来，由于包装技术的发展，已出现真空包装产品，使酱卤制品贮藏期大大延长。酱卤制品几乎在全国各地均有生产，但由于各地的消费习惯和加工过程中所用配料、操作技术不同，形成了许多地方特色风味的产品。有的已成为社会名产或特产，如南京盐水鸭、镇江肴肉、道口烧鸡等，不胜枚举。

一、酱卤肉制品的分类

酱卤肉制品包括白煮肉类、酱卤肉类、糟肉类三大类。白煮肉类可视为酱卤制品肉类未酱制或卤制的一个特例，糟肉类则是用酒糟或陈年香糟代替酱制或卤制的一类产品。

1. 白煮肉类

白煮肉类是将原料肉经（或未经）腌制后，在水（盐水）中煮制而成的熟肉类制品。其主要特点是最大限度地保持了原料固有的色泽和风味，一般在食用时才调味。其代表品种有白斩鸡、盐水鸭、白切肉、白切猪肚等。

2. 酱卤肉类

酱卤肉类是在水中加入食盐或酱油等调味料和香辛料一起煮制而成的熟肉制品。有的酱卤肉类的原料在加工时，先用清水预煮，一般预煮15～25min，然后用酱汁或卤汁煮制成熟，某些产品在酱制或卤制后，需再经烟熏等工序。酱卤肉类的主要特点是色泽鲜艳、味美、肉嫩，具有独特的风味。产品的色泽和风味主要取决于调味料和香辛料。其代表品种有道口烧鸡、德州扒鸡、苏州酱汁肉、糖醋排骨、蜜汁蹄髈等。

3. 糟肉类

糟肉类是将原料经白煮后，再用“香糟”糟制的冷食熟肉类制品。其主要特点是保持了原料肉固有的色泽和曲酒[1]香气。糟肉类有糟肉、糟鸡及糟鹅等。

二、酱卤肉制品的加工

酱卤制品主要是突出调味料和香辛料及肉的本身香气，产品食之肥而不腻，瘦不塞牙。调味与煮制是加工酱卤制品的关键工序。调味是应用科学的配方，选用优质的配料，形成产品独特的风味和色泽。煮制直接影响产品的口感和外形，必须严格控制温度和加热时间。

酱卤制品中，酱与卤两种制品特点有所差异，两者所用原料及原料的处理过程相同，但在调味料与煮制方法上有所不同，所以产品特点、色泽、味道也不相同。在煮制方法上，卤制品通常将各种辅料煮成清汤后将肉块下锅以旺火煮制；酱制品则和各种辅料一起下锅，大火烧开，文火收汤，最终使汤形成肉汁。在调味料使用上，卤制品主要使用盐水，所用调料和香辛料数量偏低，故产品色泽较淡，突出原料的原有色、香、味；而酱制品则偏高，故酱香味浓，调料味重。北方地区酱卤制品用调味料、香辛料较多，咸味重，南方地区酱卤制品相对味甜、咸味轻，且风味及种类较多。

1. 调味

（1）调味的作用　调味是加工酱卤制品的一个重要过程。调味是要根据地区消费习惯、品种的不同而加入不同种类和数量的调味料，加工成具有特定风味的产品。根据调味料的特性和作用效果，使用优质调味料和原料肉一起加热煮制，奠定产品的咸味、鲜味和香气，同时增进产品的色泽和外观。调味是在煮制过程中完成的，调味时要注意控制水量、盐浓度和调料用量，要有利于酱卤制品颜色和风味的形成。通过调味还可以去除和矫正原料肉中的某些不良气味，起调香、助味和增色作用，以改善制品的色、香、味、形。同时通过调味能生产出不同品种花色的制品。

（2）调味的分类　根据加入调味料的时间大致可分为基本调味、定性调味、辅助调味。

① 基本调味：在加工原料整理之后，经过加盐、酱油或其他配料腌制，奠定产品的咸味。

② 定性调味：在原料下锅后进行加热煮制或红烧时，随同加入主要配料如酱油、盐、酒、香料等，决定产品的口味。

③ 辅助调味：加热煮制之后或即将出锅时加入糖、味精等以增进产品的色泽、鲜味。

2. 煮制

煮制是对原料肉用水、蒸汽、油炸等加热方式进行加工的过程，可以改变肉的感官性状，提高肉的风味和嫩度，达到熟制的目的。

（1）煮制的作用　煮制对产品的色、香、味、形及成品化学性质都有显著的影响。煮制使肉黏着、凝固，具有固定制品形态的作用，使制品可以切成片状；煮制时原料肉与配料的相互作用改善了产品的色、香、味。同时煮制也可杀死微生物和寄生虫，提高制品的贮藏稳定性和保鲜效果。煮制时间的长短要根据原料肉的形状、性质及成品规格要求来确定，一般体积大、质地老的原料，加热煮制时间较长，反之较短，总之，煮制必须达到产品的规格要求。

（2）煮制的方法　煮制直接影响产品的口感和外形，必须严格控制温度和加热时间。

在煮制过程中，会有部分营养成分随汤汁而流失。因此，煮制过程中汤汁的多寡和利用与产品质量有一定关系。煮制时加入的汤，根据数量多少分宽汤和紧汤两种煮制方法。宽汤煮制是将汤加至和肉的平面基本相平或淹没肉体，宽汤煮制方法适用于块大、肉厚的产品，如卤肉等；紧汤煮制时加入的汤应低于肉的平面1/3～1/2，紧汤煮制方法适用于色深、味浓产品，如蜜汁肉、酱汁肉等。许多名优产品都有其独特的操作方法，但一般方法有清煮和红烧两种，同时也要注意控制操作时的火候大小。

① 清煮：其方法是将整理后的原料肉投入沸水中，不加任何调味料进行烧煮，同时撇除血沫、浮油、杂物等，然后把肉捞出，除去肉汤中杂质。因在肉汤中不加任何调味料，只是清水煮制，该法也称紧水、出水、白锅。清煮作为一种辅助性的煮制工序，其目的是消除原料肉中的某些不良气味。清煮后的肉汤称白汤，通常作为红烧时的汤汁基础再使用，但清煮下水（如肚、肠、肝等）的白汤除外。

② 红烧：又称红锅、酱制，是制品加工的关键工序，起决定性作用。其方法是将清煮后的肉料放入加有各种调味料的汤汁中进行烧煮，不仅可使制品加热至熟，而且产生其自身独特的风味。红烧的时间应随产品和肉质不同而异，一般为数小时。红烧后剩余汤汁称红汤或老汤，应妥善保存，待以后继续使用。存放时应装入带盖的容器中，以减少污染。长期不用时要定期烧沸或冷冻保藏，以防变质。红汤由于不断使用，其成分与性质已经发生变化，使用过程中要根据其变化情况酌情调整配料，以稳定产品质量。

③ 火候：在煮制过程中，根据火焰的大小强弱和锅内汤汁情况，可分为旺火、中火和微火三种。旺火（又称大火、急火、武火）火焰高强而稳定，锅内汤汁剧烈沸腾；中火（又称温火、文火）火焰低弱而摇晃，一般锅中间部位汤汁沸腾，但不强烈；微火（又称小火）火焰很弱而摇摆不定，勉强保持火焰不灭，锅内汤汁微沸或缓缓冒泡。

酱卤制品煮制过程中除个别品种外，一般早期使用旺火，中后期使用中火和微火。旺火烧煮时间通常比较短，其作用是将汤汁烧沸，使原料肉初步煮熟；中火和微火烧煮时间一般较长，其作用可使肉在煮熟的基础上变得酥润可口，同时可使配料渗入内部，达到内外品味一致的目的。

有的产品在加入砂糖后，往往再用旺火，其目的在于使砂糖熔化。卤制内脏时，由于口味要求和原料鲜嫩的特点，在加热过程中，自始至终要用文火煮制。

目前，许多厂家已使用夹层锅生产酱卤制品，利用蒸汽加热，加热程度可通过液面沸腾的状况或由温度指示来决定，以生产出优质的肉制品。

3. 料袋制法和使用

酱卤制品制作过程中大都采用料袋。料袋是用两层纱布制成的长方形布袋，可根据锅的大小、原料多少缝制大小不同的料袋。将各种香料装入料袋，用粗线绳将料袋口扎紧。最好在原料未入锅之前，将锅中的酱汤打捞干净，将料袋投入锅中煮沸，使料在汤中串开后，再投入原料酱卤。

料袋中所装香料可使用2～3次，然后以新换旧，逐步淘汰，既可根据品种实际味道减少辅料，也可以降低成本。

三、肉在煮制过程中的变化

1. 质量减轻、肉质收缩变硬或软化

肉类在煮制过程中最明显的变化是失去水分、质量减轻，如以中等肥度的猪、牛、羊肉为原料，在100℃的水中煮沸30min质量减少的情况如表3－1所示。

表3－1　　肉类水煮时质量的减少　　单位：%

名称	水分	蛋白质	脂肪	其他	总量
猪肉	21.3	0.9	2.1	0.3	24.6
牛肉	32.2	1.8	0.6	0.5	35.1
羊肉	26.9	1.5	6.3	0.4	35.1

为了减少肉类在煮制时营养物质的损失，提高出品率，在原料加热前可经过预煮。将小批原料放入沸水中经短时间预煮，使产品表面的蛋白质立即凝固，形成保护层，减少营养成分的损失，提高出品率。用150℃以上的高温油炸，亦可减少有效成分的流失。此外，肌肉中肌浆蛋白质，当受热之后由于蛋白质的凝固作用而使肌肉组织收缩硬化，并失去黏性。但若继续加热，随着蛋白质的水解以及结缔组织中胶原蛋白质水解成动物胶等变化，肉质又变软。

2. 肌肉蛋白质的变化

肌肉蛋白质受热凝固，肉经加热煮制时，有大量的汁液分离，体积缩小，这是由于构成肌肉纤维的蛋白质因热变性发生凝固而引起。肌球蛋白的凝固温度是45～50℃，当有盐类存在时，30℃即开始变性。肌肉中可溶性蛋白的热凝固温度是55～65℃，肌球蛋白由于变性凝固，再继续加热则发生收缩。肌肉中水分被挤出，当加热到60～75℃时失水量多，随温度的升高反而相对减少。这是因为动物肉煮制时随着温度的升高和煮制时间的延长，则胶原转变成明胶[2]，要吸收一部分水分，而弥补了肌肉中所流失的水分。

3. 肉保水性的变化

由于加热，肉的保水性降低，其幅度因加热的温度而不同。在20～30℃时，保水性没有发生变化。30～40℃时则保水性开始逐渐降低，40℃开始急剧地下降，到50～55℃大体停止了，到55℃以上又继续下降，但不像40～50℃时那样迅速，到60～70℃时大体结束了。肉的pH也随着加热温度升高而增大。其pH的变化也可分为40～50℃和55℃以上两个阶段。在加热过程中随着加热温度的升高、酸性基的减少而pH上升。

肉的保水性最低点是在等电点pH时，等电点随着加热温度的升高而向碱性方向移动，这种现象表明肌肉蛋白质因加热而酸性基减少。

4．脂肪的变化

加热时脂肪熔化，包围脂肪滴的结缔组织由于受热收缩使脂肪细胞受到较大的压力，细胞膜破裂，脂肪熔化流出。随着脂肪的熔化，释放出某些与脂肪相关联的挥发性化合物，这些物质给肉和肉汤增加了香气。脂肪在加热过程中有一部分发生水解，生成脂肪酸，因而使酸价有所增高，同时也发生了氧化作用，生成氧化物和过氧化物。

5．风味的变化

生肉的香味是很弱的，但是加热之后，不同种类动物肉产生很强烈的特有风味。通常认为是由于加热导致肉中的水溶性成分和脂肪的变化造成的。肉的风味与氨、硫化氢、胺类、羰基化合物、低级脂肪酸等有关。

6．颜色的变化

肉加热时的颜色受加热的方法、时间、温度的影响。如温度在60℃以下，肉的颜色几乎没有什么变化，仍呈鲜红色，而升高到60～70℃时，变为粉红色，再提高到70～80℃淡灰色，这主要是由于肌肉中的色素肌红蛋白[3]热变性而造成的。肌红蛋白变性之后成为不溶于水的物质。肉类在煮制时，一般都以沸水下锅好，一方面使肉表面蛋白质迅速凝固，阻止了可溶性蛋白质溶入汤中；另一方面可以减少大量的肌红蛋白质溶入汤中，保持肉汤的清澈。

7．浸出物的变化

在加热过程中，由于蛋白质变性和脱水的结果，汁液从肉中分离出来，汁液中含有浸出物质，这些浸出物溶于水，易分解，并赋予煮熟肉特殊的风味。

8．维生素的变化

肌肉与脏器组织中含B族维生素多，主要是硫胺素、核黄素、烟酸、维生素B_6、泛酸、生物素、叶酸及维生素B_{12}等，脏器组织中含一些维生素A和维生素C。在热加工过程中通常维生素的含量降低，丧失的量取决于处理的程度和维生素的敏感性。

任务一 南京盐水鸭加工

一、产品特点

盐水鸭是南京有名的特产，久富盛名，至今已有一千多年历史。南京盐水鸭加工制作不受限制，一年四季皆可生产，产品严格按“炒盐腌、清卤复、烘得干、煮得足”的传统工艺制作而成，南京盐水鸭的特点是腌制期短，复卤期也短，现做现卖。盐水鸭表皮洁白，鸭肉娇嫩，入口香醇味美、肥而不腻、咸度适中，具有香、酥、嫩的特点。

二、材料、器具及设备

1. 材料与配方

樱桃谷瘦肉型育肥仔鸭、食盐、八角、花椒、香叶、葱、姜、五香粉，干腌配方如表 3－2 所示。

表 3－2　　盐水鸭干腌配方（光鸭重 1500g）

品　　名	用量/%	每只用量/g
食盐	6.25	95
八角	0.15	2.5
花椒	0.10	1.5
香叶	0.10	1.5
五香粉	0.05	0.75

2. 器具及设备

冷藏柜，刀具，竹管，烫毛缸，小型脱毛机，腌制缸，煮制锅。

三、工艺流程

原料选择→宰杀→烫褪毛→开膛取内脏→清膛与水浸→腌制→烘坯→煮制→冷却切块→成品

四、操作要点

1. 活鸭的选择

选择当年白羽樱桃谷瘦肉型育肥仔鸭（或麻鸭），要求体表羽毛有光泽，无伤残，经过兽医卫生检疫合格，活重 2kg 左右。

2. 宰杀

以口腔宰杀为佳，可保持商品完整美观，减少污染，但为便于拉出内脏，目前多采用切断三管法。为了便于放血和内脏处理，宰杀前进行饥饿管理，禁食

12～24h，不断饮水。

3. 烫煺毛

（1）烫毛　水温以63～65℃为宜，水量要多，以便于鸭体搅烫均匀，一般2～3min。

（2）煺毛　在大毛和脚爪皮能拔除时，立即用手工或小型脱毛机进行煺毛处理。手工煺毛时，先拔翅上羽毛，再拔背毛，然后拔腹脯毛、尾毛、颈毛，此称为抓大毛。脱毛机则可煺去80%～90%的大毛。拔毛后随即投入冷水中浸洗，并用镊子拔净小毛、绒毛，称为净小毛。

4. 开膛取内脏

（1）下四件　即两翅、两脚。从翅、脚中间关节处切断，小腿骨须露出，并不抽筋。否则会造成腿部空虚而成次品。

（2）开刀口　盐水鸭加工重要工序之一。将右翅提起，用刀在肋下垂直向下切，深约3cm，并可听到一声“扑”的声音。再将刀向上划至翅根的中部，再向下划至腰窝，形成一月牙形刀口，长6～8cm。

（3）心脏　用左手抵住胸部，用右手大拇指在月牙形刀口下部推断肋骨，挖出心脏，然后拉出食道和嗉囊。

（4）取鸭肫　用右手食指，由月牙形刀口伸入腹腔，现将内脏和体壁相连的筋膜搅断，用力拖出鸭肫，抽出食道，扯出肠子，并将全部消化系统由月牙形刀口拉出，最后取出肺脏。

按上述方法取出内脏后，鸭子空腹，但外观完整美观，与没有取出内脏的光鸭一样。

5. 清膛与水浸

（1）清膛　用清水清洗体腔内残留的破碎组织和血液，从肛门内把肠子断头拉出并剔除，注意切勿将腹膜内脂肪和油皮割破，以免影响成品品质。

（2）水浸　将洗净的鸭体浸泡在流动水中，1～2h，以拔净血水使肌肉洁白。

（3）沥水　将体腔内残留的水沥净，并挂起鸭子沥水晾干，便于腌制。

6. 腌制

（1）干腌　先将食盐炒热，放入八角、花椒、香叶、五香粉等香辛料同炒，炒出香味后离火稍微冷却。用炒热的盐在鸭体内外进行搓擦，每只鸭炒盐用量约占光鸭重量的1/16。搓擦方法：将炒过待用的盐的3/4放入翅下的刀口内，然后把鸭放在案板上，将盐布满体腔并前后翻、揉搓；其余1/4均匀抹擦在鸭体表面，特别注意大腿根部、颈部、口腔内也要抹擦盐，盐擦好后，放入腌制缸内干腌 2～3h。干腌后的鸭子，鸭体中有血水渗出，此时提起鸭子，用手指插入鸭子的肛门，使血卤水排出。

（2）湿腌　又称复卤，复卤的盐卤有新卤和老卤之分。新卤就是用浸泡鸭体的血水加清水和盐配制而成。每 100kg 水加食盐 25～30kg，葱 75g，生姜 50g，大茴香 15g，入锅煮沸后，冷却至室温即成新卤。100kg 盐卤可每次复卤约 35 只鸭，每复卤一次要补加适量食盐，使盐浓度始终保持饱和状态。新卤使用过程中经煮沸 2～3 次即为老卤，老卤愈老愈好。

复卤时，用手将鸭右腋下切口撑开，使卤液灌满体腔，然后抓住双腿提起，头向下尾向上，使卤液灌入食管通道。再次把鸭浸入卤液中并使之灌满体腔，最后，上面用竹篾子压住，使鸭体浸没在液面以下，不得浮出水面。复卤 2～4h 即可出缸挂起。

7. 烘坯

用直径 2cm、长 6cm 左右的中空竹管插入肛门，以便于盐卤的排除，俗称“上通”。腌后的鸭体沥干盐卤，逐只挂于架子上，推至烘房内，以除去水气和部分油脂，其温度为 40～50℃，时间约 20min，烘干后，鸭体表色未变时即可取出散热。

8. 煮制

先向锅内清水中加入适量的姜、葱、八角，待烧开后停火，将姜 2～3 片、八角 2 粒、葱 1 根从刀口处填入鸭体腹腔，然后用开水浇淋鸭体表，使鸭子肌肉收缩，外皮绷紧，外形饱满。再将“上通”后的鸭子放入锅中，因为肛门有管子，右翅下有开口，开水很快注入鸭腔。这时，鸭腔内外的水温不平衡，应该马上提起左腿倒出汤水，再放入锅中，如此几次“提鸭倒汤”后，使鸭体内外水温趋于平衡。然后盖好锅盖，再小火加热，焖煮 15～20min，此时锅内温度在 85℃左右。等到水面出现一丝一丝皱纹，即沸未沸（90～95℃）时停火，进行第二次“提鸭倒汤”，再小火焖煮 10～15min。第二次升温至 90～95℃时，进行再次“提鸭倒汤”，再小火焖煮 5～10min。

9. 冷却切块

取煮鸭的汤水适量，加入少量的食盐和味精，调制成最适口味，浇于鸭肉上即可食用。切块时必须晾凉后再切，否则热切肉汁易流失，切块不成形。

五、注意事项

（1）宰杀要注意以切断三管为度，刀口过深容易掉头和出次品。

（2）烫毛时温度过高，制成的成品皮色不好，易出次品；水温过低，脚爪不能蜕皮，大毛不易拔除，且皮易撕破。此外，浸烫时间过长，则毛孔收缩，尸体发硬，煺毛困难。

（3）开刀口时注意一定要围绕核桃肉与鸭体平行，防止刀口偏大。因为鸭子食道偏右，为了便于拉出食道，刀口在右翅下。

（4）盐卤用5~6次必须煮沸一次，撇除浮沫、杂物等，同时加盐或水调整浓度，加入香辛料。

（5）烘坯时注意烘炉内要通风，温度也不宜高，否则将影响盐水鸭品质。

（6）在煮制过程中，火候的控制对盐水鸭的鲜嫩口味可以说相当重要，这是制作盐水鸭好坏的关键，水温始终维持在85℃左右，否则水开会导致肉中脂肪熔化，肉质变老，失去鲜嫩特色。

（7）南京盐水鸭冬季可保存7d左右，春秋季可保存2~3d，夏天可保存1d。存放时间过长，骨肉分离。因已煮熟，较易污染变质，宜放在阴凉通风的地方。

六、质量标准

（1）感官指标　见表3-3。

表3-3　南京盐水鸭感官指标

项　目	指　标
色泽	淡白色
组织状态	肉制细嫩、湿爽、致密而结实，切面平整
气味	盐水芳香，具有独特的盐水鸭香味，无异味
滋味	滋味纯厚，清香可口，回味悠长

（2）理化指标　见表3-4。

表3-4　南京盐水鸭理化指标

项　目	指　标
水分/%	≤55
蛋白质含量/%	≥10
总汞（以Hg计）含量/（mg/kg）	≤0.05
镉（Cd）含量/（mg/kg）	≤0.1

（3）微生物指标　见表3-5。

表3-5　南京盐水鸭微生物指标

项　目	指　标
细菌总数/（cfu/g）	≤50000
大肠菌群/（MPN/100g）	≤90
致病菌（沙门菌、金黄色葡萄球菌、志贺菌）	不得检出

七、思考与应用

(1) 什么是“提鸭倒汤”？其目的是什么？

(2) 南京盐水鸭煮制过程中如何控制煮制温度？

(3) 按实际操作任务过程写出实训报告，并分析出现质量问题的原因。

任务二 镇江肴肉加工

一、产品特点

镇江肴肉[4]是江苏省镇江市的著名传统食品，历史悠久，全国闻名。肴肉肉红皮白，光滑晶莹，卤冻透明，犹如水晶，故有“水晶肴蹄”之称，具有香、酥、鲜、嫩四大特点。瘦肉香酥，肥肉不腻，切片成形，结构细密，食时佐以姜丝和镇江香醋，更是别有风味。

二、材料、器具及设备

1. 材料与配方

去爪猪蹄100只，绍酒250g，食盐7kg，白糖1kg，葱（切成段）250g，姜片125g，花椒75g，八角75g，硝水（硝酸钠30g溶于5kg水中），明矾30g。

2. 器具及设备

冷藏柜，剔骨刀，台秤，铁钎，腌制缸，蒸煮锅，平盆。

三、工艺流程

原料选择与整形→腌制→漂洗→煮制→压蹄→成品

四、操作要点

1. 原料选择与整形

选用经卫生检验合格的猪的前后蹄髈为原料（以前蹄髈为最好），先除毛，再拆除去肩胛骨、臂骨和大小腿骨，爪、筋，刮洗干净，皮面朝下放在案板上。

2. 腌制

用铁钎在每只蹄髈的瘦肉上戳若干小孔，洒上3%硝水和精盐，面面揉匀擦到，再皮面朝下层层叠放于腌缸中。夏天每只蹄髈用盐125g，腌制6～8h；冬天用盐95g，腌7～10d；春秋季用盐110g，腌3～4d。

3. 漂洗

腌好出缸后，在冷水中浸泡8h以除去涩味，然后取出刮去皮上污物，用清水漂洗干净。

4. 煮制

取清水50kg，盐7kg及明矾粉30～40g，加热煮沸，撇去表层浮沫，使之澄清。将上述澄清液放入锅中，将猪蹄髈皮朝上逐层相叠放入锅中，最上层皮朝下，加入葱段、姜片、花椒、八角等香料袋，再加入绍酒和白糖，用竹篾盖好，使蹄髈全部浸没于汤中。用旺火烧开后改用小火保持微开约1.5h，再将蹄髈上下翻换，再煮3h时至九成烂出锅，捞出香料袋，汤留用。

5. 压蹄

取长宽均为40cm，边高4.3cm的平盆50只，每盆平放猪蹄髈2只，皮朝下，每5只盆叠压在一起，上面再盖一只空盆，20min后上下倒换一次，如此3次以后，即被压平。然后将盆取下放平，使其冷却。把各盆内的油卤倒入锅中，旺火将汤卤烧开，撇去浮油，放入明矾15g，清水2.5kg，再烧开并撇去浮油，将汤卤舀入蹄盆，淹满肉面，放在阴凉处冷却凝冻（天热时可等凉透后放入冰箱凝冻）成半透明的淡琥珀状，即成水晶肴蹄。煮沸的卤汁即为老卤，可供下次继续使用。

五、注意事项

（1）腌制时，若温度过高或肉质本身不新鲜等原因，容易使卤水变质（卤水表面形成一层泡沫，或容器中心有小气泡上升），致使肉质变劣。特别是重复使用的陈卤水，因其有大量血水存在，比新卤容易变质，因此需要重新熬制卤汁，方能使用。

（2）腌制时严格控制硝水的使用量，腌制结束时，肉中心层应已全部发红。

（3）煮制时要使用竹篾盖好，使蹄髈全部浸没于汤中。

六、质量标准

（1）感官指标　皮白，肉呈微红色，肉汁呈透明晶体状，表面湿润，有弹性，无异味，无异臭。

(2) 理化指标　亚硝酸盐（以 $NaNO_2$ 计）含量≤30mg/kg。

(3) 微生物指标　见表 3-6。

表 3-6　　镇江肴肉微生物指标

项　目	指　标
细菌总数/（cfu/g）	≤30000
大肠菌群/（MPN/100g）	≤70
致病菌（肠道致病菌及致病性球菌）	不得检出

七、思考与应用

(1) 镇江肴肉加工对原料选择有何要求？

(2) 如何控制镇江肴肉的腌制工序？

(3) 镇江肴肉加工中压蹄工序如何操作？

(4) 按实际操作任务过程写出实训报告，并分析出现质量问题的原因。

任务三　道口烧鸡加工

一、产品特点

道口烧鸡[5]是河南省的名优产品，距今已有 300 多年的历史。成品烧鸡呈浅红色微带嫩黄，色泽鲜艳，鸡皮不破不裂，鸡身完整，造型独特，整体看呈元宝形。具有浓郁的五香味。食之咸淡适口，肥而不腻，熟烂如酥，用手抖，骨头与肉自然脱落。

二、材料、仪器及设备

1. 材料与配方

以 100 只鸡总重量 100～125kg 计算：盐 2～3kg，桂皮 90g，陈皮 30g，草果 30g，砂仁 15g，豆蔻 15g，丁香 5g，白芷 90g，良姜 90g，硝酸钠 10～15g，40%的糖稀或蜂蜜汁少许。

2. 仪器及设备

冷藏柜，刀具，盆，台秤，高粱秆，蒸煮锅，油炸锅，叉，温度计，水桶。

三、工艺流程

原料选择→宰杀→浸烫煺毛→开剥→造型→挂晾→油炸→煮制→出锅

四、操作要点

1. 原料选择

选用当地黄鸡或麻鸡，这种鸡肉坚实而鲜嫩，且带有特殊野味。生长半年以上、两年以内，重量在1～1.25kg的健康仔鸡或母鸡为最好。

2. 宰杀

采用颈部宰杀法，宰杀时，用左手抓住鸡的两翅和头部，使咽喉向上，并用小指勾住右脚，使鸡体固定，不易挣扎，右手持刀，把血管、气管、食管一刀割断，才能达到宰杀放血的目的。

3. 浸烫煺毛

放净血，趁鸡身尚热时，放入60～63℃的热水中浸烫1min，并且试拔一下翅羽，轻轻一拔就拔下即可取出煺毛。首先要煺去嗉囊、鸡头和颈上的细毛，拔去嘴壳，其次煺净两翅和两腿的毛，残存的细小绒毛要逐级一拔除干净。煺毛后的鸡只用清水彻底冲洗，切去鸡爪。

4. 开剥

先在鸡的两个大腿关节到肛门上方各切3cm深的曲线口，曲线口长度应根据鸡只大小而定。然后在鸡脖根部切一个6cm的长口，掏出嗉囊、食管和气管，然后摘除五脏、割下肛门，再次用清水冲洗鸡腔内残留余血，用食指从杀鸡血口捅出口腔内黏液和鼻血、用手剥掉舌衣皮，使鸡体全身洁白干净。

5. 造型

将白条鸡放在操作台上，腹部向上，左手按住鸡身，右手用利刀将肋骨和鸡椎骨中间处切断，并用手按拍，然后根据鸡体大小，选取高粱秆一段（20～30cm），放置腹内，将鸡撑开，将两腿交叉插入刀口内，两翅交叉插入口腔，使鸡成两头尖的半圆形。造型要求：鸡体要绷直，盘腿填腹，不歪不斜。

6. 挂晾

成形后再用清水漂洗细毛，洗净余血，挂在干燥通风处，彻底晾去表皮水分以待油炸。

7. 油炸

在挂晾后的白条鸡身外表均匀涂上一层糖稀或蜂蜜汁（水和蜂蜜的比例为7:3），然后将植物油加热到150～160℃，把鸡放入油中翻炸30s左右，使其呈柿黄色即可捞出，摆放在盘内凉透。

8. 煮制

将炸好的鸡按大小、老嫩顺序平摆在锅内，放入使用多年的老汤，并按配料比例加入新汤，用竹篾压住鸡身，使老汤浸没最上层鸡身的一半为限。先用旺火将汤烧开，随后放入硝酸钠于鸡汤沸腾处，以促使鸡色鲜艳，然后改用文火焖煮3～4h，直到熟烂为止。

9. 出锅

鸡经长时间浸煮后非常熟烂，为了保证完整地捞出，在出锅前要准备好叉、筷子及盛鸡用具，先将汤面上的浮油撇去，然后用左手拿专用鸡叉夹住鸡颈，右手撑开双筷托住鸡腹内高粱秆，两手配合，迅速而敏捷地将鸡捞出。也可在出锅时，用鸡汤冲刷鸡身，使颜色和光泽更加鲜艳，出锅后冷却即为成品。

五、注意事项

（1）活鸡宰杀时切割部位要准确，血液要放净，鸡体不受损伤，使其外形整齐美观。

（2）浸烫煺毛时，要用六成热的水浸烫。浸烫的关键在于掌握好水温和浸烫时间。烫鸡的水温一要根据鸡龄，二要视季节气候而定，冬季浸烫水温要比夏季稍高1～2℃。

（3）开剥时注意刀口不宜过深，以免划烂鸡肠污染腹腔；同时切线不要过于向外或向里，否则会把鸡脯割的只剩很小一块，无法插撑。

（4）油炸时，油温和时间要严格掌握，如油温过高，会使鸡皮发黑；油温过低，则会使鸡皮发白。炸雏鸡时，因小鸡肉含水分大，上色慢，油温要达到180℃为好，而炸老鸡时，因其表皮水分少而上色较块，油温保持在190℃即可。

（5）由于季节变化、鸡龄和重量不一，煮制时间需恰当掌握，嫩雏鸡以煮2h为宜，2年以上的老鸡要煮3～4h；煮制时要瓮中保持火候稳定，用文火煮时应保持汤面一直保持着冒小气泡，温度是98～99℃。

六、质量标准

（1）感官指标　色泽浅红，微带嫩黄，油润光亮，鸡皮不烂不裂，外形完整美观，无绒毛，肉质鲜嫩，咸淡适中，熟烂脱骨，具有浓郁的香味。

（2）理化指标　亚硝酸盐（以 $NaNO_2$ 计）含量≤30mg/kg。

（3）微生物指标　见表 3－7。

表 3－7　　道口烧鸡微生物指标

项　目	指　标
细菌总数/（cfu/g）	≤1000
大肠菌群/（MPN/100g）	≤50
致病菌（肠道致病菌及致病性球菌）	不得检出

七、思考与应用

（1）道口烧鸡对造型有什么要求？

（2）道口烧鸡加工中如何控制油炸上色的温度？

（3）按实际操作任务过程写出实训报告，并分析出现质量问题的原因。

探索与创新

1. 你食用过哪些酱卤制品，印象最深的是哪个品牌？通过查资料、学习团队讨论，设计其制作方案，结合该项目学习进行产品开发。

2. 对你所在的学习团队加工的酱卤制品进行质量分析，提出产品的改进方案。

3. 每个学习团队配制出一种具有一定风味特色的白煮肉类调味品。

4. 如何延长盐水鸭的货架期，提高盐水鸭的工业化生产水平？

链接与拓展

[1] 曲酒：又称白酒，可以分为大曲白酒、小曲白酒和麸曲白酒。大曲白酒是用小麦、大麦或豌豆等原料经自然发酵制成的。一般先将原料粉碎，然后蒸熟制成曲块，再经自然发酵而成。用大曲制成的白酒有特殊的曲香，酒味醇和，但用曲量大，消耗的粮食多，出酒率低，生产周期长，因此只有酿造名酒、优质酒才使用大曲。小曲白酒是用米粉和米糠加中药制成的，南方各省生产的白酒约有一半是小曲白酒，它香味清淡、用曲少、出酒率高。麸曲白酒指用麸皮酒糟制成散状曲发酵而成，用麸曲酿酒，节约粮食，出酒率高，生产周期短，适于机械化生产。

[2] 明胶：明胶是用含胶原蛋白的动物骨、皮等为原料，经水解提取而制得的。为半透明淡黄色或无色固体粉末，不溶于冷水而溶于热水，冷却后形成凝胶，用于肉冻类制品，5% 以下的溶液不凝成胶冻。主要成分是蛋白质，具有良好的乳化性、黏着性、稳定性和保水性。使用时先用冷水浸泡 10～20min，再加

热使其溶解，但温度不要超过60℃，以防热降解破坏其黏度。因明胶本身是一种营养成分，所以使用量没有明确限制，可根据各产品的实际需要确定用量，通常添加量为1g/kg。

[3] 肌红蛋白：肌红蛋白是一种复合性的色素蛋白质，是1分子血红素与1条肽链的珠蛋白结合而成的，为肌肉呈现红色的主要成分。肌红蛋白的含量因动物的种类、年龄、肌肉的部位不同而不同。肌红蛋白本身为紫红色，其衍生物有多种颜色，如呈鲜红色的氧合肌红蛋白，暗红色的还原肌红蛋白，褐色的氧化肌红蛋白（高铁肌红蛋白），鲜亮红色的一氧化氮肌红蛋白等。珠蛋白有保护血红素的作用，但当肉制品热加工时，珠蛋白受热变性，失去抗氧化功能，血红素则迅速氧化，导致肉制品由红色变为灰白色。

[4] 镇江肴肉：相传三百多年前，镇江酒海街有一家夫妻酒店。一天店主买回四只猪蹄，准备过几天再食用，因天热怕变质，便用盐腌制。但他却误把妻子为父亲做鞭炮所买的一包硝当作了精盐。直到第二天妻子找硝准备做鞭炮时才发觉，连忙揭开腌缸一看，只见蹄子不但肉质未变，反而肉板结实，色泽红润，蹄皮呈白色。为了去除硝的味道，他一连用清水浸泡了多次，再经开水锅中焯水，用清水漂洗。接着入锅加葱姜、花椒、桂皮、茴香、清水焖煮。店主夫妇本想用高温煮熟解其毒味，没想到一个多钟头后锅中却散发出一股极为诱人的香味。“八仙”之一的张果老恰巧路过此地，也被香味吸引止步。于是他变成一个白发老人来到小酒店门口敲门。店门一开，香味立刻飘到街上。众人前来询问，店主妻子一边捞出猪蹄，一边实话对大家说：“这蹄髈错放了硝，不能吃。”但那位白发老人把四只猪蹄全部买下，并当即在店里吃了起来。由于滋味极佳，越吃越香，结果一连吃了三只半才罢休。等这老头一走，人们才知道他是张果老。店主和在场的人把剩下的半只蹄膀一尝，都觉得滋味异常鲜美。此后，该店就用此法制做“硝肉”，不久就远近闻名。后来店主考虑到“硝肉”二字不雅，方才改为“肴肉”。

[5] 道口烧鸡：道口烧鸡始创于清朝顺治十八年（1616年），至今已有三百多年的历史，创始人叫张炳。他在道口镇大集街开了个小烧鸡店，因制作不得法，生意萧条。有一天一位曾在清宫御膳房当过御厨的老朋友来访，他身怀绝技。两人久别重逢，对饮畅谈。张炳向他求教，那朋友便告诉他一个秘方：“要想烧鸡香，八料加老汤。”八料就是陈皮、肉桂、豆蔻、良姜、丁香、砂仁、草果和白芷八种佐料；老汤就是煮鸡的陈汤。每煮一锅鸡，必须加上头锅的老汤，如此沿袭，越老越好。张炳如法炮制，做出的鸡果然香。从此，营业兴旺，张炳把他的烧鸡店定名为“义兴张”。“义兴张”的牌子打出以后，张炳反复实践，在选鸡、宰杀、撑型、烹煮、用汤、火候等方面，摸索出一套经验。他选鸡严格，要选两年以内的嫩鸡，以保证鸡肉质量。挑来的鸡，要留一段候宰时间，让鸡消除紧张状态，恢复正常的生理机能，有利于杀鸡时充分放血，也不影响鸡的颜

色。配料、烹煮是最关键的工序。将炸好的鸡放在锅里，对上老汤，配好佐料，用武火煮沸，再用文火慢煮。烧鸡的造型更是独具匠心，鸡体开剖后，用一段高梁秆把鸡撑开，形成两头尖尖的半圆形，别致美观。“义兴张”开业已近三百年了，张炳的烧鸡技术历代相传，始终保持独特的风味，其色、香、味、形被称为“四绝”。

自我测试

一、填空（24×1分）

1. 酱卤肉制品包括______、______、糟肉类三类。

2. 酱卤制品加工的关键工序是______与______。

3. 调味是加工酱卤制品的一个重要过程，根据加入调味料的时间可分为______、______、______。

4. 酱卤制品煮制过程中除个别品种外，一般早期使用______、中后期使用______和______。

5. 酱卤制品煮制是对原料肉用______、______等加热方式进行加工的过程。煮制时加入的汤，根据数量多少分______、______两种煮制方法。

6. 白煮肉类是将原料肉经（或未经）______后，在水（盐水）中煮制而成的熟肉类制品。其特点是最大限度地保持了______和______，一般食用时才调味。

7. 盐水鸭加工的湿腌工序又称为______，其又可分为______、______。

8. 烧鸡造型采用______；加工油炸前，通常在挂晾后的白条鸡身外表均匀涂一层______或______再油炸，其目的是提供______。

二、单项选择题（10×1分）

1. 酱卤肉加工中基本调味是在加工原料整理后，加盐、酱油或其他配料腌制，奠定产品的______。

A. 鲜味　B. 咸味　C. 香气　D. 香辛料味

2. 酱卤制品加工时，通过哪道工序控制能生产出不同品种花色的制品______。

A. 腌制　B. 调味　C. 煮制　D. 产品包装

3. 宽汤煮制是将汤加至和肉的平面基本相平或淹没肉体，宽汤煮制方法适用于块大、肉厚的产品，如______。

A. 盐水鸭　B. 烧鸡　C. 酱汁肉　D. 卤肉

4. 紧汤煮制适用于色深、味浓产品，如蜜汁肉、酱汁肉等。加入汤应与肉平面______。

A. 低于1/3～1/2　　B. 高于1/3～1/2

C. 等于1/3～1/2　　D. 浸过肉面

5. 酱卤制品制作过程中大都采用料袋，料袋中所装香料通常可使用________。

A. 1次　　B. 2～3次　　C. 4～5次　　D. 6～7次

6. 肉在加热过程中，由于蛋白质变性和脱水使汁液从肉中分离出来并溶于水、赋予煮熟肉特殊的风味，此物质为________。

A. 羰基化合物　　B. 低级脂肪酸

C. 胺类　　D. 浸出物质

7. 以下哪个作为一种辅助性煮制工序，其目的是消除原料肉中的某些不良气味。________

A. 清煮　　B. 红烧　　C. 宽汤煮制　　D. 紧汤煮制

8. 制作盐水鸭好坏的关键是煮制过程中火候的控制，在对盐水鸭的鲜嫩口味可以说相当重要，水温始终维持在________。

A. 65℃左右　　B. 75℃左右　　C. 85℃左右　　D. 100℃左右

9. 盐水鸭加工湿腌时，每复卤一次要补加适量食盐，使盐浓度始终保持饱和状态。新卤使用过程中经煮沸几次即为老卤，老卤愈老愈好。________

A. 1次　　B. 2～3次　　C. 4～5次　　D. 6次

10. 烧鸡加工煮制时，先用旺火将汤烧开，使促使鸡色鲜艳，需要放入________。

A. 红曲色素　　B. 胭脂红　　C. 苋菜红　　D. 硝酸钠

三、多项选择题（5×2分）

1. 酱卤制品几乎在全国各地均有生产，形成了许多地方特色风味的产品，如________。

A. 太仓肉松　　B. 南京盐水鸭

C. 镇江肴肉　　D. 道口烧鸡

2. 白煮肉类可视为酱卤制品肉类未酱制或卤制的一个特例，代表品种有________。

A. 盐水鸭　　B. 酱牛肉　　C. 白斩鸡　　D. 蜜汁蹄髈

3. 酱卤肉类的色泽和风味主要取决于________。

A. 硝酸盐　　B. 抗坏血酸　　C. 调味料　　D. 香辛料

4. 酱卤肉制品加工的煮制工序直接影响产品的口感和外形，必须严格控制________。

A. 食盐量　　B. 老卤量　　C. 温度　　D. 加热时间

5. 调味是在煮制过程中完成的，调味时要注意控制________。

A. 水量　　B. 盐浓度　　C. 调料用量　　D. 硝酸盐量

四、判断题（10×1分）

1.（　　）酱卤制品都是熟肉制品，可直接食用，产品酥润，风味浓郁，适于长期贮藏。

2.（　　）酱卤制品食之肥而不腻，瘦不塞牙，主要是突出产品的调味料、香辛料及肉的本身香气。

3.（　　）煮制是加工酱卤制品的一个重要过程，奠定产品的咸味、鲜味和香气，同时增进产品的色泽和外观。

4.（　　）红烧后剩余汤汁叫红汤或老汤，应妥善保存，待以后继续使用。长期不用时要定期烧沸或冷冻保藏，以防变质。

5.（　　）调味是要根据地区消费习惯、品种的不同而加入不同种类和数量的调味料，加工成具有特定风味的产品。

6.（　　）清煮是将整理后的原料肉投入沸水中，加调味料进行烧煮，该法也叫紧水、白锅。

7.（　　）为了减少肉类在煮制时营养物质的损失，提高出品率，在原料加热前可经过预煮。

8.（　　）煮制过程中，火候控制对盐水鸭鲜嫩口味相当重要，是制作盐水鸭好坏的关键。

9.（　　）烧鸡加工油炸时，油温和时间要严格掌握。炸雏鸡时，因小鸡肉含水分大，上色慢，油温要达到200℃为好。

10.（　　）加工盐水鸭的新卤就是用浸泡鸭体的血水加清水和盐配制而成。

五、名词解释（5×2分）

1. 酱卤肉制品　　2. 定性调味　　3. 红烧　　4. 白煮　　5. 宽汤煮制

六、问答题（6×6分）

1. 试述酱卤制品的种类及其特点。
2. 酱卤制品加工中的关键技术是什么？
3. 酱卤制品加工时调味有哪些方法？
4. 酱卤制品加工煮制时如何掌握火候？
5. 酱制品和卤制品有何异同？
6. 简述烧鸡的加工工艺流程及操作要点。

项目四

灌肠肉制品加工

项目描述

灌肠肉制品是中外消费者喜爱的加工肉制品之一，通过中式香肠、发酵香肠、高温火腿肠加工的学习，了解灌肠肉制品的分类及加工所需原辅材料，掌握灌肠肉制品的加工原理、影响肉类乳化的因素，发酵剂的制备，能够进行典型灌肠肉制品的加工。

学习目标

1. 知识目标

- 了解灌肠制品的概念、分类及其原辅材料；
- 理解肉乳化的概念，了解影响肉乳化的因素并掌握乳化中经常出现问题及解决办法；
- 掌握灌肠类制品加工工艺流程和操作要点。

2. 能力目标

- 能够进行广式香肠，发酵香肠、高温火腿肠的加工制作；
- 能够进行灌肠肉制品生产配方设计及质量控制。

背景知识

灌肠制品[1]是以畜禽肉为原料，经细切、斩拌或绞碎而使肉成为块状、丁状或肉糜状态，再配上其他辅料，经搅拌或滚揉后灌入天然肠衣或人造肠衣内制成，或经烘烤、熟制和熏烟等加工过程后的肉制品。其品种繁多，各具独特风味。

无论是腊肠还是灌肠，其英文名字都称为“Sausage”，即香肠的意思。习惯上把用我国传统加工方法制成的肠制品称“香肠”，又因过去大多在农历12月（腊月）生产，所以又称其为“腊肠”，把用膀胱包装的肉制品称香肚或小肚，把用西方传入的方法加工制成的肠制品称灌肠。

一、灌肠制品的分类

灌肠[2]在欧洲是非常受欢迎的肉制品，它具有食用方便，营养丰富，便于运输和携带的特点。灌肠制品的品种繁多，仅法国就有1550多种，德国仅热烫肠就有240多种，瑞士的Bell萨拉米加工厂常年生产750多个萨拉米品种。欧洲一般的肉类加工厂常年都有50多个肠类品种生产。由于品种繁多，至今全世界还没有统一的分类方法。通常的分类方法如下。

（1）按原料肉切碎的程度，可分为绞肉型和肉糜型肠。

（2）按原料肉腌制程度，可分为鲜肉型和腌肉型肠。

（3）按制品加热程度，可分为生肠和熟肠。

（4）按熏烟程度，可分为烟熏和不烟熏肠。

（5）按发酵程度，可分为发酵和不发酵肠。

（6）按添加填充料程度，可分为纯肉和非纯肉肠。

（7）按所用原料肉，可分为猪肉肠、牛肉肠、兔肉肠、混合肉肠等。

二、灌肠制品的原辅材料

1. 原料

生产肠类制品的原料范围很广，除猪肉、牛肉外，羊肉、兔肉、禽肉、鱼肉及其内脏、头肉、血液等均可作为香肠制品的原料。生产肠类制品所使用的原料肉必须是经检疫确认为安全卫生的肉，严禁使用不新鲜的肉和病、死肉作为肠类制品的原料，而且原料肉的挥发性盐基氮含量应小于15mg/100g。

2. 辅助材料和肠衣

（1）植物性辅料　在香肠生产中常添加一些植物性辅料，其中以淀粉应用最为广泛。研究表明，淀粉加入肉制品中，对肉制品的保水性和其组织结构均有良好的影响。淀粉的这种作用是由于在加热过程中淀粉颗粒吸水膨胀、糊化造成的。淀粉颗粒的糊化温度比肉蛋白质的变性温度高，淀粉糊化时肌肉蛋白的变性作用已经基本完成并形成了网状结构，此时淀粉颗粒夺取存在于网状结构中结合不够紧密的水分，并将其固定，因而使制品的保水性提高；同时淀粉颗粒因吸水而变得膨润而富有弹性并起黏合剂的作用，可使肉馅黏合、填塞孔洞，使产品富有弹性，切面平整美观，具有良好的组织形态。另外在加热煮制时，淀粉颗粒可以吸收熔化成液态的脂肪，减少脂肪流失，提高成品率。

肉品工业中常用的淀粉有马铃薯淀粉、玉米淀粉、小麦淀粉等。通过淀粉对肉制品食用品质的影响研究，结果发现，马铃薯淀粉最适于作香肠制品的添加剂。

（2）肠衣　肠衣是和肉馅直接接触的一次性包装材料，也是流通过程中的容器，因此肠衣在肠类制品生产中占有重要的位置。肠衣必须有足够的强度以容纳内容物，且能承受在充填、打结和封口时的机械力。在肠类制品加工和贮藏过程中肉馅随着温度的变化有收缩和膨胀的现象，要求肠衣也应具有收缩拉伸的特性。

肉类工业常用的肠衣包括天然肠衣和人造肠衣两大类。

① 天然肠衣：也称动物肠衣，是由猪、牛、羊的消化器官和泌尿系统的脏器除去黏膜后腌制或干制而成的。常用牛的大肠、小肠、盲肠（俗称拐头）和食管；猪的大肠、小肠；羊的小肠、盲肠（拐头）和猪、牛、羊的膀胱等。天然肠衣具有良好的韧性和坚实度，能够承受加工过程中热处理的压力，并有和内容物同样收缩和膨胀的性能，具有透过水汽和熏烟的能力，而且食用安全，因此是理想的肠衣。但其缺点是直径不一，厚薄不均，多成弯曲状，需要在专门的条件下贮藏等。

② 人造肠衣：是用人工方法把动物皮、塑料、纤维、纸或铝箔等材料加工成的片状或筒状薄膜。按照原料的不同有胶原肠衣、纤维素肠衣、塑料肠衣和玻璃纸肠衣等。

a. 胶原肠衣：是用皮革制品的碎屑抽提出胶原纤维蛋白，然后在碱液中挤压成型制成的管状肠衣，分可食和不可食两种。一般在使用前用温水泡湿备用。

b. 纤维肠衣：又分为纤维素肠衣和纤维状肠衣两种。前者是单纯地用纤维黏胶挤压而成，其原料取自天然的纤维如棉花、木屑、亚麻或其他纤维等。纤维状肠衣是用马尼拉麻等高强度纤维做纸基，制成连续的筒形后再渗透纤维素黏胶而成。这两种肠衣都能透过水分和水蒸气，亦可烟熏，还可染色和印刷，但都不能食用。

c. 塑料肠衣：这种肠衣无通透性，因此只能煮，不能熏，目前国内应用较多的是聚偏二氯乙烯（PVDC），用这种肠衣制作的肠制品一经蒸煮加热，肠衣就会收缩并紧紧包住充填物，产品的外观较好，但是冷却后肠衣会出现皱褶，可在80℃左右的热水中浸泡10～15s，皱褶即可消退。

d. 玻璃纸肠衣：又称透明纸，是一种再生胶质纤维素薄膜，其纵向强度大于横向强度，吸水性大。具有不透过油脂、干燥时不透气、强度高等特点。

三、肠类制品的乳化

肠类制品生产的成功与否，取决于肌肉蛋白质的功能特性，具体地说就是取决于肌肉蛋白质的凝胶性、保水性和乳化性。肠类制品加工中的乳化问题很重要，乳化效果好，不但可以防止脂肪在制品中的分离，还可以改善产品的组织状态和品质。因此，找到一种比较适合肠类制品加工的乳化剂具有很大的意义。在肠类制品加工中，借助于斩拌机对肉进行斩拌也有利于乳化的形成。目前，肠类制品加工中普遍存在脂肪过剩问题，经过乳化以后就能增加肉对脂肪的吸附力并增加肉的保水性。常用的肠制品乳化剂主要包括乳粉、大豆蛋白、血粉等。

因此，原辅料的质量直接影响到灌肠制品的品质。

1. 肉乳化的概念

乳化剂[3]具有亲水基和亲油基两种基团，肉中的蛋白质本身就是一种乳化剂，在蛋白质分子的氨基酸侧链上，一些基团为亲水基，另一些为亲油基，因而蛋白质具有乳化性。

在肠制品生产中，经常会提到肉类乳化，但如果严格按乳化定义，肉类乳化不是真正的乳化。肉类乳化[4]的定义为：它是由脂肪粒子和瘦肉组成的分散体系，其中脂肪是分散相，可溶性蛋白、水、细胞分子和各种调味料组成连续相。

胶原蛋白的乳化能力很低或几乎没有乳化性，这是由于它本身很稳定，并无可溶性，因而如果用胶原蛋白高的肉进行乳化，所得的乳化将不稳定，并易发生分离。

2. 影响乳化的因素

影响肉乳化能力的因素很多，除了与蛋白质种类、胶原蛋白含量有关外，还与斩拌程度和时间、脂肪颗粒的大小、pH、盐溶性蛋白质的数量和类型、乳化物的黏度和熏蒸烧煮等过程有关。

（1）乳化时的温度　原料肉在斩拌或乳化过程中，由于斩拌机和乳化机内的摩擦产生了大量的热量。适当地升温可以帮助盐溶性蛋白的溶出，加速腌制色的形成，增加肉糜的流动性。但是如果乳化时的温度过高，一是导致盐溶性蛋白变性而失去乳化作用；二是降低乳化物的黏度，使分散相中相对密度较小的脂肪颗粒向肉糜乳化物表面移动，降低乳化物稳定性；三是使脂肪颗粒溶化而在斩拌和乳化时容易变成体积更小的微粒，表面积急剧增加，以至于可溶性蛋白不能把其完全包裹，即脂肪不能被完全乳化。这样香肠在随后的热加工过程中，乳化结构崩溃，造成产品出油。

斩拌温度对提取肌肉中盐溶性蛋白有很重要的作用，肌球蛋白最适提取温度为4～8℃。当肉馅温度升高时，盐溶性蛋白的萃取量显著减少，同时温度过高易使蛋白质受热凝固。在斩拌机中斩拌时，会产生大量的热量，所以必须加入冰或冰水来吸热，防止蛋白质过热，这样有助于蛋白质对脂肪的乳化。

（2）斩拌的时间　斩拌时间要适当，不能过长。适宜的斩拌时间对于增加原料的细度、改善制品的品质是必需的，但斩拌过度，易使脂肪粒变得过小，这样会大大增加脂肪球的表面积，导致蛋白质溶液不能在脂肪颗粒表面形成完整的包裹状，未包裹的脂肪颗粒凝聚形成脂肪囊，使乳胶出现脂肪分离现象，从而降低了灌肠的质量。

（3）原料肉的质量　为了稳定乳化，对原料肉的选择相当重要，对黏着性低的蛋白质应限定使用。在低黏着性蛋白质中，胶原蛋白的含量高，而肌纤维蛋白质含量低。胶原纤维蛋白在斩拌中，能吸收大量水分，但在加热时会发生收缩，当加热到75℃时，胶原纤维蛋白会收缩到原长的1/3，继续加热将会变成凝胶[5]。当使用瘦肉蛋白和胶原蛋白比例失调时，肌球蛋白含量少，这样在乳化过程中，脂肪颗粒一部分被肌球蛋白所包裹形成乳化，另一部分被胶原蛋白包裹。在加热过程中，胶原蛋白发生收缩，失去吸水膨胀能力，并使其包裹的脂肪颗粒游离出来，形成脂肪团粒或一层脂肪覆盖物，从而影响了灌肠的外观与品质。改进方法是调整配方，增加瘦肉的用量。

尸僵前的热鲜肉中能提出的盐溶性蛋白质（主要是肌原纤维蛋白）数量比尸僵后的多50%，而盐溶性肌原纤维蛋白的乳化效果要远远好于肌浆蛋白，在原料肉质量相同的情况下，热鲜肉可乳化更多的脂肪，但工厂完全使用热鲜肉进行生产有一定的难度。如果工厂只能使用尸僵后的肉进行生产，则应在乳化之前将原料肉加冰、盐、腌制剂进行斩拌，然后在0～4℃放置12h，这样可使更多的蛋白被提出。

（4）脂肪颗粒的大小　在乳化过程中，要想形成好的乳化肉糜，原料肉中的脂肪必须被斩成适当大小的颗粒。当脂肪颗粒的体积变小时，其表面积就会增加。例如，一个直径为50μm的脂肪球，当把它斩到直径为10μm时，就变成了125个小脂肪球，表面积也从7850μm^2增加到39250μm^2。这些小脂肪球就要求有更多的盐溶性蛋白质来乳化。

在乳化脂肪时，被乳化的那部分脂肪是由于机械作用从脂肪细胞中游离出的脂肪，一般来说，内脏脂肪（如肾周围脂肪和板油）由于具有较大的脂肪细胞和较薄的细胞壁，因而易破裂放出脂肪，这样乳化时需要的乳化剂的量就较多，因而在生产乳化肠时，最好使用背膘脂肪。如果脂肪处于冻结状态，在斩拌或切碎过程中，会有更多的脂肪游离出来，而未冻结的肉游离出的脂肪较少。

（5）盐溶性蛋白质的数量和类型　在制作肉糜乳化物时，由于盐可帮助瘦肉中盐溶性蛋白的提取，因此应在有盐的条件下先把瘦肉进行斩拌，然后再把脂肪含量高的原料肉加入斩拌。提取出的盐溶性蛋白越多，肉糜乳化物的稳定性越好，而且肌球蛋白越多，乳化能力越大。提取蛋白质的多少直接与原料肉的pH有关，pH高时，提取的蛋白多，乳化物稳定性好。

（6）加热条件　如果香肠配方和工艺条件都适合，在熏蒸烧煮时加热过快或温度过高，也会引起乳化液脂肪的游离。在快速加热过程中，脂肪周围的可溶性蛋白质凝固变成固体，而在连续加热中，脂肪颗粒膨胀，蛋白质凝固受热趋于收缩，这样脂肪颗粒外层收缩而内部膨胀，导致凝固蛋白囊的崩解，脂肪滴游离，使产品肠衣油腻，灌肠表面也会有一些分离的脂肪。

3. 乳化中常出现的问题及解决办法

（1）斩拌时温度过高　为了防止在乳化过程中温度过高而造成蛋白质变性，就必须吸收掉产生的热量。一种方法是在斩拌过程中加冰。加冰的效果远远优于加冰水，因为冰在融化成冰水时要吸收大量的热。1kg 冰变成水时大约要吸收 334.4 kJ 热量，而 1kg 水温度升高 1℃，吸收 4.18kJ 热量，因此 1kg 冰转化成 1kg 水所吸收的热量足可使 1kg 的水温度升 80℃。加冰除了可以吸热外，还可使乳化物的流动性变好，从而利于随后进行的灌装。降低温度的另一种方法是在原料肉斩拌时加固体的二氧化碳（干冰）或在斩拌时加部分冻肉。总之，要保证在斩拌结束时肉糜的温度不高于 12℃。

（2）斩拌过度　乳化结构的崩溃主要是分散的脂肪颗粒又聚合成大的脂肪球而致。如果所有的脂肪都完全被盐溶性蛋白包裹，则聚合现象就很难发生。但斩拌过度时，溶出的蛋白质不能把所有脂肪球完全包裹住，这些没被包裹或包裹不严的脂肪球在加热过程中就会熔化，而溶化后的脂肪更容易聚合，造成成品肠体油腻，甚至在肠体顶端形成一个脂肪包。如果发生这种情况，就要对斩拌工艺和参数进行调整。

（3）瘦肉量少、盐溶性蛋白提取不足　瘦肉量少主要指原料肉中肌球蛋白和胶原蛋白的组成不平衡，或是原料中瘦肉的含量太低，被肌球蛋白和胶原蛋白包裹住的脂肪球大小一样。然而在加热过程中，胶原蛋白遇热收缩，进一步加热则生成明胶液滴，从脂肪球表面流走，使脂肪球裸露，这样最终的成品香肠顶端会形成一个脂肪包，而底部则形成一个胶冻块。生产中如果出现这种情况，就需要对原料肉的组成进行必要的调整，增加瘦肉含量，并应在斩拌时适当添加一些复合磷酸盐以提高肉的 pH，促进盐溶性蛋白的提取，同时还可适当添加一些食品级非肉蛋白，如组织蛋白、血清蛋白、大豆分离蛋白等以帮助提高肉的乳化效果。

（4）加热过快或蒸煮温度过高　即使原料肉的组成合理，前段加工过程处理得当，如果加热过快或温度过高，也会产生脂肪分离现象。在快速加热过程中，脂肪球表面的蛋白质凝固并包裹住脂肪球。继续加热，脂肪球受热膨胀，而包裹在其表面的蛋白膜则有收缩的趋势，这一过程继续下去，则凝固的蛋白质膜被撑破，内部的脂肪流出。法兰克福肠生产中遇到这种情况时，会使肠体表面稍显油腻，并在烟熏棒上产生油斑。这种情况虽不如斩拌过度或瘦肉不足造成的问题严重，但也应对烟熏和蒸煮的参数进行适当调整。

（5）乳化物放置时间过长　乳化好的肉糜应尽快灌装，因为乳化物的稳定时间大约是几小时，时间过长则乳化好的肉糜结构崩溃，在随后的加热过程中出现出油等现象。

总之，只要掌握了乳化香肠的乳化原理，当生产中出现问题时，就很容易找出原因，加以解决，避免给企业造成更大的损失。

4. 乳化剂应用原理

灌肠加工中使用的乳化剂一般为植物性蛋白质、血粉和乳粉等，它们和肌肉中的蛋白质一样，也由氨基酸组成，并带有各种亲水和亲油基的侧链。

灌肠加工中，在原料中的脂肪含量为20% ~25%时，所制得的产品的质量是比较好的。这种原料比例不需要添加任何乳化剂，就能充分利用肌肉蛋白质中的可溶性蛋白质的乳化性能。若原料中脂肪含量超过30%以上，在不添加任何乳化剂的情况下，制品质量不好，甚至恶劣，此时必须添加理想的乳化剂才能达到理想的质量。

肉类在加工过程中，质量的变化是比较复杂的。从比较有代表性的加工方法看，肉在煮熟过程中，温度升到35~45℃时，肌肉中蛋白质开始凝固，继续加热到60℃以上时，肌肉开始收缩，使水分含量下降、体积变小、质量减轻。这种现象产生是由于肌肉蛋白质受热的作用而变性的结果，这使得肌肉蛋白质持水性下降，蛋白质中的部分结合水和自由水渗出肌肉组织外部，由于水分失去，而使肌肉失去弹性变硬，这使得肌肉中的蛋白质也失去了本身具有的乳化性和持水性。

因此必须找到一种乳化剂，使肌肉中蛋白质不因加热的变化而受到质的影响，即肌肉中的蛋白质加热后仍然有良好的保水性和保油性，以及肌肉仍然具有良好弹性。在常态，脂肪细胞内的脂肪液滴是不会流出的，但在加热煮熟过程中，温度达到80~85℃，因细胞壁受高温作用而破坏，脂肪以微滴形式流出，致使产品质量受到很大影响。这是香肠加工中必须解决的问题，所以必须找到一种能耐高温，既有保水性又有保油性，而且适合香肠加工工艺要求的乳化剂。

选择乳化剂应注意以下几点。

(1) 首先要保证乳化液的稳定性和耐高温性；

(2) 食用后对人体健康无害和无任何副作用；

(3) 不会明显地影响灌肠制品的味道、颜色、气味和口感；

(4) 使用必须方便，并不显著增加产品成本；

(5) 不影响脂肪化学性质，不与其他配料有不良反应。

四、发酵香肠

发酵肉制品[6]主要有发酵香肠和发酵火腿两大类。发酵香肠是发酵肉制品中产量最大的一类代表产品，也是发酵肉制品的代表。

发酵香肠是指将绞碎的肉（通常指猪肉或牛肉）、动物脂肪、盐、糖、发酵剂和香辛料等混合后灌进肠衣，经过微生物发酵而制成的具有稳定的微生物特性和典型的发酵香味的肉制品。

1. 发酵香肠[7]的分类

发酵香肠可以以多种肉类为原料，根据肉馅颗粒的大小、香肠的直径、使用或不使用烟熏以及成熟过程中是否使用霉菌等方面来进行分类。此外，人们还习惯按照产品在加工过程中失去水分的多少将发酵香肠分成干香肠、半干香肠和不干香肠等，其相应的加工过程中的失重大约分别为30%以上、10%～30%和10%以下（见表4－1），这种分类方法被业内人士和消费者普遍接受。

表4－1　　发酵香肠的分类

产品类型	干燥失重	烟熏	表面霉菌及酵母菌	举例
风干肠	>30%	不熏	有	萨拉米肠，法国粗红肠
熏干肠	>20%	熏	无	德国 Katenrauchwurst
半干肠	<20%	熏	无	美国熏香肠
不干肠	<10%	常熏	无	德国 Teewurst，鲜生软质猪肉香肠

第二种分类的方法是按发酵程度可分为低酸度（发酵后pH在5.5或5.5以上）和高酸度发酵香肠（产品pH在5.4以下）两种，低酸度发酵香肠在生产上不添加碳水化合物，采用低温发酵和低温干燥而制成；高酸度发酵香肠不同于传统的低酸度发酵香肠，绝大多数是通过添加发酵剂或添加已发酵的香肠进行接种后发酵生产的。

2. 发酵剂的制备

（1）发酵剂常用菌种　发酵香肠中使用的发酵剂主要由乳酸菌组成，包括同型发酵乳杆菌和异型发酵乳杆菌。同型发酵乳杆菌主要发酵葡萄糖和蔗糖，产生乳酸，典型菌株如植物乳杆菌，其特别耐盐，在盐浓度大于9%时仍能发育，异型发酵乳杆菌主要有短乳杆菌和布氏乳杆菌等。一般情况下是由两种类型乳杆菌混合共同作为发酵剂。添加的主要目的是为了改进产品质量的稳定性，同时对发酵过程进行控制。当发制剂中使用的盐类为硝酸盐而非亚硝酸盐时，发酵剂中常常还要包含一种或两种硝酸盐还原细菌如小球菌或葡萄球菌的菌株。葡萄球菌也可以在无乳酸菌的情况下单独添加。

发酵香肠中添加的霉菌主要有白地青霉、娄地青霉和纳地青霉等，它们有特异的脂肪分解酶，能分解脂肪产生强烈而带有刺激性的风味。这些霉菌也合成蛋白质分解酶和淀粉酶，这些酶的分解产物影响产品的风味和香气。

酵母菌是加工干发酵香肠时发酵剂中常用的微生物。汉逊氏德巴利酵母菌是常用的种类。这种酵母耐高盐、好气并具有较弱的发酵产酸能力，一般生长香肠表面，通过添加此菌，可提高干香肠的香气指数。汉逊氏德巴利酵母菌也可能包含在发酵剂中而不是应用于香肠表面，在发酵剂中通常与乳酸菌合用，可以获得良好的产品品质。酵母菌除能改善干香肠的风味和颜色外，还能对金黄色葡萄球菌的生长产生一定的抑制作用。

（2）发酵剂的制备和保存　每一种发酵剂生产厂都有增强培养物活性的专用培养基配方和加工条件，但其中必须有氯化钠（最小 0.5%）以保持其耐盐性。

发酵剂培养浓缩物通常每毫升（克）中有 $10^9 \sim 10^{11}$ 个细胞，混合后应尽快用液氮或二氧化碳冻结培养物。最早选用乳酸片球菌的一个菌株作为肉发酵剂，因为该菌株能耐受冷冻干燥，目前美国主要用冻结形式的培养物。

保存和运送肉培养物的另一种商业方法是使用液体防冻剂。将常规的细胞糊用 1 倍或更多倍的冰点水抑制剂稀释。抑制剂为水溶性，对细胞无损害，冷冻到 -40℃时不形成冻晶。在正常的销售期间，培养物浓缩物可被加温，不像冻结的培养浓缩物那样，在解冻时活性受到很大损失。

（3）发酵剂培养物的使用　制作干香肠和半干香肠的纯微生物发酵剂，最初于 1921 年发布了专利。1957 年美国首次研制出了商业性香肠发酵剂。起初这些发酵剂是以葡萄糖为载体的乳酸片球菌冻干细胞。现在生产出了商品化的各种冷冻或冷冻干燥的肉用乳杆菌、片球菌和一霉菌制作的发酵剂。这些发酵剂，有些是单一菌种的，有些是混合菌种的。

“活性发酵剂”一般是在配料阶段加入。虽然大多数厂家在肉中添加干配料后再加入发酵剂，但要想分布均匀，应先将发酵剂添加到肉中。在加入其他配料之前，使发酵剂与原料肉有效混合。无论如何，最重要的是不能将活的微生物培养物与腌制成分如食盐、亚硝酸盐直接接触，否则，会降低培养物的成活率和活性。大多数培养物是以浓缩形式出售，用水稀释后则能使其很好的分布。冷冻干燥形式的培养物，要有一个水合步骤才能获得理想的效果。

五、灌肠类制品生产中常见质量问题

1. 肠衣破裂

产生这种现象的原因有：① 肠衣方面。如果肠衣本身有不同程度的腐败变质，肠壁就会厚薄不匀，松弛、脆弱、抗破坏力差，而有盐蚀的肠衣，肠衣收缩失去弹性，用这一类肠衣灌肠，势必造成破裂。② 肉馅方面水分较高者，在迅速加热时，肉馅膨胀而将肠衣胀破。肉馅填充过紧以及煮制烘烤时温度掌握不当也会引起肠衣破裂。③ 工艺方面如肠子粗细不一，用锅蒸煮时，则粗肠易裂；热烘时火力太大，温度过高，就会听到肠衣破裂的声音；热烘时间太短，没有烘到一定程度，肠衣蛋白质没有完全凝固就下锅煮制时，肠衣经不住肉馅膨胀的压力；蒸煮时要注意不能开足蒸汽，以免局部温度过高，造成肠衣破裂。

2. 外表起硬皮

烟熏时火力大、温度高，或者肠子下端离火堆太近，都会使肠子下端起硬皮，严重时会起壳，造成肠馅分离。

3. 发色次、无光泽

烟熏时温度不够，或者熏烟质量较差，以及熏好后又吸潮的灌肠，肠衣光泽差。用不新鲜的肉馅灌制的产品，肠衣色泽也不鲜艳。如果烟熏时所用木材含水分多或使用软木，常使肠衣发黑。

4. 颜色深浅不一

这除了因水煮的差异造成外，与烟熏也有关系。烟熏时温度高，颜色淡；温度低，颜色深。肠身外表干燥时色泽较淡；肠身外表潮湿时，烟气成分溶于水中，色泽会加深。如果烟熏时肠身搭在一起，则粘连处色淡。

5. 肠身松软无弹性

产生这种缺陷的主要原因为：① 煮得不熟。这种肠子不仅肠身松软无弹力，而且在气温高时还会产酸、产气、发胖，不能食用。② 肌肉中蛋白质凝聚不好。也就是某种原因影响了肠馅的乳化。a. 当腌制不透时，蛋白质的肌球蛋白没有全部从凝胶状态转化为黏着力强的溶胶状态，影响了肉馅的吸水能力；b. 当机械斩拌不充分时，肌球蛋白的释放不完全；c. 当盐腌或操作过程中温度较高时，会使蛋白质变性，破坏蛋白质的胶体状态，影响肉馅的保水能力，造成游离水外流、肠馅发渣。另外肠中添加淀粉等黏合剂也会影响到肠身的收缩程度，对灌肠的硬度、弹性有一定影响。

6. 外表无皱纹

肠身外表的皱纹是由于熏制时肠馅水分减小、肠衣干缩而产生的。皱纹的产生与灌肠本身质量及烟熏工艺有关。肠身松软无弹力的肠子，到成品时，外观一般皱纹不好，有的显得很饱胀。肠子直径较粗，肠馅水分过大，也会影响皱纹的产生；木材潮湿，烟气中湿度过大，温度上不来，或者烟熏程度不够，都会导致熏烤后没有皱纹。另外阴雨天空气湿度较大，原来有均匀皱纹的肠子如果暴露在外冷却，肠身吸潮，原来已有的皱纹也会消失。

7. 切面色泽发黄

切面色泽发黄，要看是切开来就黄，还是逐渐变黄的。如果刚切开时，切面呈均匀的蔷薇红色，而露置于空气中后，逐渐褪色，变成黄色，那是正常现象。

这是由于粉红色的 NO－肌红蛋白在可见光线及氧的作用下，逐渐氧化成高铁血色原，而使切面褪色发黄。如果切开后能够避免细菌和可见光线及氧的影响，则可防止。另一种是切开后虽有红色，但淡而不匀，褪变色很易发生，这一般是亚硝酸盐用量不足造成的。还有一种现象，就是虽用了发色剂，但肉馅根本没有变色。这有以下两个原因：① 原料的新鲜程度不好，脂肪已氧化酸败，则会产生过氧化物，呈色效果不好。② 肉馅的 pH 过高，则亚硝酸钠就不能分解产生 NO，也就不会产生红色的 NO－肌红蛋白。

8. 切面气孔多

切面气孔多不仅影响弹性和美观，而且气孔周围色泽都发黄发灰，这是由于空气中混进了氧气造成的。这些空气中的氧使得 NO－肌红蛋白氧化褪色。因此最好用真空灌肠机。

9. 切面不坚实、不湿润

产生这种现象的多数是肠身松软无弹力的肠子，其他如加水不足，制品少汁和质粗，绞肉机的刀面装得过紧、过松、不平以及刀刃不锋利等引起机械发热，都会影响品质。另外，脂肪绞碎过细，热处理时易于熔化，也影响切面。

任务一 广式香肠加工

一、产品特点

广式香（腊）肠是以鲜（冻）肉为原料，加入辅料，经腌制、灌肠、晾晒、烘烤等工序加工而成，具有广式特色的生干腊肠。其外形美观，色泽鲜亮，香醇可口。

二、材料、器具及设备

1. 材料与配方

以每 100kg 原料计算（瘦肉占 70%，肥肉占 30%）；食盐 2.8～3kg，白糖 9～10kg，50°以上的汾酒 3～4kg，一级生抽 2～3kg，硝酸钠（加水溶解）50g，口径 28～30mm 的猪小肠衣适量，清水 14～20kg。

2. 器具及设备

冷藏柜，绞肉机，灌肠机，拌馅机，排气针，台秤，砧板，刀具，塑料盆，细绳。

三、工艺流程

选料选择→整理→拌馅→灌肠→晾晒与烘烤→成品

四、操作要点

1. 选料与修整

选用经卫生检验合格的新鲜或冻猪前后腿肉为原料。

2. 原料整理

将选好的猪前后腿肉，分割后去除筋、腱、结缔组织，分别切成 10 ~ 12mm 的瘦肉丁和 9 ~ 10mm 的肥肉丁，用 35℃ 的温水冲洗油渍、杂物，使肉粒干爽。

3. 拌馅

将瘦、肥肉丁倒入拌馅机中，按配方要求加入辅料和清水，搅拌均匀。

4. 灌肠

拌好的肉馅用灌肠机灌入猪的小肠衣中，每隔一定间距打结，然后针刺肠身，将肠内空气和多余的水分排出，再用温水清洗表面油腻、余液，使肠身保持清洁。

5. 晾晒与烘烤

将灌好的肠坯挂在晾棚上，在日光下晾晒 3h 后翻转一次，约晾晒半天后转入烘房，在 45 ~ 55℃ 条件下烘烤 24h 左右，包装即为成品。

五、注意事项

（1）肥膘丁一定要用温水清洗，使其互相不粘连，并使肉丁柔软滑润，便于拌馅时与瘦肉料和各种配料混合均匀。

（2）拌馅的目的在于“匀”，拌匀为止，要防止搅拌过度，使肉中的盐溶性蛋白质溶出，影响产品的干燥脱水过程。拌好的肉馅不要久置，必须迅速灌制，否则瘦肉丁会变成褐色，影响成品色泽。

（3）灌制时要掌握松紧程度，不能过紧或过松，过紧会涨破肠衣，过松影响成品的饱满结实度。

（4）烘烤时必须注意温度的控制。温度过高易脂肪熔化，同时瘦肉也会烤熟。这不仅降低了成品率，而且色泽变暗，有时会使肠衣内起空壁或空肠，降低品质；温度过低又难以干燥，易引起发酵变质。

六、质量标准

（1）感官指标　见表4－2。

表4－2　广式香肠感官指标

项　目	指　标
组织及形态	肠体干爽，呈完整的圆柱形，表面有自然皱纹，断面组织紧密
色泽	肥肉呈乳白色，瘦肉鲜红、枣红或玫瑰红色，红白分明，有光泽
风味	咸甜适中，鲜美适口，腊香明显，醇香浓郁，食而不腻，具有广式腊肠的特有风味
长度及直径	长度150～200mm，直径17～26mm
内容物	不得含有淀粉、血粉、豆粉、色素及外来杂质

（2）理化指标　见表4－3。

表4－3　广式香肠理化指标

项　目	优级	一级	二级
蛋白质含量/%	≥22	≥20	≥17
脂肪含量/%	≤35	≤45	≤55
水分/%		≤25	
食盐（以NaCl计）含量/%		≤8	
总糖（以葡萄糖计）含量/%		≤20	
酸价（以KOH计）/（mg/g）		≤4	
亚硝酸盐（以$NaNO_2$计）含量/（mg/kg）		≤20	

（3）保持期　见表4－4。

表4－4　广式香肠保质期　　单位：d

包装方式	25℃以下	0～5℃
散装	15	90
普通包装	30	120
真空包装	90	180

七、思考与应用

（1）广式香肠加工对原料选择有何要求？

（2）广式香肠灌肠时有何要求？

（3）按实际操作任务过程写出实训报告，并分析出现质量问题的原因。

任务二 发酵香肠加工

一、产品特点

发酵香肠是将绞碎的肉和动物脂肪同辅料混合接种后灌入肠衣，经发酵、成熟干燥而制成的具有稳定的微生物特性和发酵香味的肉制品。

发酵香肠肠体干爽结实，有弹性，指压无明显凹痕，切片性好，酸甜适中，香味清新，口感细腻，具有产品固有色泽和风味。

二、材料、器具及设备

1. 材料与配方

配方：猪瘦肉70kg，脂肪30kg，食盐2.8kg，蔗糖1.2kg，葡萄糖0.8kg，磷酸盐300g，维生素C 80g，硝酸钠120g，亚硝酸钠15g，味精100g，白胡椒粉250g，大蒜100g，豆蔻100g，冰水适量。

发酵剂：植物乳杆菌与啤酒片球菌1:2，接种量为10^7cfu/g。

2. 器具及设备

冷藏室，台秤，切肉刀，搪瓷盆，绞肉机，搅拌机，灌肠机，烤炉。

三、工艺流程

原料处理→腌制→绞碎、拌料→灌肠→接种→发酵→烘烤→包装→成品

四、操作要点

1. 原料处理

将背脂微冻后切成1～2mm小肉丁，入冷藏室（6～8℃）微冻24h。

2. 腌制

将瘦肉修整后，加入配方中的食盐、葡萄糖、磷酸盐、亚硝酸钠等腌制剂，在0～4℃下腌制24h，使其充分发色。

3. 绞碎、拌料

将腌制好的瘦肉通过6mm孔板绞肉机绞碎，倒入搅拌盘内，加入发酵剂、其他辅料和适量冰水进行搅拌，搅拌好后与微冻后的肥肉丁充分混合。搅拌时间根据产品要求的肉颗粒粒度及产品最佳出锅温度（2℃）进行调节。

4. 灌肠

接种后的肉料，充填于纤维素肠衣、猪肠衣或合适规格的胶原肠衣内。灌制时要求充填均匀，肠坯松紧适度。整个灌制过程中肠馅的温度维持在0～1℃。为了避免气泡的混入，最好利用真空灌肠机灌制。

5. 接种霉菌或酵母菌

将酵母和霉菌的冻干菌用水制成发酵剂菌液，然后将香肠浸入菌液中即可。

6. 发酵

将香肠吊挂在30～32℃、相对湿度80%～90%贮藏间或成熟间内开始发酵，发酵时间约16～18h至pH下降到5.3以下即可终止。

7. 烘烤

终止发酵后以65～70℃，1～2h烘烤为宜，成品pH控制在4.7～4.9，水分含量30%～40%。一般小直径香肠加热1h即可。

8. 包装

香肠烘烤结束后，稍冷，进行真空包装。

五、注意事项

（1）发酵香肠所需的肉馅必须满足3个要求：①保证香肠在干燥过程易于失水；②保证肉馅具有较高的脂肪含量；③保证发酵香肠成品切片性好，有弹性。因此，在搅拌过程要防止肉馅“成泥”现象，阻碍干燥过程中的脱水。

（2）搅拌和灌肠过程应保持低温，温度一般要求为0～2℃。

（3）发酵剂是生产发酵肉制品的关键，应注意其选择与配比，配制接种菌液的容器应当是无菌的，以避免二次污染。

（4）发酵过程中的温度与湿度控制直接影响产品品质，应注意针对性控制，一般要求做到既能保证香肠缓慢稳定地干燥，又能避免香肠表面形成一层干的硬壳，对于接种霉菌和酵母菌的香肠还要预防表面霉菌和酵母菌的过度生长。

六、质量标准

（1）感官指标　肠体干爽结实，有弹性，指压无明显凹痕，切片性好，酸甜适中，香味清新，口感细腻，具有产品固有色泽。

（2）理化指标　见表4－5。

表4－5　发酵香肠理化指标

项　目	指　标
铅（Pb）含量/（mg/kg）	≤0.5
无机砷含量/（mg/kg）	≤0.05
镉（Cd）含量/（mg/kg）	≤0.1
汞（以Hg计）含量/（mg/kg）	≤0.05
亚硝酸盐（以 $NaNO_2$ 计）含量/（mg/kg）	≤30
过氧化值（以脂肪计）/（g/100g）	≤0.25

七、思考与应用

（1）发酵香肠与普通香肠的主要区别是什么？

（2）发酵香肠灌肠加工时发酵工艺条件如何控制？

（3）按实际操作任务过程写出实训报告，并分析出现质量问题的原因。

任务三　高温火腿肠加工

一、产品特点

高温火腿肠是以鲜或冻畜、禽、鱼肉为主要原料，经腌制、斩拌、灌入塑料肠衣、高温杀菌加工而成的乳化型香肠。该产品是近十几年来发展较快的一大类肉制品，特别是用PVDC薄膜作肠衣，经高温高压杀菌的火腿肠生产目前达到了前所未有的程度。

二、材料、器具及设备

1. 材料与配方

按原料肉50kg用量计算（猪瘦肉、猪肥肉7∶3）：精盐1.75kg、味精50g、蒜0.9kg、干淀粉3kg、硝酸钠12.5g、胡椒粉36g。

2. 器具及设备

台秤，刀具，搪瓷盆，切肉机，绞肉机，斩拌机，灌肠机，高温灭菌锅。

三、工艺流程

原料处理→腌制→绞肉→斩拌→充填→灭菌→成品

四、操作要点

1. 原料肉的处理

选择经兽医卫生检验合格的热鲜肉或冷冻肉，经修整去除筋、腱、碎骨与污物，清洗干净沥水后，用切肉机切成5～7cm宽的长条，以待腌制。

2. 腌制

按配方要求将辅料与肉拌匀，送入（2±2）℃的冷库内腌制16～24h。

3. 绞肉

将腌制好的原料肉，送入绞肉机，用筛孔直径为3mm的筛板绞碎。

4. 斩拌

将绞碎的原料肉倒入斩拌机的料盘内，开动斩拌机用搅拌速度转动几圈后，加入碎冰总量的2/3，高速斩拌至肉馅温度4～6℃，然后添加剩余数量的碎冰继续斩拌，直到肉馅温度低于14℃，最后再用搅拌速度转几圈，以排除肉馅内的气体。总的斩拌时间要大于4min。

5. 充填

将斩拌好的肉馅倒入充填机的料斗内，按照预定充填的重量，充入PVDC肠衣内，并自动打卡结扎。

6. 灭菌

填充完毕经过检查的肠坯（无破袋、夹肉、弯曲等）排放在灭菌车内，按顺序推入灭菌锅进行灭菌处理。规格为25g的火腿肠，其灭菌参数为：15′－23′－20′/121℃（反压0.20～0.22MPa）。

灭菌处理后的火腿肠，经充分冷却，贴标签后，按生产日期和品种规格装箱，并入库或发货。

五、注意事项

（1）肉块是否能腌制均匀透彻与肉块的大小是否均匀有很大的关系，因此要把肉切成均匀的长条。腌制时冷风机不要直接对腌制的肉块吹风，以免造成原料肉表皮干缩和原料肉中的水分散发，使产品风味和出品率不稳定。

（2）斩拌时为了避免肉温升高，所加冰屑数量应计入加水总量内。斩拌时注意加料顺序，以保证成品具有鲜嫩细腻的特点。

（3）充填是采用自动充填结扎机完成的，在每班工作结束后，要及时清理地面、泵及各种输料管道中残存的肉糜，避免引起细菌感染而发酵变质。每次开机后要特别注意开始启动的3～5min运行不稳定期，及时检查焊缝是否偏移、焊缝强度是否牢靠，结扎是否严密等，因为焊缝漏气、结扎扣松动都容易造成产品在很短时间内变质，失去PVDC薄膜的保鲜意义。

（4）整个杀菌过程中操作人员要注意观察电脑控制盘的变化，不可离岗造成失控。

六、质量标准

（1）感官指标　见表4－6。

表4－6　高温火腿肠感官指标

项　目	指　标
外观	肠体均匀饱满，无损伤，表面干净、完好，结扎牢固，密封良好，肠衣的结扎部位无内容物渗出
色泽	具有产品固有的色泽
组织状态	组织致密，有弹性，切片良好，无软骨及其他杂质，无密集气孔
风味	咸淡适中，鲜香可口，具固有风味，无异味

（2）理化指标　见表4－7。

表4－7　高温火腿肠理化指标

项　目		指　标			
		特级	优级	普通级	无淀粉产品
水分/%	≤	70	67	64	70
食盐（以NaCl计）含量/%		≤3.5			
蛋白质含量/%	≥	12	11	10	14
脂肪含量/%		6～16			
淀粉含量/%	≤	6	8	10	1
亚硝酸盐（以$NaNO_2$计）含量/（mg/kg）		≤30			

(3) 微生物指标　见表4－8。

表4－8　高温火腿肠微生物指标

项目	指标
菌落总数/(cfu/g)	≤50000
大肠菌群/(MPN/100g)	≤30
致病菌(沙门菌、金黄色葡萄球菌、志贺菌)	不得检出

七、思考与应用

(1) 高温火腿肠加工对原料选择有何要求?
(2) 高温火腿肠加工时杀菌工艺条件如何控制?
(3) 按实际操作任务过程写出实训报告，并分析出现质量问题的原因。

探索与创新

1. 你食用过哪些灌肠肉制品，印象最深的是哪个品牌? 通过查资料、学习团队讨论，设计其制作方案，结合该项目学习进行产品开发。

2. 对你所在学习团队加工的灌肠肉制品进行质量分析，提出产品的改进方案。

3. 比较广式香肠，发酵香肠，高温火腿肠、熏干肠配方的异同点，设计一种符合当地人风味习惯的中式香肠制品。

链接与拓展

[1] 灌肠类产品及特征：见表4－9。

表4－9　灌肠类产品及特征

名称	主要特征
生鲜肠	用新鲜肉，不腌制，原料肉切碎后加入调味料，搅拌均匀后灌入肠衣内，冷冻贮藏，食用时熟制
烟熏生肠	用腌制或不腌制的原料肉，切碎，加入调味料后搅拌均匀灌入肠衣，经烟熏，而不熟制，食用前熟制即可
熟肠	用腌制或不腌制的肉类，绞碎或斩拌，加入调味料后，搅拌均匀灌入肠内，熟制而成
烟熏熟肠	经腌制，绞碎或斩拌，加入调料后灌入肠衣内烘烤，熟制后熏烟而成
发酵肠	肉经腌制、绞碎，加入调料后灌入肠衣内，可烟熏或不烟熏。然后干燥，发酵，除去大部分的水分
特殊制品	是用一些特殊原料(肉皮、麦片、肝、淀粉等)经搅拌，加入调料后制成的产品
混合制品	以畜肉为主要原料，再加上鱼肉、禽肉或其他动物肉等制成的产品

［2］中式和西式肠制品的区别：见表4－10。

表4－10　中式和西式肠制品的区别

	中式香肠	西式灌肠
原料肉	以猪肉为主	除猪肉外，还可用牛肉、马肉、鱼肉、兔肉等
原料肉的处理	瘦肉、肥肉均切成肉丁	瘦肉绞成肉馅，肥肉切成肉丁或瘦肉、肥肉都绞成肉馅
调辅料	加酱油，不加淀粉	加淀粉，不加酱油
日晒、熏烟	长时间日晒、晾挂	烘烤、烟熏

［3］乳化剂：所谓乳浊液是指一种或多种液体分散在另一种不相溶的液体中所构成的分散体系；其中一种为分散相，另一种为连续相，分散相以小液滴的形式分散在连续相中。当两种不相溶的液体放在一起，在两液体接触面上存在表面张力，使两液相互排斥，如果用手摇从而将其混合，由于接触面积增加，因而当静止时两液体就会分开。如果要使液体均匀混合，就必须有一种物质能降低两种液面间的表面张力，一般我们称这种物质为乳化剂。

［4］乳化肉糜与肉糜乳化：乳化肉糜是由肌肉和结缔组织纤维（或纤维片段）的基质悬浮于包含有可溶性蛋白和其他可溶性肌肉组分的水介质构成的，分散相是固体或液体的脂肪球，连续相是内部溶解（或悬浮）有盐和蛋白质的水溶液。在这一系统中，充当乳化剂的就是连续相中的盐溶性蛋白，整个乳化物是属于水包油型的。由于分散相脂肪球的直径一般大于50μm，故乳化肉糜并不是真正意义上的乳化物。

当肌球蛋白加热到58～68℃时发生凝结，而胶原蛋白的结缔组织加热到65℃时会收缩到原来的1/3，若继续加热，则形成明胶。胶原在斩拌时，会吸收大量的水分，但在后续的加热过程中遇热收缩，把水分挤出。围在脂肪球表面的是瘦肉中的盐溶性蛋白质，它可以是肌原纤维蛋白或肌浆蛋白，但肌原纤维蛋白的乳化性更好。肌原纤维蛋白（即肌动蛋白和肌球蛋白）是不溶于水和稀盐溶液的，但可溶于较浓的盐溶液中。故在乳化香肠加工中，斩拌时必须加盐来帮助这些蛋白质溶出，使其作为乳化剂把分散的脂肪颗粒完全包裹住，从而保持肉糜乳化物的稳定。

［5］蛋白质凝胶性：肌原纤维蛋白质是一类以肌球蛋白和肌动蛋白为主体组成的具有重要生物学功能特性的结构蛋白质群，它是肌肉蛋白中最重要的，又称盐溶蛋白质。肌肉盐溶蛋白质的凝胶特性对产品结构特性起着重要的作用，决定着产品的产量、质构、黏着力、脂肪含量及保水性等。当适度变性的蛋白质分子聚集，形成一个有规则的蛋白质网络结构，此过程被称为凝胶作用。肌球蛋白是肌肉蛋白质中最主要的凝胶因素，单独条件下可形成好的凝胶，其他的肌原纤维蛋白质如肌动蛋白、调节蛋白和细胞骨骼蛋白不形成凝胶，但是对肌球蛋白形成的凝胶的粘弹特性具有重要的影响。蛋白的凝胶过程是复杂的过程，许多因素

影响肌肉蛋白质的凝胶过程，主要有pH、离子强度、蛋白质浓度、温度、肌肉类型、高压条件、非肉添加物等。

[6] 发酵肉制品：是指肉在自然或人工控制条件下经特定有益微生物发酵所生产的一类肉制品。发酵所用微生物种类有细菌、酵母及霉菌类。发酵肉制品在发酵过程中微生物将糖类转化为酸或醇，致使肉的pH降低，有的甚至能分解蛋白质和脂肪。在发酵的同时伴有肉的脱水，其水分含量和A_w值较低，故发酵肉制品具有较长保存期。由于肉类在发酵、干燥过程中产生酸、醇、非蛋白氮化合物、脂类等，使发酵肉制品形成特殊的风味、色泽和质地。

[7] 发酵香肠安全性与质量控制：发酵香肠在加工和贮藏过程中不允许有致病性微生物的生长，所以一般被认为是安全性较好的低危害食品。尽管如此，发酵香肠因为存在以下几方面的潜在安全危害而令人担心：① 肉中的金黄色葡萄球菌可能在发酵产酸之前或当中生长并产生肠毒素；② 产品中可能有致病性细菌如沙门菌和李斯特氏菌存活；③ 由霉菌成熟的香肠可能会有产真菌毒素的霉菌生长；④ 亚硝酸和生物胺的危害；⑤ 病毒的存活。

为保证发酵香肠的安全性，人们已提出了相应的微生物学检查方法，如规定产品中的 金黄色葡萄球菌在发酵刚刚结束时应小于10^4cfu/g。当发酵结束时无法立即进行检查时，则使用耐热核酸酶试验方法，这种试验显示的是肠毒素的存在与否，可以作为微生物学检查的替代方法。不过，任何化验室的检查都比不上生产过程中的控制。要想对金黄色葡萄球菌的生长和产毒进行控制，保证香肠的pH得以快速下降以迅速建立起乳酸发酵，或者通过添加酸化剂如葡萄糖酸－δ－内酯等证明是比较有效的办法。

自我测试

一、填空（24×1分）

1. 灌肠肉制品按原料肉切碎的程度，可分为________、________两种类型。

2. 肠衣是和肉馅直接接触的一次性包装材料，肉类工业常用的肠衣包括________、________两大类。

3. 在香肠生产中常添加一些植物性辅料，其中以________应用最为广泛，因其在加热过程中________，因而提高制品的保水性。

4. 用塑料肠衣制作灌肠制品时，冷却后肠衣会出现________，可在________的热水中浸泡________时间，使其消退。

5. 斩拌温度对提取肌肉中________有很重要的作用，其最适提取温度为________，当肉馅温度升高时，其萃取量________。

6. 灌肠加工斩拌时，因产生大量的热量，所以必须加入________或________来吸热，防止过热，这样有助于其对________的乳化。

7. 目前，肠类制品加工中普遍存在__________问题，经__________后就能增加肉对__________的吸附力并增加肉的保水性。

8. 如果香肠配方和工艺条件都适合，在熏蒸烧煮时__________或__________，会引起__________的游离，产品肠衣油腻。

9. 灌肠制品加工时，若斩拌__________，易使__________变得过小，导致__________不能在其表面形成完整的包裹状，使乳胶出现脂肪分离现象，从而降低灌肠质量。

二、单项选择题（10×1分）

1. 生产肠类制品所使用的原料肉必须是经检疫确认为安全卫生的肉，严禁使用不新鲜的肉和病、死肉作为肠类制品的原料，而且原料肉的挥发性盐基氮含量应________。

A. <15mg/100g　　B. 15mg/100g

C. >15mg/100g　　D. 25mg/100g

2. 肠类制品加工和贮藏过程中肉馅随温度变化有收缩和膨胀现象，要求肠衣应具有特性是________。

A. 收缩　B. 拉伸　C. 稳定　D. 收缩拉伸

3. 肉品工业中常用的淀粉种类较多，最适于作香肠制品的是________。

A. 玉米淀粉　B. 小麦淀粉　C. 马铃薯淀粉　D. 莲藕淀粉

4. 人造肠衣中一般在使用前用温水泡湿备用的是________。

A. 胶原肠衣　B. 纤维素肠衣　C. 塑料肠衣　D. 玻璃纸肠衣

5. 用哪种人造肠衣中制作的肠制品一经蒸煮加热，肠衣会收缩并紧住充填物？________

A. 胶原肠衣　B. 纤维素肠衣　C. 塑料肠衣　D. 玻璃纸肠衣

6. 肠类制品生产的成功与否，取决于肌肉哪个成分的功能特性？________

A. 蛋白质　B. 脂肪　C. 碳水化合物　D. 矿物质

7. 在肠类制品加工中，借助以下哪道工序有利于乳化的形成？________

A. 腌制　B. 斩拌　C. 灌肠　D. 蒸煮

8. 灌肠加工中，在原料中的脂肪含量为________，所制得的产品的质量较好，这种原料比例不需要添加任何乳化剂。

A. 10%～15%　　B. 20%～25%

C. 25%～30%　　D. >30%

9. 斩拌温度对提取肌肉中盐溶性蛋白有重要作用，斩拌结束时要保证肉糜温度________。

A. 0℃　B. <12℃　C. 20℃　D. 30℃

10. 肠类制品加工中常用的肠制品乳化剂不包括________。

A. 大豆蛋白　B. 乳粉　C. 卡拉胶　D. 淀粉

三、多项选择题（5×2分）

1. 灌肠制品加工按添加填充料程度，可分为________。

A. 鲜肉型肠　B. 腌肉型肠　C. 纯肉肠　D. 非纯肉肠

2. 人造肠衣按照原料的不同有________。

A. 胶原肠衣　B. 纤维素肠衣　C. 塑料肠衣　D. 玻璃纸肠衣

3. 灌肠加热时，淀粉颗粒因吸水而变得膨润而富有弹性并起黏合剂作用，可使________。

A. 肉馅黏合　B. 填塞孔洞

C. 产品富有弹性　D. 切面平整美观

4. 天然肠衣具有良好的韧性和坚实度，食用安全，是理想的肠衣。但其缺点是________。

A. 来源少　B. 直径不一

C. 厚薄不均　D. 需要在专门条件下贮藏

5. 人造肠衣中一般在使用前用温水泡湿备用的是________。

A. 胶原肠衣　B. 纤维素肠衣　C. 塑料肠衣　D. 玻璃纸肠衣

四、判断题（10×1分）

1.（　　）习惯上把用我国传统加工方法制成的肠制品叫“香肠”，把用西方传入的方法加工制成的肠制品叫灌肠。

2.（　　）灌肠加热煮制时，淀粉颗粒可以吸收熔化成液态的蛋白质，减少流失提高成品率。

3.（　　）用纤维肠衣制作的肠制品一经蒸煮加热，肠衣就收缩并紧紧包住充填物，产品外观较好。

4.（　　）肠类制品加工中的灌肠问题很重要，灌肠效果好，不但可以防止脂肪在制品中的分离，还可以改善产品的组织状态和品质。

5.（　　）提取出的盐溶性蛋越多，肉糜乳化物的稳定性越好，而且肌球蛋白越多，乳化能力越大。

6.（　　）在制作肉糜乳化物时，盐可帮助瘦肉中盐溶性蛋白的提取，因此应在有盐的条件下先把瘦肉进行斩拌，然后再把脂肪含量高的原料肉加入斩拌。

7.（　　）提取蛋白质的多少直接与原料肉的 pH 有关，pH 低时，提取的蛋白多，乳化物稳定性好。

8.（　　）乳化好的肉糜应尽快灌装，时间过长则乳化好肉糜结构崩溃，在随后加热过程中出现出油等现象。生肉呈色的过程比较缓慢，但经烘烤、加热后，反应速度加快。

9.（　　）加工灌肠时，若瘦肉量少、应在斩拌时适当添加一些亚硝酸提高肉 pH，促进盐溶性蛋白的提取。

10.（　　）乳化剂具有亲水基和亲油基两种基团，肉中的蛋白质本身就是一种乳化剂。

五、名词解释（5×2 分）

1. 灌肠肉制品　2. 肉类乳化　3. 高温火腿肠　4. 发酵香肠
5. 发酵剂

六、问答题（6×6 分）

1. 试述灌肠肉制品的概念和种类。
2. 发酵香肠如何进行分类？
3. 发酵香肠加工时发酵剂中常用的菌有哪些？各起什么作用？
4. 火腿肠加工中斩拌的主要作用是什么？
5. 简述中式香肠的加工工艺流程及操作要点。
6. 简述高温火腿肠的加工工艺流程及操作要点。

项目五 熏烤肉制品加工

项目描述

熏烤肉制品一般是指以熏烤为主要加工方法生产的肉制品，通过北京烤鸭、三特电烤鸡、培根加工的学习，了解熏烟的成分及作用，掌握熏烤肉制品加工原理及方法，能够进行典型熏烤肉制品的加工。

学习目标

1. 知识目标
- 理解熏烤肉制品的概念及加工原理；
- 了解熏制的目的、熏烟成分及其作用；
- 掌握熏制、烤制常用的方法。

2. 能力目标
- 能够进行北京烤鸭、南农三特（鲜、香、嫩）电烤鸡、培根的加工制作；
- 能够进行熏烤肉制品生产配方设计及质量控制。

背景知识

熏烤肉制品有着悠久的历史，始于公元前，游牧人首先发现肉悬挂在火焰上能获得诱人的风味，同时烟熏作为一种长期贮藏食品的方法，从古代就被人类所利用。通过熏烟物质在肉等产品表面的沉积附着，可提高贮藏性。但是，由于冷冻保藏技术的发展，冰箱、冰柜进入一般家庭，烟熏防腐已降为次要位置。烟熏也由原来仅仅为了保存而逐渐转变到增加风味、改善外观和提高嗜好性方面来。

肉制品的熏制是利用木材、木屑、茶叶、甘蔗皮、红糖等材料[1]不完全燃烧而产生的熏烟和热量使肉制品增添特有的熏烟风味，提高产品质量的一种加工方法。腌制和烟熏经常相互紧密地结合在一起，在生产中先后相继进行，烟熏肉必须预先腌制。烟熏和加热一般同时进行，也可借温度控制而分别进行。

熏和烤为两种不同的加工方法，加工的产品可分为熏烟制品和烧烤制品两类。

熏制品的特点：具有特殊的烟熏味，呈棕褐色，肉色鲜艳，表面干燥，味道适中，耐藏性好。

一、烟熏的目的

熏制是利用燃料没有完全燃烧的烟气对肉品进行烟熏，温度一般控制在30～60℃，以熏烟来改变产品口味和提高品质的一种加工方法。

烟熏的目的主要有：赋予制品特殊的烟熏风味，增进香味；使制品外观具有特有的烟熏色，对加硝肉制品促进发色作用；脱水干燥，杀菌消毒，防止腐败变质，使肉制品耐储藏；烟气成分渗入肉内部防止脂肪氧化。

人们过去常以提高产品的防腐性为烟熏的主要目的，从目前市场销售情况和消费者喜爱来看，是以产品具有特殊的烟熏味作为主要目的。

1. 呈味作用

烟气中的许多有机化合物附着在制品上，赋予制品特有的烟熏香味，如有机酸（蚁酸和醋酸）、醛、醇、酯、酚类等，特别是酚类中的愈疮木酚和4－甲基愈疮木酚是最重要的风味物质，香气最强。其次，伴随着烟熏的加热，促进微生物或酶蛋白及脂肪的分解，通过生成氨基酸和低分子肽、碳酰化合物、脂肪酸等，使肉制品产生独特风味。将木材干馏时得到的木馏油进行精制处理后得到一种木醋液，用在熏制上也能取得良好的风味。

2. 发色作用

烟熏和蒸煮（加热）常常相辅并进，这是在热的影响下，有利于形成稳定的腌肉色泽。此外，烟熏还将促使许多肉制品表面形成棕褐色。

熏烟成分中的羰基化合物可以和肉蛋白质或其他含氮物中的游离氨基发生美拉德反应[2]。熏烟加热促进硝酸盐还原菌增殖及蛋白质的热变性，游离出半胱氨酸，从而促进一氧化氮血素原形成稳定的颜色；受热有脂肪外渗起到润色作用。

3. 杀菌作用

熏烟中的有机酸、醛和酚类杀菌作用较强。有机酸可与肉中的氨、胺等碱性物质中和，由于其本身的酸性而使肉酸性增强，从而抵制腐败菌的生长繁殖。

4. 抗氧化作用

熏烟中许多成分具有抗氧化作用，故能防止酸败，最强的是酚类，其中以邻苯二酚、邻苯三酚及其衍生物作用尤为显著。试验表明，熏制品在15℃下放置30d，过氧化值无变化，而未经过烟熏的肉制品过氧化值增加8倍。

二、熏烟成分及其作用

熏烟是由蒸汽、气体、液体（树脂）和微粒固体组合而成的混合物，熏制的实质就是制品吸收木材分解产物的过程。因此木材的分解产物是烟熏作用的关键。

熏烟的成分很复杂，现已从木材发生的熏烟中分离出来200多种化合物，其中常见的化合物为酚类、醇类、羰基类化合物、有机酸和烃类等。但并不意味着烟熏肉中存在所有化合物，有实验证明，对熏制品起作用的主要是酚类和羰基化合物。熏烟的成分常因燃烧温度与时间、燃烧室的条件[3]、形成化合物的氧化变化以及其他许多因素的变化有差异。

1. 酚类

熏烟中有20多种，酚类在熏制中的作用是：有抗氧化作用；使制品产生特有的烟熏风味；抑菌防腐。其中酚类的抗氧化作用对熏制品最重要，尤其是采用高温法熏制时，所产生的酚类，如2，6-双甲氧基酚有极强的抗氧化作用。

2. 羰基化合物

熏烟中的羰基化合物主要是酮类和醛类，它们存在于蒸气蒸馏组分中，也存在于熏烟内的颗粒体上，羰基化合物可使熏制品形成熏烟风味和棕褐色。

3. 醇类

熏烟中醇的种类繁多，主要有甲醇、伯醇、仲醇等。醇类的作用主要是作为挥发性物质的载体，醇类的含量低所以它的杀菌效果很弱，对制品的风味、香气并不起主要作用。因此，醇类可能是熏烟成分中最不重要的成分。

4. 有机酸

熏烟组成中存在有1~10个碳原子的简单有机酸。有机酸有促使熏制品表面蛋白质凝固的作用，在生产去肠衣的肠制品时，有助于肠衣剥除；但有机酸对熏制品的风味影响甚微，防腐作用也较弱。

5. 烃类

从熏烟制品中能分离出许多多环烃类，其中有苯并蒽、二苯并蒽、苯并芘等，这些成分中有些是致癌物质，如3，4-苯并芘，就是强致癌物质，随着温度的升高，3，4-苯并芘的生成量直线增加，为了减少熏烟中的3，4-苯并芘，提高熏制品的卫生质量，对发烟时燃烧温度要控制，把生烟室和烟熏室分开，将生成的熏烟在引入烟熏室前用其他方法加以过滤，然后通过管道把熏烟引进烟熏室进行熏制。因此，在我们享用烟熏美味的同时，更应注重烟熏食品的安全性[4]。

三、熏制的方法

1. 冷熏法

冷熏法的温度为30℃以下，熏制时间一般需7～20d，熏前原料需经过较长时间的腌渍。这种方法在冬季时比较容易进行，而在夏季时由于气温高，温度较难控制，特别品含水量通常在40%以下，提高了产品的耐贮藏性。本法主要用于腌肉或灌肠类制品加工。

2. 温熏法

温熏法又称热熏法。本法又可分为中温法和高温法两种。

（1）中温法　温度在30～50℃，熏制时间视制品大小而定，如腌肉按肉块大小不同，熏制5～10h，火腿则需1～3d。这种方法可使产品风味好，重量损失较少，但由于温度条件有利于微生物的繁殖，如烟熏时间过长，有时会引起制品腐败。

（2）高温法　温度在50～80℃，多为60℃，熏制时间在4～10h。采用本法在短时间内即可起到烟熏的目的，操作简便，节省劳力。但要注意烟熏过程不能升温过快，否则会有发色不均的现象。本法在我国肉制品加工中用得最多。

3. 焙熏法

焙熏法的温度为95～120℃，时间为2～4h，是一种特殊的熏烤方法，包含有蒸煮或烤熟的过程。由于熏制的温度较高，产品完全可达到熟制的目的，不需要重新加工就可以食用，但产品贮藏性较差，而且脂肪溶化较多，适合于瘦肉含量较高的制品。

4. 电熏法

电熏法是应用静电进行烟熏的一种方法。将制品吊起，间隔5cm排列，相互连上正负电极，在送烟同时通上15～20kV高压直流电或交流电，使自体（制品）作为电极进行电晕放电。烟的粒子由于放电作用而带电荷则急速地吸附在制品表面并向内部渗透，比通常烟熏法缩短1/20时间，可延长贮藏期，由于制品内部甲醛含量较高，因此不易生霉。缺点是烟的附着不均匀，制品尖端吸附较多，成本较高。目前尚未得到普及。

5. 液熏法

液熏法是不用烟熏，而是使用天然液态烟熏剂[5]加热蒸发使气体附在制品上，或浸泡、喷洒在制品上，固体粉末制剂可直接添加到制品中。

四、肉制品烤制原理

烤制是利用烤炉或烤箱在高温条件下干烤，温度一般在180～220℃，由于温度较高，使肉品表面产生一种焦化物，从而使制品香脆酥口，有特殊的烤香味，由于产品已熟制，可直接食用。

肉制品的烤制也称烧烤，烧烤制品系指将原料肉腌制，然后经过烤炉的高温将肉烤熟的肉制品。

烤制是利用热空气对原料肉进行的热加工。原料肉经过高温烤制，表面变得酥脆，产生美观的色泽和诱人的香味。肉类经烧烤产生的香味，是由于肉类中的蛋白质、糖、脂肪等物质在加热过程中，经过降解、氧化、脱水、脱氨等一系列变化，生成醛类、酮类、醚类、内酯、硫化物、低级脂肪酸等化合物，尤其是糖与氨基酸之间的美拉德反应，不仅生成棕色物质，同时伴随着生成多种香味物质；脂肪在高温下分解生成的二烯类化合物，赋予肉制品特殊香味；蛋白质分解产生谷氨酸，使肉制品带有鲜味。

此外，在加工过程中，腌制时加入的辅料也有增香作用，如五香粉含有醛、酮、醚、酚等成分，葱、蒜含有硫化物。在烤猪、烤鸭、烤鹅时，浇淋糖水用麦芽糖，烧烤时这些糖与蛋白质分解生成的氨基酸发生美拉德反应，不仅起着美化外观的作用，而且产生香味物质。烧烤前浇淋热水，使皮层蛋白凝固，皮层变厚、干燥，烤制时，在热空气作用下，蛋白质变性而酥脆。

烤肉制品的特点　烤肉制品是以烤制为主要加工工艺生产的肉制品，具有特殊的烤香味，色泽诱人，皮脆肉嫩，肥而不腻，鲜香味美。

五、烤制的方法

烤制使用的热源有木炭、无烟煤，红外线电热装置等，烤制方法分为明烤和暗烤两种。

1. 明烤

把制品放在明火或明炉上烤制称明烤。从使用设备来看，明烤分为三种：第一种是将原料肉叉在铁叉上，在火炉上反复炙烤，烤匀烤透，烤乳猪就是利用这种方法；第二种是将原料肉切成薄片状，经过腌渍处理，最后用铁钎穿上，架在火槽上，边烤边翻动，炙烤成熟，烤羊肉串就是用这种方法；第三种是在盆上架一排铁条，先将铁条烧热，再把经过调好配料的薄肉片倒在铁条上，用木筷翻动搅拌，成熟后取下食用，这是北京著名风味烤肉的做法。

明烤设备简单，火候均匀，温度易于控制，操作方便，着色均匀，成品质量好。但烤制时间较长，需劳力较多，一般适用于烤制少量制品或较小的制品。

2. 暗烤

把制品放在封闭的烤炉中，利用炉内高温使其烤熟，称为暗烤。又由于制品要用铁钩钩住原料，挂在炉内烤制，又称挂烤。北京烤鸭、叉烧肉都是采用这种烤法。

暗烤的烤炉最常用的有三种：第一种是砖砌炉，中间放有一个特制的烤缸（用白泥烧制而成，可耐高温），烤缸有大小之分，一般小的一炉可烤 6 只烤鸭，大的一次可烤 12 ~ 15 只烤鸭。这种炉的优点是制品风味好，设备投资少，保温性能好，省热源，但不能移动。第二种是铁桶炉，炉的四周用厚铁皮或不锈钢制成，做成桶状，可移动，但保温效果差，用法与砖砌炉相似，均需人工操作。这两种炉都是用炭作为热源，因此风味较佳。第三种为红外电热烤炉，比较先进，炉温、烤制时间、旋转方式均可设定控制，操作方便，节省人力，生产效率高，但投资较大，成品风味不如前面两种暗烤炉。

任务一

北京烤鸭加工

一、产品特点

北京烤鸭[6]历史悠久，在国内外享有盛名，是我国著名特产。北京烤鸭烤成后的鸭体甚为美观，表皮和皮下结缔组织以及脂肪混为一体，皮层变厚，色泽红润，鸭体丰满，具有外脆内嫩，肉质鲜酥，肥而不腻的特点。

二、材料、器具及设备

1. 材料与配方

北京填鸭（或光鸭），麦芽糖水（1 份糖 6 份水，在锅内熬成棕红色）。

2. 器具及设备

冷藏柜，烤炉，打气筒，加热灶，台秤，砧板，刀具，盆，鸭撑子，挑鸭杆，挂鸭杆。

三、工艺流程

原料选择 → 宰杀、造型 → 洗膛 → 烫皮 → 上糖色 → 晾皮 → 灌汤、打色 → 烤制 → 成品

四、操作要点

1. 原料选择

选用经过填肥的北京填鸭，以 50～60 日龄，活重 2.5～3kg 最为适宜，无条件的可选用重约 2kg 的光鸭代替。

2. 宰杀、造型

填鸭经宰杀、烫毛、煺毛后先剥离颈部食道周围的结缔组织，将食管打结，把气管拉断、取出，伸直脖颈，把气筒的气嘴从刀口部位插入皮下脂肪和结缔组织之间，给鸭体充气至八九成满，拔出气嘴。将食指插入肛门内勾住并拉断直肠，再将直肠头取出体外。在鸭右翅下割开一条 3～5cm 的呈月牙形的刀口，从刀口处拉出食管、气管及所有内脏。把鸭撑子（一根 7～8cm 长的秸秆或小木条）由刀口送入鸭腔内，竖直立起，下端放置在脊椎骨上，上端卡入胸骨与三叉骨，撑起鸭体。

3. 洗膛

将鸭坯浸入 4～8℃清水中，使水从刀口灌入腹腔，用手指插入肛门掏净残余的鸭肠，并使水从肛门流出。反复灌洗几次，即可净膛。

4. 烫皮

用鸭钩钩住鸭的胸脯上端 4～5cm 处的颈椎骨（右侧下钩，左侧穿出），提起鸭坯，用 100℃沸水淋浇，先浇刀口和四周皮肤，使之紧缩，严防从刀口跑气，然后再浇其他部位，一般三勺水即可使鸭体烫好。

5. 上糖色

用制好的糖液，浇遍鸭体表皮，三勺即可。

6. 晾皮

将烫皮上糖色后的鸭坯挂在阴凉、通风的地方，使鸭皮干燥。一般在春秋季节晾 2～4h，夏季晾 4～6h，在冬季要适当增加晾的时间。

7. 灌汤、打色

用鸭堵塞（或用 6～8cm 秸秆）卡住肛门口，由鸭身的刀口处灌入 100℃沸汤水 70～100mL，称为“灌汤”。灌好后再向鸭体表皮浇淋 2～3 勺糖液，称为“打色”，弥补上糖色时的不均匀。

8. 烤制

炉温一般控制在 230～250℃。鸭坯入炉后，先挂在前梁上，先烤刀口这一边，促进鸭体内汤水汽化，使其快熟。当右侧烤至橘黄色时，转动鸭体，使左侧向火，待两侧呈同样颜色时，将鸭用杆挑起，近火燎其底裆，反复几次，使腿间和下肢着色，再烤左右侧鸭脯，使全身呈橘黄色。把鸭体挂到炉的后梁，烤鸭体的后背，鸭身上色已基本均匀，然后旋转鸭体，反复烘烤，直到鸭体全身呈枣红色时，即可出炉。一般一只 1.5～2kg 的鸭坯在炉内烤 35～50min 即可全熟。鸭子烤好出炉后，可趁热刷上一层香油，以增加皮面光亮程度，并可去除烟灰，增添香味，即为成品。一般鸭坯在烤制过程中失重 1/3 左右。

9. 成品

成品北京烤鸭色泽红润，鸭体丰满，表皮和皮下组织、脂肪组织混为一体，皮层变厚，皮质松脆，肉嫩鲜酥，肥而不腻，香气四溢。

五、注意事项

（1）鸭体充气要丰满，皮面不能破裂，打好气后不要用手碰触鸭体，只能拿住鸭翅、腿骨和颈。

（2）烫皮、上糖色时要用旺火，水要烧得滚开，先淋两肩，后淋两侧，均匀烫遍全身，使皮层蛋白质凝固，烤制后表皮酥脆，并使毛孔紧缩、皮肤绷紧，减少烤制时脂肪流出，烤后皮面光亮、美观。

（3）晾鸭坯时要避免阳光晒，也不要用高强度的灯照射，并随时观察鸭坯变化，如发现鸭皮溢油（出现油珠儿）要立即取下，挂入冷库保存，同时还要注意鸭体不能挤碰，以免破皮跑气，更不能让鸭体沾染油污。

（4）灌汤前因鸭坯经晾制后表皮已绷紧，所以肛门插入堵塞的动作要准确、迅速，以免挤破鸭坯表皮。灌汤的鸭体在烤制时可达到外烤内蒸，制品成熟后外脆里嫩。

（5）在烤制进行当中，火力是个关键，炉温过高，时间过长，会造成鸭坯烤成焦黑，皮上脂肪大量流失，皮如纸状，形如空洞，时间过短，炉温过低，会造成鸭皮收缩，胸脯下陷和烤不透，均影响烤鸭的质量和外形。另外鸭坯大小和肥度与烤制时间也有密切关系，鸭坯大，肥度高，烤制时间长，反之则短。

（6）对于鸭子是否已经烤熟，除了掌握火力、时间、鸭身的颜色外，还可倒出鸭腔内的汤来观察。当倒出的汤呈粉红色时，说明鸭子 7～8 成熟；当倒出的汤呈浅白色，清澈透明，并带有一定的油液和凝固的黑色血块时，说明鸭子是 9～10 成熟。如果倒出的汤呈乳白色，油多汤少时，说明鸭子烤过火了。

(7) 烤鸭最好现制现食，久藏会变味失色，如要贮存，冷库内的温度宜控制在3～5℃。在冬季室温10℃时，不用特殊设备可保存7d，若有冷藏设备可保存稍久，不致变质。吃前短时间回炉烤制或用热油浇淋，仍能保持原有风味。食用时，需将鸭肉削成薄片。削片时，手要灵活，刀要斜坡，大小均匀，皮肉不分，片片带皮。

六、质量标准

(1) 感官指标　北京烤鸭皮色油亮、呈酱红色，肌肉切面无血水，脂肪滑而脆，烤香浓郁，油而不腻，无异味、无异臭。

(2) 理化指标　见表5-1。

表5-1　烤鸭的理化指标

项　　目	指　　标
复合磷酸盐（以 PO_4^{3-} 计）含量/（g/kg）	≤5.0
苯并（a）芘含量/（μg/kg）	≤5.0
铅（Pb）含量/（mg/kg）	≤0.5
无机砷含量/（mg/kg）	≤0.05
镉（Cd）含量/（mg/kg）	≤0.1
总汞含量/（mg/kg）	≤0.05
亚硝酸盐（以 $NaNO_2$ 计算）含量/（mg/kg）	≤30

(3) 微生物指标　见表5-2。

表5-2　烤鸭微生物指标

项　　目	指　　标
细菌总数/（cfu/g）	≤50000
大肠菌群/（MPN/100g）	≤90
致病菌（沙门菌、金黄色葡萄球菌、志贺菌）	不得检出

七、思考与应用

(1) 北京烤鸭加工中打气和烫皮的作用是什么？

(2) 北京烤鸭烤制前为何要灌汤？灌汤时有什么技术要求？

(3) 如何判断北京烤鸭鸭体成熟与否？

(4) 按实际操作任务过程写出实训报告，并分析出现质量问题的原因。

任务二

南农三特（鲜、香、嫩）电烤鸡加工

一、产品特点

南农三特电烤鸡于1989年由南京农业大学研制，并试产试销，因具有独特风味，深受消费者欢迎。产品具有特香、特鲜、特嫩三大特色，为强化三特风味，配方使用四道料，即腌制料、腹腔涂料、腹腔填料和皮料，复合风味很强，食之鲜、香、嫩，清爽适口。

二、材料、器具及设备

1. 材料与配方

（1）腌制料（以25～30只鸡计）　按50kg腌制液计，生姜100g，葱150g，八角150g，花椒100g，香菇50g，食盐8.5kg。将八角、花椒包入纱布内和香菇、葱、姜放入水中熬煮，沸腾后将料水倒入腌制缸内，加盐溶解，冷却后备用。

（2）腹腔涂料体（以25～30只鸡计）　香油100g，鲜辣粉50g，味精15g。拌匀后待用。

（3）腹腔填料　每只鸡用生姜2～3片（10g），葱2～3根（15g），香菇2块（10g湿）。姜切成片状，葱打成结，香菇预先用温水泡软。

（4）皮料（以25～30只鸡计）

① 浸烫涂料：水500g，饴糖100g。溶解加热至100℃待浸烫用。

② 香油：刚出炉的成品烤鸡表面涂上香油。

2. 器具及设备

冷藏柜，电烤炉，加热灶，波美度计，台秤，砧板，刀具，缸，盆，托盘，钢针。

三、工艺流程

原料选择→屠宰→整形→腌制→腹内涂料→腹内填料→皮料浸烫→烤制→成品

四、操作要点

1. 原料选择

选用2月龄左右肉用仔鸡，体重1.5～2kg。

2. 屠宰

将选好的原料鸡，经宰杀、放血、浸烫、煺毛，腹下开口取出全部内脏，冲洗干净。

3. 整形

将全净膛光鸡先去腿爪，再将放血处的颈部表皮横向切断，向下推脱颈皮，切断颈骨，去掉头颈，再将两翅反转成“8”字形。

4. 腌制

将整形后的光鸡，逐只放入腌缸中，用压盖将鸡压入腌制液液面以下，腌制时间根据鸡的大小、气温高低而定，一般腌制时间在 40 ~ 60min。腌好后捞出，挂鸡晾干。

5. 腹内涂料

把腌好的光鸡放在台上，用带圆头的棒具，挑约 5g 的腹腔涂料插入腹腔内向四壁涂抹均匀。

6. 腹内填料

将准备好的腹腔填料填入每只鸡的腹内，然后用钢针绞缝腹下开口，不让腹内汁液外流。

7. 皮料浸烫

将填好缝好口的光鸡逐只放入加热到 100℃的皮料液中浸烫，约 0.5min，然后取出、挂起，晾干待烤。

8. 烤制

一般用远红外线电烤炉，先将炉温升到 100℃后，将鸡挂入炉内，每炉烤鸡数量，不同规格的烤炉挂鸡数量不一样。当炉温升至 180℃时，恒温烤 15 ~ 20min，使鸡烤熟；然后再将炉温升至 240℃烤 5 ~ 10min，使鸡皮上色、发香。当鸡体全身上色均匀，达到成品橘红或枣红色时立即出炉，趁热在鸡皮表面擦上一层香油，使皮更加红艳发亮，擦好香油后即为成品烤鸡。

五、注意事项

（1）要选肉用仔鸡，其肉质香嫩，净肉率高，制成烤鸡出品率高，风味佳，经济效益好。

（2）原料鸡宰杀、放血、浸烫、煺毛，开口取内脏等过程要保证光鸡的完整、干净。

（3）掌握好四道料的配制和使用方法。

（4）不同腌制浓度对成品烤鸡的滋味、气味和质地三大指标影响较大，高浓度腌制液（17%左右）短时间即可达到腌制效果，但肉质相应老些，鸡体香味不如腌制液质量分数为8%及12%的好。腌制液质量分数为12%的腌制液较为理想，且咸度适中，色、香、味俱全。

（5）烤制时温度先低后高，先熟制，后上色，发香。

六、质量标准

南农三特电烤鸡质量标准同北京烤鸭。

七、思考与应用

（1）南农三特电烤鸡加工中的四道料都是什么？怎样使用？

（2）南农三特电烤鸡的烤制工序如何操作？

（3）按实际操作任务过程写出实训报告，并分析出现质量问题的原因。

任务三 培根加工

一、产品特点

“培根”（Bacon），其原意是烟熏肋条肉（即方肉）或烟熏咸背脊肉。其风味除带有适口的咸味外，还具有浓郁的烟熏香味，培根外皮油润呈金黄色，皮质坚硬，瘦肉呈深棕色，切开后肉色鲜艳。培根有大培根（也称丹麦式培根）、排培根、奶培根三种，制作工艺相近。

二、材料、器具及设备

1. 材料与配方

原料猪肉100kg，盐8kg，硝酸钠50g。

（1）“盐硝”的配制　盐4kg、硝酸钠25g，将硝酸钠溶于少量水中制成液体，再加盐拌和均匀即为盐硝。

（2）“盐卤”的配制　盐4kg、硝酸钠25g，将盐、硝倒入缸中，加入适量清水，用木棒不断搅拌，至盐卤浓度为15°Bé。

2. 器具及设备

冷藏柜，烟熏炉，台秤，刀具，陶瓷缸，木棒，细绳，瓷盆。

三、工艺流程

原料选择 → 剔骨 → 整形 → 配料 → 腌制 → 浸泡、清洗 → 剔骨、修刮、再整形 → 烟熏

四、操作要点

1. 原料选择

选择经兽医卫生检疫检验合格的中等肥度猪，经屠宰后吊挂预冷。

（1）选料部位

① 大培根原料：取自猪的白条肉中段，即前始于第3～4根肋内，后止于荐椎骨的中间部分，割去奶脯，保留大排，带皮。

② 排培根原料：取自猪的大排，有带皮、无皮两种，去硬骨。

③ 奶培根原料：取自猪的方肉，即去掉大排的肋条肉，有带皮、无皮两种，去硬骨。

（2）膘厚标准　大培根最厚处以3.5～4.0cm为宜；排培根最厚处以2.5～3.0cm为宜；奶培根最厚处约2.5cm。

2. 剔骨

做到骨上不带肉，肉中无碎骨，肋骨脱离肉体。

3. 整形

经整形后，每块长方形原料肉的重量，大培根要求8～11kg，排培根要求2.5～4.5kg，奶培根要求2.5～5kg。

4. 腌制

（1）干腌　将配制好的盐硝敷于坯料上，并轻轻搓擦，坯料表面必须无遗漏地搓擦均匀，待盐粒与肉中水分结合开始溶化时，将坯料逐块抖落盐粒，装缸置冷库（0～4℃）内腌制20～24h。

（2）湿腌　缸内先倒入盐卤少许，然后将坯料一层一层叠入缸内，每叠2～3层，须再加入盐卤少许，直至装满。最后一层皮向上，用石块或其他重物压于肉上，加盐卤至淹没肉的顶层为止，所加盐卤总量和坯料重量约为1∶3。因干腌后

的坯料中带有盐料，入缸后盐卤浓度会增高，如浓度超过16°Bé，须用水冲淡。在湿腌过程中，须每隔2～3d翻缸一次，湿腌期一般为6～7d。

5. 浸泡、清洗

将腌好的肉坯浸泡时间一般为30min，如腌制后的坯料咸味过重，可适当延长浸泡时间。夏天用冷水，冬天用温水，可以割取瘦肉一小块，用舌尝味，也可煮熟后尝味评定。

6. 再整形

把不成直线的肉边修割整齐，刮去皮上的残毛和油污。然后在坯料靠近胸骨的一端距离边缘2cm处刺3个小孔（排培根刺2个小孔），穿上线绳，串挂于木棒或竹竿上，每棒4～5块，块与块之间保持一定距离，沥干水分，6～8h后即可进行烟熏。

7. 烟熏

用硬质木先预热烟熏室。待室内平均温度升至所需烟熏温度后，加入木屑，挂进肉坯。烟熏室温度一般保持在60～70℃，烟熏时间约10h，待坯料肉皮呈金黄色，表面烟熏完成，自然冷却即为成品，出品率约83%。

8. 保藏

宜用白蜡纸或薄尼龙袋包装。若不包装，吊挂或平摊，一般可保存1～2个月，夏天一周。

五、注意事项

（1）预整型即修整坯料，使四边基本各呈直线，同时修去腰肌和横膈肌；

（2）培根的剔骨要求较高，只允许用刀尖划破骨表的骨膜，按后用手将骨轻轻扳出，刀尖不得刺破肌肉，否则生水进入而不耐保藏；

（3）培根是西式早餐的重要食品，一般切片蒸食或烤熟食用。培根切片托上蛋浆后油炸，即谓“培根蛋”，清香爽口，食之留芳。

六、质量标准

（1）感官指标　无黏液、无霉点、无异味、无酸败味。

① 大培根：成品为金黄色，割开瘦肉内色泽鲜艳，每块重7～10kg。

② 奶培根：成品为金黄色，无硬骨，刀工整齐，不焦苦。带皮每块重约2～4.5kg，无皮每块重不低于1.5kg。

③ 排培根：成品为金黄色，带皮无硬骨，刀工整齐，不焦苦，每块重2～4kg。

(2) 理化指标　见表5－3。

表5－3　培根理化指标

项　　目	指　　标
过氧化值（以脂肪计）/（g/100g）	≤0.50
酸价（以脂肪计）（KOH）/（mg/g）	≤4.0
苯并芘含量/（μg/kg）	≤5
铅（Pb）含量/（mg/kg）	≤0.2
无机砷含量/（mg/kg）	≤0.05
亚硝酸盐（以 $NaNO_2$ 计）含量/（mg/kg）	≤30

七、思考与应用

(1) 培根肉制品的主要特点有哪些？如何分类？
(2) 培根加工对原料选择有何要求？
(3) 如何控制培根加工中的腌制、烟熏工序？
(4) 按实际操作任务过程写出实训报告，并分析出现质量问题的原因。

探索与创新

1. 你食用过哪些熏烤肉制品，印象最深的是哪个品牌？通过查资料、学习团队讨论，设计其制作方案，结合该项目学习进行产品开发。

2. 对你所在的学习团队加工的熏烤肉制品进行质量分析，提出产品的改进方案。

3. 每一学习团队设计开发一种熏烤肉制品食用调味料，并进行试验、调配、感官评分，最后确定最佳调味料配方。

链接与拓展

[1] 熏烟的材料：烟熏材料应选用树脂少、烟味好且防腐物质含量多的材料。一般多用硬木，如柞木、桦木、栎树、杨木等；日本多使用樱花树、青冈栎、小橡子木等；欧美国家主要使用山核桃木、山毛榉木、白桦木、白杨木、表岗栎木等。树脂含量高的木材如松木、榆木、桃杏木等因燃烧时产生大量黑烟，使肉制品表面发黑，并含有多萜烯类的不良气味。柿子树、桑树等树脂含量虽不高，但会产生异味也不适宜作熏烟材料。乙醛和石炭酸等防腐性物质含量少的材料，也不适于作烟熏材料。

［2］美拉德反应：美拉德反应又称为“非酶棕色化反应”，是法国化学家 L. C. Maillard 在 1912 年提出的，是广泛存在于食品工业的一种非酶褐变，是羰基化合物（还原糖类）和氨基化合物（氨基酸和蛋白质）间的反应，经过复杂的历程最终生成棕色甚至是黑色的大分子物质类黑精或称拟黑素，所以又称羰胺反应。美拉德反应对食品的影响主要有：① 香气和色泽的产生，美拉德反应能产生人们所需要或不需要的香气和色泽；② 营养价值的降低，美拉德反应发生后，氨基酸与糖结合造成了营养成分的损失，蛋白质与糖结合，结合产物不易被酶利用，营养成分不被消化；③ 抗氧化性的产生，美拉德反应中产生的褐变色素对油脂类自动氧化表现出抗氧化性，这主要是由于褐变反应中生成醛、酮等还原性中间产物；④ 有毒物质的产生。

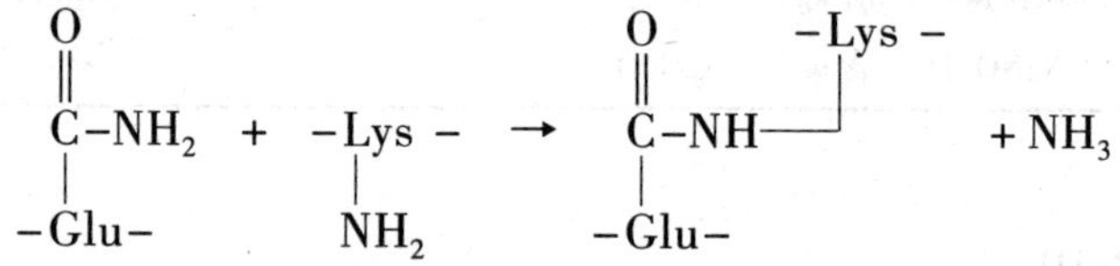

横向结合反应

［3］燃烧室的条件：木材在燃烧的不同阶段所产生的烟，其成分是不同的。一般说，如果明显地限制供氧，烟就会变成碳素粒子和羧酸含量多的物质。相反，如果供氧量多，酸和石炭酸的生成量就会增加，在供氧量是完全氧化的 8 倍量时，酸和石炭酸产生得最多。被称为烟成分中最有效的石炭酸类，燃烧温度到 400℃时最多。因此，烟熏燃烧温度保持在这个程度较为理想，但是，这个温度也是苯并芘等多环化合物的最大生成带。因而，从将致癌性物质限制在最小范围来说，这个温度不适宜，这是烟熏中的一个问题。目前作为妥协性的控制温度是 340℃。不过这个温度也许会随着今后设备及烟熏方法的进步而产生变化。

［4］烟熏食品的安全性：我国利用烟熏的方法加工动物性食品历史悠久，尤其是代表新疆民族风味的烤羊肉串，已经传到全国大部分地区。然而并不是人人都知道，经常食用这类食品会严重影响人体健康甚至会殃及下一代。烟熏类食品中含有的 3，4 – 苯并芘多环芳烃类在正常情况下含量甚微，但经过烟熏时，由于食品与燃烧产物直接接触，可使食品中的 3，4 – 苯并芘含量显著增加。3，4 – 苯并芘是目前世界上公认的强致癌、致畸、致突变物质之一。据资料记载，冰岛人之所以胃癌发病率较高，主要与冰岛人喜欢吃烟熏羊肉有关。因此，必须采取措施减少熏烟中有害成分的产生及对制品的污染，以确保制品的食用安全。其方法主要有以下几种：① 控制发烟温度。发烟温度直接影响 3，4 – 苯并芘的形成，发烟温度低于 400℃时有极微量的 3，4 – 苯并芘产生，当发烟温度处于 400 ~ 1000℃时，便形成大量的 3，4 – 苯并芘，因此控制好发烟温度，使熏材轻度燃烧，对降低致癌物是极为有利的。一般认为理想的发烟温度为 340 ~ 350℃为

宜，既能达到烟熏目的，又能降低毒性。② 湿烟法。用机械的方法把高热的水蒸气和混合物强行通过木屑，使木屑产生烟雾，并将之引进烟熏室，同样能达到烟熏的目的，而又不会产生污染制品的苯并芘。③ 室外发烟净化。采用室外发烟，烟气经过滤、冷气淋洗及静电沉淀等处理后，再通入烟熏室熏制食品，这样可以大大降低3，4－苯并芘的含量。④ 采用液熏法。液态烟熏制剂制备时，一般用过滤等方法已除去了焦油小滴和多环烃。因此，液熏法的使用是目前的发展趋势。⑤ 采用隔离保护法。3，4－苯并芘分子比烟气成分中其他物质的分子要大得多，而且它大部分附在固体微粒上，对食品的污染部位主要集中在产品的表层，所以可采用过滤的方法，阻隔3，4－苯并芘，而不妨碍烟气有益成分渗入制品中，从而达到烟熏目的。有效的措施是使用肠衣，特别是人造肠衣，如纤维素肠衣，对有害物有良好的阻隔作用。

［5］天然烟熏液制造：先用硬木锯末筛分，确保颗粒均匀。然后烘干，控制锯末水分含量。接着传送到专门设计的烟雾发生器中加热至500℃，通过控制空气流量和湿度焖烧发烟，产生的烟雾进入冷水循环的吸收塔内，烟中的水溶性成分被水吸收成为烟熏液，一直循环吸收到烟成分浓度达到要求为止。冷却后的烟熏液移至一个最初贮存罐中静置沉降和过滤，除去焦油等不溶性物质，大部分多环芳烃聚集到焦油液滴中，从而也被除去。过滤后的烟熏液输送到最终贮存罐中进行适当熟化，最后通过最终过滤和质量控制检查得到基础烟熏液。基础烟熏液进一步加工为水溶性烟熏液、油基烟熏液和粉状烟熏香味料。

［6］北京烤鸭：北京烤鸭是北京的名食，被誉为“天下第一美味”。外国人有“到北京，两件事，游长城，吃烤鸭”之说，可见北京烤鸭的知名度了。烤鸭的历史悠久，最早见于贾思勰《齐民要术》中的“炙鸭”，开中华烤鸭之先河，可谓烤鸭的始祖；元代《饮膳正要》中第一次正式地提到了“烤鸭”，这些皆为今日烤鸭的前身。北京烤鸭的烤制分挂炉和焖炉两种，全聚德烤鸭属挂炉烤法，焖炉烤鸭以便宜坊为代表。挂炉与焖炉的区别在于，挂炉使用明火，燃料为果木，以枣木为佳；焖炉使用暗火，燃料是秫秸、板条等软质材料。尽管两者的风味大异其趣，但都在一个“烤”字上下功夫，因此都被叫做北京烤鸭。北京烤鸭的独特美味一半在于烤制，而另一半在于吃法。历代美食家吃北京烤鸭，吃出许多讲究来：① 讲究季节。冬、春、秋三季吃烤鸭其味最佳。② 讲究片法。一是趁热先片下鸭皮吃，酥脆香美，然后再片鸭肉吃；二是片片有皮带肉，薄而不碎。③ 讲究佐料。吃烤鸭的佐料有三种类型，一种是甜面酱加葱段，再配黄瓜条或青萝卜条等，以解油腻；一种是蒜泥加酱油，也可配黄瓜条或青萝卜条等；还有一种是以白糖为佐料的甜食法，较受不喜葱蒜的食客偏爱。现在最为常用的是第一种佐料方式用甜面酱。④ 讲究佐食。常用的吃烤鸭的佐食有二种，一为荷叶饼；一为空心芝麻烧饼。

自我测试

一、填空（24×1分）

1. 熏和烤为两种不同的加工方法，其产品可分为两类________、________两类。

2. 烟熏时烟气中香气最强的最重要的风味物质是________中的________、________。

3. 从熏烟制品中能分离出许多多环烃类，如________就是强致癌物质，随温度升高，其生成量________，为确保制品的食用安全，发烟温度要控制在________为宜。

4. 焙熏法的温度为________、时间为________，是一种特殊的熏烤方法，包含有________或________的过程，加工后就可以食用。

5. 肉制品的烤制是利用烤炉或烤箱在高温条件下干烤，温度一般控制在________、因温度较高，使肉品表面产生一种焦化物，从而使制品________、有特殊烤香味可直接食用。

6. 电烤鸡加工的配方使用四道料，即________、________、________、________，从而使加工的成品复合风味很强，食之鲜、香、嫩，清爽适口。

7. 在加工北京烤鸭时，浇淋糖水的目的是烧烤时________，不仅起________的作用，而且产生________。

8. 熏烤肉制品加工时，烟熏的主要起________、________、________产生烟熏色的作用。

二、单项选择题（10×1分）

1. 熏制是利用燃料没有完全燃烧的烟气对肉品进行烟熏，温度一般控制在________。

A. 10～30℃　B. 30～60℃　C. 60～70℃　D. 70～80℃

2. 在熏烟的众多成分中，对制品的风味、香气并不起主要作用的是________。

A. 酚类　B. 醇类　C. 羰基化合物　D. 有机酸法

3. 烟熏使许多肉制品表面形成棕褐色的原因是熏烟成分中的哪个成分和肉蛋白质的游离氨基发生美拉德反应所致？________

A. 有机酸法　B. 羰基化合物

C. 醇类　D. 酚类

4. 在我国肉制品加工中用得最多的烟熏方法为________。

A. 冷熏法　B. 中温法　C. 高温法　D. 焙熏法

5. 烟熏后产品完全可达到熟制、但贮藏性较差，而且脂肪溶化较多的方法是________。

A. 冷熏法　　B. 中温法　　C. 高温法　　D. 焙熏法

6. 北京烤鸭加工时采用的烤制方法是________。

A. 明烤　　B. 暗烤　　C. 挂烤　　D. 砖砌炉烤

7. 北京烤鸭烤制时，当倒出的汤呈浅白色，清澈透明，并带有一定的油液和凝固的黑色血块时，说明鸭子是________。

A. 没烤熟　　B. 7~8 成熟　　C. 9~10 成熟　　D. 烤过火了

8. 烧烤前浇淋热水的目的是使皮层哪个成分发生变化，烤制时产生酥脆口感？________

A. 蛋白质　　B. 脂肪　　C. 碳水化合物　　D. 肌肉组织

9. 北京烤鸭加工时，烤制工序操作时不需掌握________。

A. 火力　　B. 时间　　C. 鸭身颜色　　D. 湿度

10. 烟熏按照温度来分，不包括________。

A. 冷熏　　B. 温熏　　C. 热熏　　D. 液熏

三、多项选择题（5×2 分）

1. 烟熏肉制品的特点是________。

A. 肉色鲜艳、棕褐色　　B. 有特殊的烟熏味

C. 表面干燥　　D. 耐藏性好

2. 熏烟的成分很复杂，对熏制品起作用的主要是________。

A. 酚类　　B. 醇类

C. 羰基类化合物　　D. 有机酸

3. 熏烟中的羰基化合物可使熏制品形成________。

A. 棕褐色　　B. 熏烟风味　　C. 表面干燥　　D. 耐藏性好

4. 冷熏法主要用于以下哪几类制品加工？________

A. 酱卤肉类　　B. 腌肉类　　C. 灌肠肉类　　D. 干肉制品类

5. 肉制品烤制使用的热源有________。

A. 甘蔗皮　　B. 木炭

C. 无烟煤　　D. 红外线电热装置

四、判断题（10×1 分）

1. (　　) 腌制和烟熏经常相互紧密地结合在一起，但烟熏肉不必预先腌制。

2. (　　) 从目前市场销售情况和消费者喜爱看，烟熏是以提高产品防腐性为主要目的。

3. (　　) 高温法由于熏制的温度较高，产品完全可达到熟制，但产品贮藏性较差，而且脂肪熔化较多，适合于瘦肉含量较高的制品。

4. (　　) 烟熏肉制品具有特殊的烤香味，色泽诱人，皮脆肉嫩，肥而不

腻，鲜香味美。

5.（　　）肉类经烧烤产生的香味，是肉类中的蛋白质、糖、脂肪等物质在加热过程中，经过降解、氧化、脱水、脱胺等一系列变化所形成的。

6.（　　）一般适用于烤制少量制品或较小的制品方法是暗烤。

7.（　　）北京烤鸭采用明烤的方法进行烤制。

8.（　　）判断鸭子是否已经烤熟，可通过倒出鸭腔内的汤来观察。如果倒出的汤呈乳白色，油多汤少时，说明鸭子烤过火了。

9.（　　）烟熏时温度越高越易上色。

10.（　　）液熏法熏烤的温度需达到75℃以上。

五、名词解释（5×2分）

1. 肉制品的熏制　2. 肉制品的烤制　3. 液熏法　4. 熏烤肉制品　5. 明烤

六、问答题（6×6分）

1. 试述烟熏的目的、方法。
2. 简述熏烟的成分及其作用。
3. 简述烟熏的设备及燃料的选择原则。
4. 烧烤的方法有哪几种？各有何特点？
5. 简述烧烤制品色泽及风味形成的原因。
6. 简述烧北京烤鸭的加工工艺流程及操作要点。

项目六
干肉制品加工

项目描述

肉类食品脱水干制是人类对肉最早的加工和贮藏方法，也是我国深受消费者喜爱的肉制品。通过靖江猪肉脯、太仓肉松、四川麻辣牛肉干加工的学习，掌握肉类干制的原理，了解影响肉类干制的因素，掌握肉类干制方法，能够进行典型干肉制品的加工。

学习目标

1．知识目标

- 掌握干肉制品的基本概念及干制原理；
- 了解影响肉制品干制的因素；
- 掌握肉类干制的方法。

2．能力目标

- 能够进行靖江猪肉脯、太仓肉松、四川麻辣牛肉干的加工制作；
- 能够进行干肉制品生产配方设计及质量控制方法。

背景知识

干肉制品是指将肉先经熟加工，再成型干燥或先成型再经热加工制成的干熟类肉制品，主要包括肉干、肉松和肉脯三大类。它是一种古老的肉类加工和贮藏方法，早在游牧时代已经有加工，特别是我国干肉制品具有加工方法简单、易于贮藏和运输、食用方便、风味独特等特点，对世界干肉制品加工也有很大影响，亚洲许多国家在干肉制品加工中所用配方和加工方法都起源于我国。

现代肉干制品的加工，主要目的不再是为了贮藏，而是加工成肉制品满足消费者的各种喜好。肉品经过干制后，水分含量低，产品耐贮藏；体积小、质量轻、便于运输和携带，适合于休闲、旅游消费，也适合军工及特殊工作的需要；该产品蛋白质含量高，富有营养。随着近年来远红外加热干燥[1]和微波加热干燥设备的发展，传统干肉制品加工方法发生了很大变化，同时，营养学、卫生学的发展也对传统干肉制品产生了影响，干肉制品的加工工艺和配方得到了丰富和发展，生产出了营养、卫生的新型干肉制品。

一、干制的基本原理

干制既是一种保存手段，又是一种加工方法。肉品干制的基本原理：通过脱去肉品中的一部分水，抑制了微生物的活动和酶的活力，从而达到加工出新颖产品或延长贮藏时间的目的。

水分是微生物生长发育所必需的营养物质，但是并非所有的水分都被微生物利用，如在添加了一定数量的糖、盐的水溶液中，大部分水分就不能被利用，我们把能被微生物、酶化学反应所触及的水分（一般指游离水）称为有效水分[2]。但是必须指出，一般干燥条件下，并不能使肉制品中的微生物完全致死，只是抑制其活动，若以后环境适宜，微生物仍会继续生长繁殖。因此，肉类在干制时一方面要进行适当的处理，减少制品中各类微生物数量；另一方面干制后要采用合适的包装材料和包装方法，防潮防污染。

二、影响食品干制的因素

1. 食品表面积

为了加速湿热交换，食品常被分割成薄片或小片后，进行脱水干制。物料切成薄片或小颗粒后，缩短了热量向食品中心传递和水分从食品中心外移的距离，增加了食品和加热介质相互接触的表面积，为食品内水分外逸提供了更多的途径，从而加速了水分蒸发和食品脱水干制。食品的表面积越大，干燥速度越快。

2. 温度

传热介质和食品间温差愈大，热量向食品传递的速度也愈大，水分外逸速度亦增加。若以空气为加热介质，则温度就降为次要因素。原因是食品内水分以水蒸气状态从它表面外逸时，将在其周围形成饱和水蒸气层，若不及时排除掉，将阻碍食品内水分进一步外逸，从而降低了水分的蒸发速度。不过温度越高，它在饱和前所能容纳的蒸汽量愈多，同时若接触空气量愈大，所能吸收水分蒸发量也就越多。

3. 空气流速

加速空气流速，不仅因热空气所能容纳的水蒸气量将高于冷空气而吸收较多的蒸发水分，还能及时将聚积在食品表面附近的饱和湿空气带走，以免阻止食品内水分进一步蒸发，同时还因和食品表面接触的空气量增加，而显著地加速食品中水分的蒸发。因此，空气流速愈快，食品干燥速度愈迅速。

4. 空气湿度

脱水干制时，如用空气做干燥介质，空气愈干燥，食品干燥速度也愈快，近于饱和的湿空气进一步吸收蒸发水分的能力，远比干燥空气差。

5. 大气压力和真空

在大气压力为1atm时，水的沸点为100℃，如大气压力下降，则水的沸点也就下降，气压愈低，沸点也降低，因此在真空室内加热干制时，就可以在较低的温度下进行。

三、干制方法

肉类脱水干制方法，随着科学技术不断发展，也不断的改进和提高。按照干制的方式目前已有自然干燥、烘炒干燥、烘房干燥、低温冷冻升华干燥等；按照干制时产品所处的压力和加热源可以分为常压干燥、微波干燥和减压干燥。

肉置于干燥空气中，则所含水分自表面蒸发而逐渐干燥。为了加速干燥，则需扩大表面积，因而，常将肉切成片、丁、粒、丝等形状。干燥时空气的温度、湿度等都会影响干燥速度。为了加速干燥，不仅要加强空气循环，而且还需加热。但加热会影响肉制品品质，故又有了减压干燥的方法。肉品的干燥根据其热源不同，可分为自然干燥和加热干燥，而干燥的热源有蒸汽、电热、红外线及微波等；根据干燥时的压力，肉制品干燥方法包括常压干燥和减压干燥，减压干燥包括真空干燥和冷冻升华干燥。

1. 常压干燥

鲜肉在空气中放置时，其表面的水分开始蒸发，造成食品中内外水分密度差，导致内部水分向表面扩散。因此，其干燥速度是由水分在表面蒸发速度和内部扩散的速度决定的。但在升华干燥时，则无水分的内部扩散现象，是由表面逐渐移至内部进行升华干燥。

常压干燥过程包括恒速干燥和降速干燥两个阶段，而降速干燥阶段又包括第一降速干燥阶段和第二降速干燥阶段。

在恒速干燥阶段，肉块内部水分扩散的速率要大于或等于表面蒸发速度，此时水分的蒸发是在肉块表面进行，蒸发速度是由蒸汽穿过周围空气膜的扩散速率所控制，其干燥速度取决于周围热空气与肉块之间的温度差，而肉块温度可近似认为与热空气湿球温度相同。在恒速干燥阶段将除去肉中绝大部分的游离水。

当肉块中水分的扩散速率不能再使表面水分保持饱和状态时，水分扩散速率便成为干燥速度的控制因素。此时，肉块温度上升，表面开始硬化，干燥进入降速干燥阶段。该阶段包括两个阶段：水分移动开始稍感困难阶段为第一降速干燥阶段，以后大部分成为胶状水的移动则进入第二降速干燥阶段。

肉品进行常压干燥时，温度对内部水分扩散的影响很大。干燥温度过高，恒速干燥阶段缩短，很快进入降速干燥阶段，但干燥速度反而下降。因为在恒速干燥阶段，水分蒸发速度快。肉块的温度较低，不会超过其湿度温度，加热对肉的品质影响较小，但进入降速干燥阶段，表面蒸发速度大于内部水分扩散速率，致使肉块温度升高，极大的影响肉的品质，且表面形成硬膜，使内部水分扩散困难，降低了干燥速率，导致肉块中内部水分含量过高，使肉制品在贮藏期间腐烂变质，故确定干燥工艺参数时要加以注意。在干燥初期，水分含量高，可适当提高干燥温度，随着水分减少应及时降低干燥温度。

现在有人报道在完成恒速干燥阶段后，采用回潮后再行干燥的工艺效果良好。据报道，用煮熟肌肉在回转式烘干机中干燥过程中出现了多个恒速干燥阶段，干燥和回潮交替进行的新工艺有效地克服了肉块表面发硬和内部水分过高这一缺陷，除了干燥温度外，湿度、通风量、肉块的大小、摊铺厚度等都影响干燥速度。常压干燥时温度较高，且内部水分移动，易与组织酶作用，常导致成品品质变劣、挥发性芳香成分逸失等缺点，但干燥肉制品特有的风味也在此过程中形成。

肉制品常压干燥的方式通常有以下几种。

(1) 自然干燥　自然干燥法主要包括晒干、风干等，是古老的干燥方法，设备简单，费用低，但受自然条件的限制，湿度条件很难控制，大规模的生产很少采用，只是在某些产品加工中作为辅助工序采用，如风干香肠的干制等。

(2) 烘炒干制　亦称传导干制，靠间壁的导热将热量传给予壁接触的物料。由于湿物料与加热的介质（载热体）不是直接接触，又称间接加热干燥。干燥的热源可以是水蒸气、热水、热空气等，可以在常温下干燥，亦可在真空下进行。加工肉松就采用这种方式。

(3) 烘房干燥　烘房干燥法亦称对流热风干燥，直接以高温的热空气为热源，借对流传热将热量传给物料，故称为直接加热干燥。热空气既是热载体又是湿载体。一般对流干燥多在常压下进行。因为在真空干燥情况下，由于气相处于低压，热容量很小，不能直接以空气为热源，必须采用其他热源。对流干燥室中的气温调节比较方便，物料不至于过热，但热空气离开干燥室时，带有相当大的热能，因此其热能的利用率较低。

烘房干燥是目前国内应用最为广泛的一种干制方法。除肉松外，大多数干制品都用此法。

2. 微波干燥

用蒸汽、电热、红外线烘干肉制品时，耗能大，时间长，易造成外焦内湿现象。利用新型微波能技术则可有效的解决以上问题。微波是电磁波的一个频段，频率为300～3000MHz。微波发生器产生电磁波，形成带有正负极的电场。食品中有大量的带正负电荷的分子（水、盐、糖），在微波形成的电场作用下，带负电荷的分子向电场的正极运动，而带正电荷的分子向电场负极运动。由于微波形成的电场变化很大（一般为300～3000MHz），且呈波浪形变化，使分子随着电场的方向变化而产生不同方向的运行。分子间的运动经常产生阻碍、摩擦而产生热量，使肉块得以干燥。而且这种效应在微波一旦接触到肉块时就会在肉块内外同时产生，而无需热传导、辐射、对流，在短时内即可达到干燥的目的，且使肉块内外受热均匀，表面不易焦煳。但微波干燥设备有投资费用较高、干肉制品的特征性风味和色泽不明显等缺点。

3. 减压干燥

食品置于真空中，随真空度的不同，在适当温度下，其所含水分则蒸发或升华。也就是说，只要对真空度作适当调节，即使是在常温以下的低温，也可进行干燥。理论上水在真空度为613.18Pa以下的真空中，液体的水则成为固体的水，同时冰直接变成水蒸气而蒸发，即所谓升华。就物理现象而言，采用减压干燥，随着真空度的不同，无论是水的蒸发还是冰的升华，都可以制得干制品，因此肉品的减压干燥有真空干燥和冷冻升华干燥两种。

（1）真空干燥　真空干燥是指肉块在未达到结冰温度的真空状态（减压）下加速水分的蒸发而进行干燥。真空干燥时，在干燥初期，与常压干燥时相同，存在着水分的内部扩散和表面蒸发。但在整个干燥过程中，则主要为内部扩散与内部蒸发共同进行干燥。因此，与常压干燥相比较干燥时间缩短、表面硬化现象减小。真空干燥虽使水分在较低温度下蒸发干燥，但因蒸发而芳香成分的逸失及轻微的热变性在所难免。

（2）冷冻升华干燥　冷冻升华干燥相似于前述的低温升华干燥，是指将肉块急速冷冻至－40～－30℃，在真空度13～133Pa的干燥室中，使肉块中的冰升华而进行干燥。这种干燥方法对色、味、香、形几乎无任何不良影响，是现代最理想的干燥方法。我国冻结干燥法在干肉制品加工中的应用才起步，相信会得到迅速发展。冻结干燥法虽需加热，但并不需要高温，只供给升华潜热并缩短其干燥时间即可。冻结干燥后的肉块组织为多孔质，且其含水量少，故能迅速吸水复原，是方便面等速食品的理想辅料。也正因其多孔性与空气接触面积增大，在贮藏期间易被氧化变质，特别是脂肪含量高时更是如此。

此外，尚有辐射干燥、介电加热干燥等，在肉类干制品加工中很少使用，故此处不作介绍。上述几种干燥方法除冷冻升华干燥、微波干燥外，其他如自然传导、对流等加热的干燥方式，热能都是从物料表面传至内部，物料表面温度比内部高，而水分是从内部扩散至表面，在干燥过程中物料表面先变成干燥固体的绝热层，使传热和内部水分的汽化及扩散增加了阻力，故干燥的时间较长。

任务一

靖江猪肉脯加工

一、产品特点

靖江猪肉脯[3]有近百年的历史，该产品选料讲究，工艺独特，成品棕红色，片形，色、香、味俱佳，食用方便，回味无穷，是高蛋白质、低脂肪、低胆固醇的营养食品。又因其含水率低，便于保存和携带，是旅游、休闲、馈赠亲友之佳品，一直深受国内外消费者的青睐。

二、材料、器具及设备

1. 材料与配方

冷鲜瘦肉 50kg、特级海鲜酱油 4kg、鸡蛋 1.25kg、白砂糖 6.25kg、味精 225g、白胡椒 20g、亚硝酸盐 7.8g（兑水 665g）、混合香辛料粉 165g。

2. 器具及设备

速冻冰箱，切片机，煤气灶，蒸煮锅，台秤，剔骨刀，砧板，塑料盆，烤盘，烤炉。

三、工艺流程

原料选择与预处理 → 冷冻 → 切片 → 拌肉、腌制 → 摊筛 → 烘烤 → 烧烤 → 压平、成型 → 包装

四、操作要点

1. 原料选择与预处理

选用新鲜的猪后腿肉，去掉脂肪、结缔组织，顺肌纤维切成 1kg 大小肉块。要求肉块外形规则，边缘整齐，无碎肉、淤血。

2. 冷冻

将修割整齐的肉块移入 −30 ~ −20℃的冷库中速冻，以便于切片，冷冻时间以肉块深层温度达 −5 ~ −3℃为宜。

3. 切片

将冻结后的肉块放入切片机中切片或手工切片，切片厚度一般控制在1～3mm。

4. 拌肉、腌制

将粉状辅料混均后，与切好的肉片拌匀，在不超过10℃的冷库中腌制2h左右。

5. 摊筛

在竹筛上涂刷食用植物油，将腌制好的肉片平铺在竹筛上，肉片之间彼此靠溶出的蛋白粘连成片。

6. 烘烤

烘烤的主要目的是促进发色和脱水熟化。将摊放肉片的竹筛上架晾干水分后，进入三用炉或远红外烘箱中脱水、熟化。其烘烤温度控制在75～55℃，前期烘烤温度可稍高，肉片厚度为2～3mm时，烘烤时间2～3h。

7. 烧烤

烧烤时可把半成品放在远红外空心烘炉的转动铁网上，用200℃左右温度烧烤1～2min至表面油润、色泽深红为止。

8. 压平、成型、包装

烧烤结束后用压平机压平，按规格要求切成一定的形状。冷却后及时包装。塑料袋或复合袋须真空包装。

五、注意事项

（1）切片时需顺肌肉纤维方向切片，以保证成品不易破碎。国外肉脯有向超薄型发展的趋势，最薄的肉脯只有0.05～0.08mm，一般在0.2mm左右。超薄肉脯透明度、柔软性、贮藏性都很好，但加工技术难度较大，对原料肉及加工设备要求较高。

（2）腌制的目的一是入味，二是使肉中盐溶性蛋白尽量溶出，便于在摊筛时使肉片之间粘连。

（3）烧烤是将半成品放在高温下进一步熟化并使质地柔软，产生良好的烧烤味和油润的外观。控制好烧烤的温度和时间，温度过低，成品色泽浅，温度过高，容易烤焦烤煳。

（4）肉块分割时应尽可能保持肉块的完整性，提高肉脯的成品率。对于难以利用的小块肉或者制作混合肉脯时可采用肉脯加工新工艺[4]。

六、质量标准

（1）感官指标　具有特有的棕红色，特有的香、味、形，无焦臭、哈喇等异味，无杂质。

（2）理化指标　水分≤22%。

（3）微生物指标　见表6－1。

表6－1　靖江猪肉脯微生物指标

项　目	指　标
细菌总数/（cfu/g）	≤10 000
大肠菌群/（MPN/100g）	≤30
致病菌	不得检出

七、思考与应用

（1）靖江肉脯加工对原料处理有何要求？

（2）如何控制靖江肉脯的烘烤工序？

（3）在摊筛后的烘烤操作中，如何控制肉片能联结在一起？

（4）按实际操作任务过程写出实训报告，并分析出现质量问题的原因。

任务二

太仓肉松加工

一、产品特点

太仓肉松[5]是江苏省的著名产品，历史悠久、闻名中外。其成品色泽金黄，纤维细长，柔软疏松，味道鲜美，老幼皆宜，营养丰富，尤其对病弱、产妇及婴儿更好，食用方便，是旅游携带的佳品。

二、材料、器具及设备

1. 材料与配方

参考配方：瘦猪肉100kg，50°白酒1.0kg，盐1.67kg，大茴香0.38kg，酱油

7.0kg，生姜0.28kg，白糖11kg，味精0.17kg。

2. 器具及设备

夹层锅，台秤，砧板，刀具，塑料盆，拉丝机，炒松机，搓松机。

三、工艺流程

原料选择 → 整理 → 煮制 → 拉丝 → 炒松 → 擦松 → 跳松 → 拣松 → 冷却包装

四、操作要点

1. 原料选择

选用经卫生检验合格的新鲜猪后腿肉为原料。

2. 整理

剔骨去皮，去脂肪、筋腱及结缔组织，要求做到分离干净（肥膘上不带精肉，精肉上不带肥膘），然后洗净，沿肉的肌纤维方向切成重约0.25kg、长约6~10cm、宽5cm的肉块。

3. 煮制

将香辛料用纱布包好后和肉一起入夹层锅，按1∶1.5的比例加水，煮沸后小火慢煮，直至加压肉纤维能自行分离为止，需3~4h。肉烂后将其他铺料全部加入，继续煮肉，直到汤煮干为止，出锅冷却。

4. 拉丝

用专用拉丝机将肉料拉成松散的丝状，一般重复拉3~5次。

5. 炒松

将拉成丝的肉松坯置于专用炒锅中，边炒边手工翻动，炒至色呈棕黄或金黄色。整个炒制时间为1~1.5h。

6. 擦松

为了使炒好的松更加蓬松，可利用滚筒式擦松机擦松，使肌纤维成绒丝松软状，无机器可用手搓。

7. 跳松

利用机器跳动，使肉松从跳松机上面跳出，而肉粒则从下面落出，使肉松与肉粒分开。

8. 拣松

将肉松中焦块、肉块等拣出，提高成品质量，跳松后置于成品冷却间冷却，冷却间要求卫生条件好，肉松凉透后便可拣松。

9. 冷却包装

经过拣松后的肉松立即包装，以防吸潮回软，影响产品质量，缩短保质期。一般采用铝箔或复合透明袋包装，按照上述条件袋装保质期为6个月。

五、注意事项

（1）煮沸后撇去油沫，煮制结束后起锅前须将浮油撇净，这对保证产品质量至关重要。若不除去浮油，肉松不易炒干，炒松时易焦锅，成品颜色发黑。煮制的时间和加水量应根据肉质老嫩决定。肉不能煮的过烂，否则成品绒丝短碎。以筷子稍用力夹肉块时，肌肉纤维能分散为宜。

（2）炒松前必须对炒松机进行检查擦拭，使之保持清洁，才可将半制品倒入机内进行炒松。

（3）炒松过程中，火力要稳定，要严格控制火候和水分含量，如水分含量在标准1%以下，就会造成肉松成品率低，纤维短；如用大火，容易结锅巴，成品率也低，且成品有轻度焦味或肉松较硬。

（4）如无炒松机，可将半制品倒入锅内加急翻炒，到肉质全干为止（约2h），注意不要糊锅。太仓肉松也可以采用肉松加工新工艺[5]。

六、质量标准

（1）感官指标　见表6－2。

表6－2　太仓肉松感官指标

项　目	指　标
色泽	黄褐色或金黄色，有光泽
气味	具有该产品特有香味，无焦臭味，无哈喇等异味
滋味	咸甜适中
形态	纤维细长，柔软疏松，无杂质，无焦斑或霉斑

（2）理化指标　见表6-3。

表6-3　太仓肉松理化指标

项　目	指　标
水分	≤20%
食品添加剂	按 GB 2760—2014 规定

（3）微生物指标　见表6-4。

表6-4　太仓肉松微生物指标

项　目	指　标
细菌总数/(cfu/g)	≤30 000
大肠菌群/(MPN/100g)	≤40
致病菌（系指肠道致病菌及致病性球菌）	不得检出

七、思考与应用

（1）如何控制太仓肉松的煮制工序？
（2）如何控制太仓肉松的炒松工序？
（3）拉丝机的工作原理是什么？
（4）按实际操作任务过程写出实训报告，并分析出现质量问题的原因。

任务三　四川麻辣牛肉干加工

一、产品特点

四川麻辣牛肉干色泽棕红，油润有光泽，色泽均匀，成品呈厚0.2~0.3cm、长2~5cm、宽1~1.5cm的条形，厚薄大小均匀，硬度均匀适中，油酥润滑，五香、麻辣味浓郁，咸甜适中，酥脆爽口，久嚼生香，风味独特。

二、材料、器具及设备

1. 材料与配方

按100kg牛肉计算，混合香料0.2kg，精盐3.5kg，酱油4.0kg，老姜0.5kg，白糖2.0kg，白酒0.5kg，胡椒粉0.2kg，味精50g，辣椒粉1.5kg，花椒粉

0.8kg，豆油5.0kg。

混合香料配制：山柰8%，八角16%，丁香9%，白芷8%，草果9%，桂皮17%，蔻仁16%，香茅草17%。

2. 器具及设备

冷藏柜，台秤，砧板，刀具，塑料盆，汤勺，煤气灶，蒸煮锅，油炸锅。

三、工艺流程

原料选择→修割→初煮→切坯→煮制汤料→复煮→收汁→油酥→调味→包装

四、操作要点

1. 原料选择

选用经卫生检验合格的牛里脊肉、后腿肉、腰部肉、前腿肉等。要求肉色鲜红，肌纤维长，脂肪筋膜少，气味正常，富有弹性的健康牛肉作原料。

2. 修割

将刀顺着牛肉肌纤维进行分割，切成1kg大小的块，要求外形规整，便于切片。然后将牛肉逐块修整，去掉全部皮下脂肪和外露脂肪，修掉板筋、腱、筋头以及淋巴结、病变组织，达到每块肉内无碎骨、无淤血、无杂质。

3. 初煮

将修整好的牛肉，投入煮沸的水锅中（以水淹没牛肉为宜），水温保持在90℃以上，并及时撇去汤面污物，初煮时间随肉的嫩度及肉块大小而异，以切面呈粉色、无血水为宜，通常初煮1h左右，煮至熟透后起锅，放在洁净的操作台上摊开晾至室温时切片，汤汁过滤待用。

4. 切坯

顺着肌纤维方向切成0.2～0.3cm厚，2～5cm长，1～1.5cm宽的条形。

5. 复煮、收汁

将切好的肉坯放在调味汤中煮制，进一步熟化和入味。复煮汤料配制时，取肉坯重20%～40%的过滤初煮汤，将配方中不溶解的辅料放入纱布料袋内扎好后入锅，用旺火熬煮至香味浓郁时，将锅内的纱布袋和杂沫捞净，放入牛肉片用旺火烧开改用文火炒至水干时加入0.25kg白酒，快速翻炒至酒干为止，出锅。

6. 油酥

将焙炒好的牛肉片，投入预热好的植物油锅中油酥，不断翻锅使之均匀，酥至硬度适中，脆而不糊时起锅。

7. 调味

将油酥好的牛肉片凉至60℃左右，加入辣椒粉、花椒粉、味精，拌和均匀，再加适量油酥后的植物油即成麻辣牛肉。

每100kg牛肉可出成品42kg。

8. 包装

用光滑完整的小口大瓷缸盛装，使用前先消毒洗净，装入牛肉干后及时用塑料薄膜封口拴紧，上用木盖压实，放置通风干燥处，可保存6个月。

五、注意事项

（1）初煮是将清洗、沥干的肉块放在沸水中煮制，进一步挤出血水，并使肉块变硬以便切坯，煮制时以水盖过肉面为原则。一般初煮时不加任何辅料，但有时为了去除异味，可加1% ~2%的鲜姜。

（2）切坯操作时必须做到大小均匀，厚薄一致，否则油酥时易产生焦片或生片。

（3）焙炒时，要控制好火力，火太旺、牛肉容易糊锅，味道发苦，有焦煳味。

（4）牛肉条进行油酥过程中，要挑出细小块，做到不焦不糊为宜。

（5）肉干常规的脱水方法有三种：

① 烘烤法：将收汁后的肉坯铺在烤盘上，放置于三用炉或远红外烘箱烘烤。烘烤温度前期可控制在80 ~90℃，后期可控制在50℃左右，一般需要5 ~6h，则可使含水量下降到20%以下。在烘烤过程中要注意定时翻动。

② 炒干法：收汁结束后，肉坯在原锅中文火加温，并不停搅翻，炒至肉块表面微微出现蓬松茸毛时，即可出锅，冷却后即为成品。

③ 油炸法：先将肉切条后，用2/3的辅料（其中白酒、白糖、味精后放）与肉条拌匀，腌渍10 ~20min后，投入135 ~150℃的菜油锅中油炸。油炸时要控制好肉坯量与油温之间的关系。如油温高，火力大，应多投入肉坯；反之则少投入肉坯。油温过高容易炸焦，油温过低，脱水不彻底，且色泽较差。可选用恒温油炸锅，成品质量易控制。炸到肉块呈微黄色后，捞出并滤净油，再将酒、白糖、味精和剩余的1/3辅料混入拌匀即可。

在实际生产中，亦可先烘干再上油衣。例如四川丰都产的麻辣牛肉干在烘干后用菜油或麻油炸酥起锅。

（6）传统肉干加工工艺油酥时易产生焦片或生片，焙炒时如火力控制不当易糊锅，味道发苦，有焦煳味，为此，人们研究采用了腌制、使用蒸汽熟化和烘烤干燥脱水的肉干生产新工艺[7]。

六、质量标准

四川麻辣牛肉干色泽棕红，油润有光泽，块型大小均匀，软硬适中，油酥润滑，五香、麻辣味浓郁。

七、思考与应用

（1）四川麻辣牛肉干加工对原料选择有何要求？

（2）如何控制四川麻辣牛肉干加工中的煮制工序？

（3）肉干的脱水方法有哪几种？四川麻辣牛肉干采用的是哪种方法？

（4）按实际操作任务过程写出实训报告，并分析出现质量问题的原因。

探索与创新

1. 你食用过哪些干肉制品，印象最深的是哪个品牌？通过查资料、学习团队讨论，设计其制作方案，结合该项目学习进行产品开发。

2. 对你所在的学习团队加工的干肉制品进行质量分析，提出产品的改进方案。

3. 通过对肉脯加工新工艺、肉干加工新工艺的拓展学习，你从中受到了哪些启发？结合现有的实验实训条件和干肉制品加工中的缺陷，设计你认为较为满意的一种干肉制品加工工艺。

链接与拓展

[1] 远红外加热干燥：红外线是电磁波的一种，一般把红外波长在3～1000μm的部分称为远红外。远红外线可穿过大气层；金属（特别是有光泽的不锈钢板和铝板等）能反射远红外线。烘干水分及有机物时，在2～30μm波长范围内有一条有效的吸收带。波红外线是由于物质内部分子的热运动引起电子激发跃迁而形成的。红外线一旦被物体所吸收，其能量就转换成物体分子的热运动功能，使物体温度升高而干燥食品。

[2] 有效水分：衡量有效水分的多少用水分活度（A_w）表示。水分活度是食品中水分的蒸汽压（P）与纯水在该温度时的蒸汽压（P_0）的比值。一般鲜肉、煮制后鲜制品的水分活度在0.99左右，香肠类在0.93～0.97，牛肉干0.90左右。每一种微生物生长，都有所需的最低水分活度值。一般来说，霉菌需要的

A_w为0.80以上，酵母菌为0.88以上，细菌生长为0.99～0.91。通过干制降低A_w就可以抑制肉制品中大多数微生物的生长。

[3] 靖江猪肉脯：早在《周礼》上，就有关于肉脯的文字记载，《礼记》上则有“牛修鹿脯”之说；《论语》上有“沽酒市脯”之句。北魏的《齐民要术》上有专门一章：《脯腊》，介绍肉脯的制作及品种。据史料记载，南北朝时有五味脯、白脯、甜脆脯，唐朝时有赤明香脯、红虬脯，到元明之际有千里脯，都是当时闻名遐迩的肉脯品种。因此，肉脯的历史已经有三千多年了。

[4] 肉脯加工新工艺：用传统工艺加工肉脯时，存在着切片、摊筛困难，难以利用小块肉和小畜禽及鱼肉，无法进行机械化生产等缺点。因此提出了肉脯生产新工艺，并在生产实践中广泛推广使用。

① 配方：鸡肉100kg，$NaNO_3$ 0.05kg，浅色酱油5.0kg，味精0.2kg，糖10kg，姜粉0.30kg，白胡椒粉0.3kg，食盐2.0kg，白酒1kg，维生素C 0.05kg，混合磷酸盐0.3kg。

② 工艺流程：原料肉处理→斩拌配料→腌制→抹片→表面处理→烘烤→压平→烧烤→成型→包装

③ 技术要点：将原料肉经预处理后，与辅料入斩拌机斩成肉糜，并置于10℃以下腌制1.5～2.0h。烤盘表面涂油后，将腌制好的肉糜涂摊于烤盘上，厚度以1.5～2.0mm为宜，在70～75℃下烘烤2h，120～150℃下烧烤2～5min，趁热压平后按要求切片，包装。

[5] 太仓肉松：太仓肉松是太仓市著名特产，始创于清光绪二年（1876）。当时有位倪姓厨师，对菜肴的烹制有一定的技艺，回到太仓老家后，在南大街开设了“倪鸿顺”店铺，以出售肉松和肉骨头闻名。由于选料讲究，制作精细，所产肉松香味形俱佳，深受顾客喜爱。1915年参加巴拿马国际博览会，荣获甲级奖，从此太仓肉松驰名中外。

[6] 肉松生产新工艺：传统工艺加工肉松时存在着以下两个方面的缺陷：①复煮后的收汁工艺费时，且工艺条件不易控制。若复煮汤不足则导致煮烧不透，给搓松带来困难；若复煮汤过多，收汁后煮烧过度，使成品纤维短碎。②炒松时肉直接与炒松锅接触，容易塌底起焦，影响风味和质量。因此，提出了肉松生产改进工艺，以鸡肉松为例进行阐述。

① 工艺流程：原料鸡处理→初煮、精煮（不收汁）→烘烤→收汤→炒松→成品

② 技术要点：

a. 煮烧时间：初煮是初步熟化以便剔骨，而精煮是进一步熟制以利于搓松，并赋予产品风味。初煮和精煮的时间在很大程度上决定了成品的色泽、入味程度、搓松难易程度和形态。在加热煮制过程中鸡肉颜色会发生变化，新鲜鸡肉为浅粉红色，当加热至80℃左右时，肌纤维由浅粉红色变为白色，继续加热，肌纤维又由白色变为黄色，最后变成黄褐色。随着煮烧时间的延

长，成品颜色变深、碎松增加。颜色变深是加热过久，非酶促褐变加剧所致；若煮烧时间过短，成品风味不足，颜色花白，且不易搓成松散绒状，成品中常出现干棍状肉棒。因此，初煮2h，精煮1.5h，则成品色泽金黄，味浓松长，且碎松少。

b. 烘烤温度、时间及脱水率：新工艺中精煮后肉松坯的脱水是在红外线烘箱中进行，烘烤温度和时间对肉松坯的黏性、搓松难易程度、颜色及风味都有不同程度的影响，但对其黏性及搓松的难易程度影响最大。

肉松坯在烘烤脱水前水分含量大，黏性很小，几乎无法搓松。随着烘烤时水分减少，黏性逐渐增加，脱水率达到30%左右时黏性最大，此时搓松最为困难。随着脱水率的增加，黏性又逐步减小，搓松变得易于进行。脱水率超过一定限度时，由于肉松坯变干，搓松又变得难以进行，甚至在成品中出现肉棍。因此，精煮后的肉松坯70℃烘烤90min或80℃烘烤60min，肉松坯的烘烤脱水率为50%左右时搓松效果最好。

c. 炒松：鸡肉经初煮和复煮后脱水率为25%～30%，烘烤脱水率为50%左右，搓松后含水量为20%～25%，而肉松含水量要求在20%以下。炒松可以进一步脱水，同时还具有改善风味、色泽及杀菌作用。因搓松后肌肉纤维松散，炒松仅3～5min即能达到要求。

[7] 肉干生产新工艺：随着肉类加工业的发展和生活水平的提高，消费者要求干肉制品向着组织较软、色淡、低甜方向发展。Lothar leistner等（1993.8）在调查中式干肉制品的配方、加工和质量的基础上，对传统中式肉干的加工方法提出了改进，并把这种改进工艺肉干称为莎脯（Shafu）。蒋爱民等（1993）也进行了类似产品工艺的研究并投产。结果表明，这种新产品既保持了传统肉干的特色，如无需冷冻、保藏时细菌含量稳定、质轻、方便和富于地方风味。但感官品质如色泽、结构和风味又不完全与传统肉干相同。

① 配方：瘦猪肉100kg，食盐3.00kg，蔗糖2.0kg，酱油2.00kg，黄酒1.50kg，味精0.2kg，抗坏血酸钠0.05kg，亚硝酸钠0.01kg，五香浸出液9.0kg，姜汁1.00kg。

② 工艺流程：原料肉修整→切块→腌制→熟化→切条→脱水→包装

③ 技术要点：莎脯的原料与传统肉干一样，可选用牛肉、羊肉、猪肉或其他肉。瘦肉最好有腰肌或后腿的热剔骨肉，冷却肉也可以。剔除脂肪和结缔组织，再切成$4cm^3$的块，每块约200g。然后按配方要求加入辅料，在4～8℃下腌制48～56h。腌制结束后，在100℃蒸汽下加热至中心温度80～85℃，再冷至室温并切成3mm厚的肉条；然后将其置于85～95℃下干燥脱水至肉表面呈褐色，含水量低于30%，成品的A_w低于0.79（通常为0.74～0.76）。最后用真空包装，成品无须冷藏。

自我测试

一、填空（24×1分）

1. 干肉制品主要包括________、________、________三大类。

2. 肉类在干制时一方面要进行适当的处理，减少制品中________；另一方面干制后要采用合适的________和________，防潮防污染。

3. 肉品干制时，按产品所处的压力和加热源不同可将干制方法分为________、________、________。

4. 常压干燥过程包括________和________两个阶段。

5. 常压干燥时其干燥速度是由水分在________速度和________速度决定的。

6. 常压干燥时因温度较高，常导致成品________、________等缺点，但干肉制品特有的________也在此过程中形成。

7. 肉干常规的脱水方法包括________、________、________三种。

8. 影响肉类制品干制的因素________、________、________、________、________。

二、单项选择题（10×1分）

1. 脱水干制时，如用空气做干燥介质，空气愈干燥，食品干燥速度________。

A. 不变　B. 减慢　C. 加快　D. 不能确定

2. 在真空条件下进行肉类的加热干制时，可以在什么温度下进行？________。

A. 低温　B. 常温　C. 高温　D. 不能确定

3. 肉品进行常压干燥时，对内部水分扩散的影响很大的因素是________。

A. 肉块大小　B. 温度　C. 湿度　D. 空气流速

4. 大规模生产很少采用，只在某些产品加工中作为辅助工序采用的干制方法是________。

A. 自然干燥　B. 烘炒干制
C. 烘房干燥　D. 微波干燥

5. 前国内应用最为广泛的干制方法是________。

A. 自然干燥　B. 烘炒干制
C. 烘房干燥　D. 微波干燥

6. 在短时内即可达到干燥目的且使肉块内外受热均匀，表面不易焦煳的干燥方法是________。

A. 自然干燥　　B. 烘炒干制

C. 烘房干燥　　D. 微波干燥

7. 肉干加工时，若用烘烤法进行干制，应采用烘烤工艺条件为________。

A. 低温长时　　B. 高温短时

C. 中温长时　　D. 中温短时

8. 肉松加工时，不包括的工艺为________。

A. 炒松　　B. 跳松　　C. 擦松　　D. 破松

9. 肉脯加工时，应采用烘烤工艺条件为________。

A. 低温长时　　B. 高温短时

C. 中温长时　　D. 中温短时

10. 下列不属于肉干加工工艺的为________。

A. 低温长时烘烤　　B. 高温短时烘烤

C. 中温长时烘烤　　D. 高温油炸

三、多项选择题（5×2分）

1. 肉置于干燥空气中，所含水分自表面蒸发而逐渐干燥。为加速干燥，则需扩大表面积，因而常将肉切成________。

A. 片状　　B. 丁状　　C. 粒状　　D. 丝状

2. 与常压干燥相比较而言，真空干燥存在着水分的内部扩散和表面蒸发，因此________。

A. 芳香风味形成　　B. 干燥时间缩短

C. 表面硬化现象减小　　D. 品质无变化

3. 微波干燥处理肉制品，其最大的特点是________。

A. 干燥时间短　　B. 肉块内外受热均匀

C. 表面不易焦　　D. 风味和色泽不明显

4. 肉松加工时，煮制时浮油的撇除对保证产品质量至关重要。若不除去浮油，肉松________。

A. 不易炒干　　B. 炒松时易焦

C. 成品颜色发黑　　D. 风味无影响

5. 肉松加工时，在炒松过程中，为保证成品质量要严格控________。

A. 肉松添加量　　B. 火候

C. 水分含量　　D. 肉煮制程度

四、判断题（10×1分）

1.（　　）现代干肉制品加工，主要目的是贮藏、同时满足消费者的各种喜好。

2. (　　) 肉品干制既是一种保存手段，又是一种加工方法。

3. (　　) 一般干燥条件下，可以使肉制品中的微生物完全致死，故干肉制品保质期长。

4. (　　) 采用升华干燥时，无水分的内部扩散现象，是由表面逐渐移至内部进行升华干燥。

5. (　　) 在降速干燥阶段将除去肉中绝大部分的游离水。

6. (　　) 烘房干燥是目前国内应用最为广泛的干制方法，可以加工肉脯、肉松和肉干。

7. (　　) 对肉制品色、味、香、形几乎无任何不良影响的现代最理想干燥方法是冻结干燥。

8. (　　) 肉干加工时，用烘烤法进行干制，如果烘烤温度过高、肉干颜色发黑，味道发苦，有糊焦味。

9. (　　) 肉干加工不能采用油酥的方法。

10. (　　) 冷冻干燥又叫冷冻升华干燥。

五、名词解释 (5×2 分)

1. 干肉制品　2. 真空干燥　3. 冷冻干燥　4. 烘房干燥　5. 微波干燥

六、问答题 (6×6 分)

1. 试述干肉制品的分类及其特点。
2. 试述肉制品干制的原理。
3. 肉类干制的方法有哪些?
4. 肉干、肉松和肉脯在加工工艺上有何显著不同?
5. 肉干加工时干燥方法有哪几种? 四川麻辣牛肉干采用种哪种方式干燥?
6. 简述太仓肉松加工工艺流程及操作要点。

项目七
油炸肉制品加工

项目描述

油炸肉制品在世界许多国家成为深受大众喜爱的流行方便食品，通过油炸香酥鸡腿、狮子头、真空低温油炸牛肉干加工的学习，掌握肉制品油炸的原理，了解油炸对肉制品质量的影响，掌握肉制品油炸的方法，能够进行典型油炸肉制品的加工。

学习目标

1. 知识目标

- 了解油炸肉制品的概念、油炸用油及油炸方法；
- 理解油炸的基本原理并掌握油炸对食品质量的影响；
- 掌握油炸肉制品真空低温油炸新技术。

2. 能力目标

- 能够进行油炸香酥鸡腿、狮子头、真空低温油炸牛肉干的加工制作；
- 能够进行油炸肉制品生产配方设计及质量控制。

背景知识

油炸肉制品是指经过加工调味或挂糊后的肉（包括生原料、半成品、熟制品）或只经干制的生原料，以食用油为加热介质，经过高温炸制或浇淋而制成的熟肉类制品。油炸肉制品具有香、嫩、酥、松、脆、色泽金黄等特点。油炸食品深受大众喜爱，在世界许多国家成为流行的方便食品。在食品加工中，油炸工艺应用十分普遍，油炸食品品种很多，现在油炸食品加工已形成设备配套的工业化连续生产。

一、油炸的基本原理

油炸是以食用油脂为热传递介质。油脂升温快，流动性好，油温高（可达

230℃左右）。油炸时热传递主要以传导方式进行，其次是对流作用。油炸制品加工时，将食物置于一定温度的热油中，油可以提供快速而均匀的传导热，食物表面温度迅速升高，水分汽化，表面出现一层干燥层，形成硬壳；然后，水分汽化层便向食物内部迁移，当食物表面温度升至热油的温度时，食物内部的温度慢慢趋向100℃，同时表面发生焦糖化反应[1]及蛋白质变性[2]，其他物质分解，产生独特的油炸香味。油炸传热的速率取决于油温与食物内部之间的温度差和食物的热导率。在油炸热制过程中，食物表面干燥层具有多孔结构特点，其孔隙的大小不等。油炸过程中水和水蒸气首先从这些大孔隙中析出。由于油炸时食物表面硬化成壳，使其食物内部水蒸气蒸发受阻，形成一定蒸汽压，水蒸气穿透作用增强，致使食物快速熟化，因此油炸肉制品具有外脆里嫩的特点。

油在高温作用下会分解出刺激性的丙烯烃，同时还含有少量挥发性的芳香物质，它们的分子和原料本身香味分子伴随在一起，迅速散逸，并且随着温度的升高，分子活动更加剧烈，时间越长，散逸的香味也越浓郁。由此，油炸香味的扩散程度比一般的煮制过程要大。

对于含水分较高的原料肉，油炸选择较高的温度，有利于迅速形成干燥层，使水分的迁移和热量的传递受到限制，保持产品质地鲜嫩，食品内部的营养成分保存较好，风味物质和添加剂的保存也较好，表面的焦糖化作用产生金黄的色泽。油炸肉制品具有较长的保存期，细菌在肉制品中繁殖的程度，主要由油炸食品内部的最终水分决定。即取决于油炸的温度、时间和物料的大小、厚度等。

二、油炸对肉制品质量的影响

油炸对食品的影响主要包括三个方面：一是油炸对食品感官品质的影响；二是油炸对食品营养成分和营养价值的影响；三是油炸对食品安全性的影响。

1. 油炸对肉制品感官品质的影响

油炸的主要目的是改善食品色泽和风味，在油炸过程中，食品发生美拉德反应和部分成分降解，同时，可吸附炸油中挥发性物质而使食品呈现金黄色或棕黄色，并产生明显的炸制芳香风味。在油炸过程中，食物表面水分迅速受热蒸发，表面干燥形成一层硬壳，从而构成了油炸食品的外形。当持续高温油炸时，常产生挥发性的羰基化合物和羟基酸等，这些物质会产生不良风味，甚至出现焦煳味，导致油炸食品品质低劣，商品价值下降。

2. 油炸对肉制品营养价值的影响

研究表明，油炸对肉制品营养价值的影响与油炸工艺条件有关。油炸温度高，食品表面形成的干燥层，这层硬壳阻止了热量向食品内部传递和水蒸气外逸，因此，肉制品内部营养成分保存较好，各种成分损失较少，只有水分丧失最多，但是油脂含量明显提高（见表7－1）。

表7－1　油炸前后肉制品的成分分析（以炸前100g样品为基准）　单位：%

肉品种类	处理	水分	蛋白质	脂肪	灰分
牛肉	油炸前	75.57	21.54	2.04	0.70
	油炸后	39.95	20.00	4.48	0.52
鳕鱼	油炸前	79.46	18.09	1.03	1.26
	油炸后	46.98	18.46	4.08	1.26
鲭鱼	油炸前	62.94	18.94	13.75	1.12
	油炸后	58.88	22.74	12.42	2.25

肉制品在油炸过程中，维生素的损失较大，例如脂溶性维生素在油中的氧化会导致营养价值的降低，甚至丧失；而视黄醇、类胡萝卜素、生育酚的变化会导致风味和颜色的变化。同时，水溶性维生素在油炸过程中也发生不同程度的损失，例如维生素 B_1，由于肉品种类不同，其损失率也不同（见表7－2）。

表7－2　食品在油炸过程中维生素 B_1 的损失　单位：%

食品种类	牛排	牛肉馅饼	猪排	羊排	鸡肉	平均
维生素 B_1 损失率	15	8	40	32	35	26

蛋白质消化系数是评价食品营养价值的重要指标之一。油炸对蛋白质消化系数的影响程度与产品组成和肉品种类有关。油炸对蛋白质利用率的影响较小，如猪肉和箭鱼经油炸后其生物价[3]和蛋白质净利用率（NPU）[4]几乎没有变化。但如果添加辅料后进行油炸，蛋白质的可消化性要稍稍降低（见表7－3）。

表7－3　食品油炸前后的蛋白质消化系数

食品种类	鳕鱼	猪排	牛肉	鱼丸	肉丸
油炸前	0.92	0.92	0.93	0.92	0.90
油炸后	0.91	0.92	0.93	0.89	0.80

油炸温度虽然很高，但是食品内部的温度一般不会超过100℃。因此，油炸加工对食品营养成分的破坏很少，即油炸食品的营养价值没有显著的变化，在理想的条件下油炸是比较安全的食品加工方法。

3. 油炸对食品安全性的影响

在油炸过程中，油的某些分解和聚合产物对人体有毒害作用，如油炸中产生的环状单聚体、二聚体及多聚体，这些物质会导致人体麻痹，产生肿瘤，引发癌症。因此油炸用油不宜长时间反复使用，否则，将影响食品安全性，危害人体健康。

在一般食品加工中，加热温度高，且加热时间较短，对食品安全的影响不大。但是，在油炸过程中若加热温度高，油脂反复使用，会致使油脂在高温条件下发生热聚合反应，可能形成有害的多环芳烃类物质。

为了防止油脂在高温下长时间加热而产生热变性作用，常常要求在油炸食品时，避免温度过高和时间过长，最好一般不超过190℃，时间以30～60s为宜。同时，在使用时应经常加入一些新的油脂，去除油脂中的漂浮物及底部沉渣，减少连续反复使用次数，防止聚合物的大量蓄积，保证油炸制品的卫生安全性。

三、油炸用油的选择及温度控制

1. 炸油的选择

油炸用油一般有两大类：一类是用油料作物制取的植物油，如大豆油、花生油、芝麻油、菜籽油、玉米油、棉籽油和葵花籽油等；另一类是炼过的动物脂肪，如猪油、牛油和羊油等。此外，还有食用量较少的黄油、胚芽油、棕榈油和核桃油等。

炸制用油要求是熔点低、过氧化值低、新鲜的植物油，如使用不饱和脂肪酸含量较低的花生油、棕榈油，亚油酸含量低的葵花籽油，在油炸时可以得到较高的稳定性。我国目前使用的炸制用油主要是豆油、菜籽油和葵花籽油。

2. 油温的控制

油炸技术的关键是控制好油温和炸制时间。油炸的有效温度为100～230℃，最好是自动控温或使用温度计掌握油温。一般手工生产根据经验来判断，视油面的不同特征分为温油、热油、旺油和沸油（见表7－4）。

表7－4　油温比较简表

名称	温度/℃	一般油面情况	原料入油时的反应
温油	70～100	油面平静，无青烟，无响声	原料周围出现少量气泡
热油	110～170	微有青烟，油从四周向中间翻动，搅动时微有响声	原料周围出现大量气泡，无爆炸声
旺油	180～220	有青烟，油面较平静，搅动时有响声	原料周围出现大量气泡，并带有轻微的爆炸声
沸油	230以上	全锅冒青烟	油面翻滚并有较剧烈的爆炸响声

油炸时应根据成品的质量要求、原料性质、切块的大小、下锅数量的多少来确定合适的油温和油炸时间。只有恰当掌握才能生产出合格的产品，否则就会使产品达不到要求，导致产品不熟、不脆不嫩、过焦等情况。因此，油炸时掌握好

油温是十分重要的。

四、油炸的方法

1. 根据油温不同分类

根据油温不同，油炸可分为温油炸、热油炸、旺油炸及高压油炸等。

（1）温油炸　油炸时油温控制在70～100℃，这种方法适用于质地较嫩的肉类，如里脊肉、禽胸脯肉、鱼虾等。由于原料肉水分含量高，整理时通常切成薄片，调味后再挂上淀粉或鸡蛋等，调制成具有黏性的糊浆或用糯米纸、玻璃纸包裹后进行油炸。由于油温较低，油炸后肉料脱水较少，色泽较淡。成品外松内鲜嫩多汁。这类制品有纸包鸡、软炸里脊肉等。

（2）热油炸　油炸时油温控制在110～170℃，由于油温较高，因此油炸时间较短。原料肉通常需切成小的丁、条、片等形状，家禽则整只，表面也需要挂糊，有的挂糊后再蘸一层粉碎的面包渣或馒头渣，再入油锅炸制，一般要重炸两次。成品淡黄色或金黄色，外松脆内软嫩。这类制品较多，如炸排骨、香酥仔鸡等。

（3）旺油炸　油炸时油温控制在180～220℃，原料肉脱水快，一般用于形态较大的原料，原料肉表面需挂脆糨糊或蘸干淀粉。炸制时由于急火高温，为了防止外层焦煳和保证制品熟透，需重炸2～3次，成品表面红黄色，里外酥透。这类制品有油淋鸡、脆皮鸭等。

（4）高压油炸　高压油炸是使油锅内的压力高于常压的油炸法。高压油炸可解决因需长时间油炸而影响食品品质的问题。该法温度高，水分和油的挥发损失少，产品外酥里嫩，色泽金黄，最适合肉制品的油炸。原料肉经调味、腌制、挂糊等工艺处理后，再经过高压油炸，一般用于原料块形较大的制品，如炸鸡腿、炸鸡、炸羊排等。

2. 按油炸制品风味口感差异分类

根据成品的质地、风味不同可分为：清炸、干炸、松炸、软炸、卷包炸、纸包炸、酥炸等。

（1）清炸　清炸选用新鲜质嫩的肉品，经过预处理，切成一定形状，按配方称量精盐、料酒及其他香辛调料与肉品混合腌制，然后用急火高温热油炸制三次，即称为清炸，如清炸鱼块、清炸猪肝等。一般油温控制在210℃左右。

（2）干炸　干炸多适用于动物性原料，取新鲜动物瘦肉，经过加工改刀切成段、块等形状，用调料入味，加水、淀粉、鸡蛋、挂硬糊或上浆，在190～220℃的热油锅内炸熟即为干炸，如干炸里脊、干炸小黄鱼、干炸排骨等。成品特点是干爽、香溢、外脆里嫩、色泽红黄。

(3) 软炸　软炸选用质嫩的猪里脊、鲜鱼肉、鲜虾等经过细加工切成片、条、馅料上浆入味蘸干粉面、拖蛋白糊，放入 90 ~ 120℃的热油锅内炸熟装盘。或者把蛋清打成泡状后加淀粉、面粉调匀经温油炸制，菜肴色白，细腻松软，故称软炸。如软炸鱼条，特点是成品表面松软、质地细嫩、色白微黄、清淡味美、鲜香可口。

(4) 酥炸　酥炸是将动物性的原料，经刀技处理后，入味、蘸面粉、拖全蛋糊、蘸面包屑，放入 150℃的热油内，炸至表面呈深黄色起酥，成品外松内软熟或细嫩，即为酥炸。如酥炸鱼排、酥炸牛排、香酥仔鸡等。酥炸技术要点是要严格掌握火候和油的温度。

(5) 松炸　松炸是将原料去骨加工成片或块形，经入味蘸面粉挂上全蛋糊后，放入 150 ~ 160℃，即五至六成热的油内，慢炸成熟的一种方法，因菜肴表面金黄松酥，故称松炸。松炸是油炸食品中较为常见的炸制方法之一，具有选料精细、制法讲究、造型美观、松软鲜嫩、色泽金黄的特点。

(6) 卷包炸　卷包炸是把质嫩的动物性原料切成大片，入味后卷入各种调好口味的馅，包卷起来，根据要求有的拖上蛋粉糊，有的不拖糊，放入 150℃，即五成热油内炸制的一种烹调方法。

成品特点是外酥脆、里鲜嫩、色泽金黄、滋味咸鲜。应注意的是，成品凡需改刀者装盘要整齐，凡需拖糊者必须卷紧封住口，以免炸时散开。

(7) 脆炸　脆炸是将整鸡或鸭煺毛后，去内脏，用沸水洗烫，使表面皮肤中胶原蛋白发生热收缩，在表皮上挂一层饴糖淀粉水，晾坯，然后置于 200 ~ 210℃高热油锅内炸制，使鸡鸭表皮呈红黄色，直至油炸熟化。

炸制时，用油量一定要宽，应以淹没原料为度。如用油量少，则淹浸不了原料，致使成品受热不均、上色不匀、口感不好。油温要掌握好，一般用五至六成热油温炸制。如过低，既炸不香脆也不容易上色；如过高，则达不到脆皮炸的质量要求。炸制时要缓缓推动或翻动原料，以防止粘锅底或炸焦。同时，应注意观察原料表面的硬度和颜色，在原料达到质量最佳时捞出。

用此法烹制的菜肴有脆皮鸡、脆皮乳鸭、脆皮妙龄鸽、脆皮鹌鹑等。

其产品特点是色泽大红，外表香脆，肉质嫩滑，并具有白卤水的特殊芳香，食后令人回味。

(8) 纸包炸　纸包炸是将质地细嫩的猪里脊、鸡鸭脯、鲜虾、飞龙等高档原料切成薄片、丝等，调味并上足浆，用糯米纸或玻璃纸等包成长方形，投入 80 ~ 100℃的温油炸熟捞出，故名纸包炸。

其产品特点是形状美观，细嫩多汁，口感鲜嫩，味道香醇，风味独特，温度和香味保持时间较长。因此，在包装时，应注意包裹严密，防止汤汁溢漏。

任务一

油炸香酥鸡腿加工

一、产品特点

油炸香酥鸡腿属快餐食品，色泽金黄，腿型饱满规整，口感咸鲜适口，外酥里嫩，油炸风味浓郁，携带方便，是旅游休闲的理想油炸禽类肉制品。

二、材料、器具及设备

1. 材料与配方

按鸡大腿 100kg 计算，食盐 4kg，白砂糖 1kg，黄酒 1.5kg，味精 65g，葱 1kg，生姜 500g，大蒜 500g，花椒 150g，小茴香 100g，八角茴香 100g，鸡蛋 3kg，面包粉 15kg。

2. 器具及设备

冷藏柜，煤气灶，台秤，砧板，刀具，塑料盆，油炸锅。

三、工艺流程

原料整理→腌制液配制→腌制→晾干→挂浆配制→挂浆油炸→成品

四、操作要点

1. 原料整理

将鸡腿去尽残毛，清洗干净，沥干水分。

2. 腌制液配制

将香辛料装入布袋和葱、姜、蒜一起放入 50kg 的沸水中熬制 1～2h，结束前 0.5h，加入 3.5kg 食盐、0.8kg 白砂糖，搅拌使熔化，冷却即可。

3. 腌制

将整理好的鸡腿与腌制液混匀，在 4℃左右腌制 24h。

4. 挂浆配制

将鸡蛋打在盆内，拌入面包粉、味精和余下的盐、糖，充分搅匀。

5. 挂浆油炸

将腌好的鸡腿挂浆后放入160～180℃的热油中，油炸至金黄色即可。

五、注意事项

（1）为了加快腌制料液的渗透，可在清洗沥水后的鸡腿肌肉厚的部位用尖刀戳几刀。

（2）油炸时投料量应灵活掌握，随炸随注意油温，油温过高，鸡腿外表容易炸焦煳、而里不透熟，油温过低，鸡腿外表不易上色，不焦脆。

六、质量标准

炸鸡腿颜色焦黄，浆衣挂制均匀，不脱落，无焦煳，口感酥脆，外松内软，肉质细嫩，具有油炸肉制品特有风味。

七、思考与应用

（1）炸鸡腿加工时采用的腌制方法是什么？其有何优缺点？

（2）如何提高炸鸡腿的加工质量？

（3）按实际操作任务过程写出实训报告，并分析出现质量问题的原因。

任务二 油炸狮子头加工

一、产品特点

油炸狮子头丸子外观呈圆形，外表刺状似狮子头，棕黄色，味道鲜美，肉嫩清香，具有葱、姜、香油味道。狮子头丸子为半成品，食用前需进行蒸制后才可食用。

二、材料、器具及设备

1. 材料与配方

按50kg猪肉计算，淀粉20kg，大葱3kg，鲜姜1kg，酱油750g，精盐750g，花椒面75g，香油250g，味精50g，白糖250g，甜面酱250g，鸡蛋2.5kg。

2. 器具及设备

冷藏柜，煤气灶，绞肉机，台秤，砧板，刀具，塑料盆，油炸锅。

三、工艺流程

原料选择与修整→绞肉→和馅→成形→油炸→蒸煮→成品

四、操作要点

1. 原料选择与修整

选用经卫生检验合格的鲜、冻猪肉为原料。修割净淤血、碎骨、淋巴、脏污及皮毛等。

2. 绞肉

取肥、瘦猪肉各25kg，冲洗干净，控净水分后切成肉条，用安装好粗眼刀箅的绞肉机（不要过细的刀箅）把猪肥、瘦肉混合绞碎，而且肥瘦肉均匀。

3. 和馅

再用细眼刀箅把整理好且清洗干净的大葱、鲜姜绞成烂泥状，与所有辅料搅拌均匀。然后将鸡蛋洗干净后打入已经水溜好的淀粉内搅拌均匀，再放入搅拌好的肉馅搅拌成黏稠状且具有一定弹性的狮子头原料馅。

4. 成形

将肉馅用手做成65g重的圆形大丸子。

5. 油炸

炸制时，先将炸锅内油温烧至100℃左右，放入温油锅中炸5～6min，待炸制外焦黄里熟后捞出，晾凉即为半成品。

五、注意事项

（1）和馅时，如果天凉可将肉馅放在温度高一些的地方，以利炸制时防止外熟内生现象。

（2）成形时，肉丸外观必须保持刺刺拉拉，如面包渣状，不可把丸子揉成光滑状，以免影响成品感官质量。

（3）狮子头丸子为半成品，食用时需蒸制20min后才可食用。半成品每个重

50g，每500g肉馅出10个。

（4）包装时，操作人员经洗手消毒后一切符合卫生标准时，将验质合格的狮子头丸子装入，小包装盒中，每盒4个，检重、贴标签送交成品间。

六、质量标准

油炸狮子头丸子外观呈圆形，外表刺状似狮子头，棕黄色，大小均匀，不散，酥松适口。

七、思考与应用

（1）油炸狮子头有何特点？

（2）油炸狮子头成形操作对成品质量有何影响？

（3）按实际操作任务过程写出实训报告，并分析出现质量问题的原因。

任务三 真空低温油炸牛肉干加工

一、产品特点

真空低温油炸技术[5]是现代高科技的最新成果，其工艺原理是在减压状态下，利用植物油作为热媒体，实现在低温条件下对食品进行油炸。与常规油炸食品（油温约200℃，甚至高达250℃）不同。真空油炸食品是在100℃左右的温油中脱水，因此食品保留了原有的鲜艳色泽和形状，各种营养成分的损失也较少，且不破坏原有的纤维素。由于在减压状态下急剧脱水，物料中的气体和汽化的水蒸气急速膨胀，所以制品具有多孔状的海绵结构，吃起来酥脆可口。作为汤料极易复水，因而非常适合作为快餐食品应用。采用低温真空技术生产的牛肉干，色泽美观，酥脆可口，尤其适宜老人、儿童食用，是一种很好的方便食品。

二、材料、器具及设备

1. 材料与配方

（麻辣味）牛腿肉100kg，盐1.5kg，酱油4kg，白糖1.5kg，黄酒500g，葱1kg，姜500g，味精100g，辣椒粉2kg，花椒粉300g，白芝麻粉300g，五香粉100g。

2. 器具及设备

冷藏柜，煤气灶，台秤，砧板，刀具，塑料盆，蒸煮锅，真空油炸锅。

三、工艺流程

原料验收→分割清洗→预煮→切条→后熟→装盘结冻、解冻→真空油炸→脱油→质检→包装→成品入库

四、操作要点

1. 原料验收

原料肉必须有合格的宰前及宰后兽医检验证：① 肉质需新鲜，切面致密有弹性，无黏手感和腐败气味；② 原料肉需放血完全，无污物，无过多油脂和不需加工的内脏器官。

2. 分割清洗

原料肉经验收合格后，分切成500g左右的大小肉块，用清水冲洗干净。

3. 预煮

将切好的肉块放入锅中，加水淹没，水肉之比约为1.5:1，以淹没肉块为度。预煮要求达到肉品中心无血水为止。预煮完后捞出冷却，切成条状，要求切割整齐。

4. 后熟

肉切成条后，放入配好的汤料中进行后熟，可根据产品的不同要求确定配方。

5. 装盘冻结、解冻

煮好的肉条取出装盘，沥干汤液，放入接触式冷冻机内冷冻。冷冻2h后取出，再置于5～10℃的环境条件下解冻6h，然后送入带有筐式离心脱油装置的真空油炸罐内。

6. 真空油炸

物料送入罐内后，关闭罐门，检查密闭性。打开真空泵将油炸罐内抽真空，然后向油炸罐内泵入200kg/120℃的植物油，进行油炸处理。泵入油时间不超过

2min，然后使其在油炸罐和加热罐中循环，保持油温在125℃左右，经过25min即可完成油炸全过程。之后将油从油炸罐中排出，将物料在100r/min的转速条件下离心脱油2min，控制肉干含油率小于13%，除去油炸罐真空，取出肉干。

7. 质检、包装

油炸完成后即进行感官检测，然后进行包装。包装过程要求保证卫生清洁，操作要快捷。包装采用复合塑料袋包装。

五、注意事项

（1）原料在分切过程中，要注意剔除对产品质量有不良影响的伤肉、黑色素肉、碎骨等杂质。切块需保持均匀，以利于预煮。

（2）煮制过程中要注意撇去浮沫，以免影响成品质量。

（3）油炸温度是影响肉干脱水率、风味色泽及营养成分的重要因素，所以油炸温度一定要控制好。温度过高，导致制品色泽发暗，甚至焦黑；温度过低，使物料吃油多，且油炸时间长，干制品不酥脆，有韧硬感。真空度与油炸温度及油炸时间相互依赖，对油炸质量也有影响。

（4）由于制品呈疏松多孔状结构，所以极易吸潮，因而包装环境的湿度应小于40%。

六、质量标准

（1）感官指标　牛肉干色泽呈亮褐色，规格大小较整齐，无明显收缩现象；口感酥脆可口，具有熟制牛肉的香味，无霉味和其他异味。

（2）理化指标　见表7-5。

表7-5　低温真空油炸牛肉干理化指标

项　目	指　标
水分/%	≤15
油分/%	<13
复水时间（温水）/min	<3

（3）微生物指标　见表7-6。

表7-6　低温真空油炸牛肉干微生物指标

项　目	指　标
细菌总数/（cfu/g）	≤5 000
大肠菌群/（MPN/100g）	≤30
致病菌（系指肠道致病菌及金黄色葡萄球菌）	不得检出

七、思考与应用

（1）真空低温油炸加工的原理是什么？

（2）真空低温油炸与传统油炸加工有何不同？

（3）如何控制真空低温油炸牛肉干的油炸工序？

（4）按实际操作任务过程写出实训报告，并分析出现质量问题的原因。

探索与创新

1. 你食用过哪些油炸肉制品，印象最深的是哪个品牌？通过查资料、学习团队讨论，设计其制作方案，结合该项目学习进行产品开发。

2. 对你所在的学习团队加工的油炸肉制品进行质量分析，提出产品的改进方案。

3. 每个学习团队设计一种油淋鸡蘸水调味配方，经讨论、实验、品评后，最后筛选出最佳蘸水调味配方。

链接与拓展

［1］焦糖化反应：糖类尤其是单糖在没有氨基化合物存在的情况下，加热到熔点以上的高温（一般是140℃以上）时，因糖发生脱水与降解，也会发生褐变反应，这种反应称为焦糖化反应，又称卡拉密尔作用（caramelizetion）。焦糖化反应在酸、碱条件下均可进行，但速度不同，如在pH8时要比pH5.9时快10倍。糖在强热的情况下生成两类物质：一类是糖的脱水产物，即焦糖或酱色（caramel）；另一类是裂解产物，即一些挥发性的醛、酮类物质，它们进一步缩合、聚合，最终形成深色物质。

［2］蛋白质变性：蛋白质在某些物理和化学因素作用下其特定的空间构象被改变，从而导致其理化性质的改变和生物活性的丧失，这种现象称为蛋白质变性。

蛋白质变性的应用价值主要有：① 鸡蛋、肉类等经加温后蛋白质变性，熟后更易消化；② 细菌、病毒加温，加酸、加重金属（汞）因蛋白质变性而灭活（灭菌、消毒）；③ 动物、昆虫标本固定保存、防腐；④ 很多毒素是动物蛋白质，加甲醛固定，减毒、封闭毒性碱基团作类毒素抗原，制作抗毒素；⑤ 制革，使皮革成形；⑥ 蚕丝是由蛋白质变性而成；⑦ 用于蛋白质的沉淀。从血液中提分离、提纯激素，制药；⑧ 临床上外科凝血，止血。尿中管型诊断肾脏疾病；⑨ 酶类分解各种蛋白质，以利于肠壁对营养物质的吸取；⑩ 加入电解质使蛋白质凝聚脱水如做豆腐；⑪ 改变蛋白质分子表面性质进行盐析，层析分离提纯蛋白质，如核酸的提纯、DNA测定；⑫ 大分子的破碎，基因重整合；⑬ 蛋白质分子结合重金属而解毒；⑭ 蛋白质分子与某些金属结合出现显色反应，如双缩脲反应可测定含量。

[3] 生物价（biological value，BV）：蛋白质生物价是反映食物蛋白质消化吸收后被机体利用程度的指标。用被机体利用的蛋白质量与消化吸收的食物蛋白质量的比值的100倍表示。生物价越高表明其被机体利用程度越高，最大值为100。计算公式如下：

生物价 =（储留氮/吸收氮）×100

吸收氮 = 食物氮 -（粪氮——粪代谢氮）

储留氮 = 吸收氮 -（尿氮——尿内源性氮）

尿氮和尿内源性氮的检测原理和方法与粪氮、粪代谢氮一样。生物价对指导肝、肾病人的膳食很有意义。生物价高表明食物蛋白质中氨基酸主要用来合成人体蛋白，极少有过多的氨基酸经肝、肾代谢而释放能量或由尿排出多余的氮，从而大大减少肝肾的负担。

[4] 蛋白质净利用率（net protein utilization，NPU）：蛋白质净利用率是反应食物中蛋白质被利用的程度，即机体利用的蛋白质占食物中蛋白质的百分比，它包含了食物蛋白质的消化和利用两个方面，因此更为全面。

蛋白质净利用率 = 消化率 × 生物价 =（储留氮/食物氮）×100%

[5] 真空低温油炸技术：将油炸和脱水作用有机地结合在一起，使样品处于负压状态下，其绝对压力低于大气压，在这种相对缺氧的情况下进行食品加工，可以减轻甚至避免氧化作用（如脂肪酸败、酶促褐变和其他氧化变质等）所带来的危害。在真空度为700mmHg的真空系统中，纯水的沸点可用克劳修斯-克拉佩龙方程算出，沸点大约为40℃，在负压状态中，以油作为传热媒介，食品内部的水分（自由水和部分结合水）会急剧蒸发而喷出，使组织形成疏松多孔的结构。但是，食品内部水分还受束缚力、电解质、组织质构、热阻状况、真空度变化等因素的影响，水分蒸发情况要复杂得多，具体生产时还应与灭酶所需的温度条件综合起来考虑。真空油炸产品具有多孔结构，在孔隙的表面会吸附一层油脂。这一层油脂并不能被离心脱油除去，因此，真空油炸产品都有一定的含油率。油脂和氧接触要发生氧化反应，因此，真空油炸产品包装时，空气要尽可能排除或充入惰性气体进行包装，对于保质期长的产品，也可添加一些抗氧化剂。

自我测试

一、填空（24×1分）

1．肉制品油炸是以____________为热传递介质，热传递主要以____________方式进行，其次是____________作用。

2．肉制品油炸技术的关键是控制好____________和____________。

3．油炸对食品的影响主要包括三个方面：一是油炸对食品____________

的影响；二是对食品________和________的影响；三是对食品________的影响。

4. 为了防止油脂在高温下长时间加热而产生________作用，常常要求在油炸食品时，避免________过高和________过长，最好一般不超过________，时间以________为宜。

5. 油炸肉制品加工时，油炸用油一般有________、________两大类。

6. 油炸技术的关键是控制好________和________；油炸的有效温度为________。

7. 脆炸时，用油量应以________为度。如用油量少，会导致成品受热不均、________、口感不好；同时要掌握好油温，油温过低，既炸不香脆也________；________油温过高，则达不到________。

二、单项选择题（10×1 分）

1. 油炸温度虽然很高但油炸加工对食品营养成分破坏很少，原因是食品内部温度一般为________。

A. 不超过 100℃　　B. 100℃
C. 120℃　　D. 140℃

2. 油炸过程中若加热温度高，油脂反复使用，会致使油脂在高温条件下发生热聚合反应，可能形成的有害物质是________。

A. 羰基化合物　　B. 羟基酸
C. 胺类　　D. 多环芳烃类

3. 油炸时掌握好油温是十分重要的，从油面特征看——有青烟、油面较平静、搅动时有声响的是________。

A. 温油　　B. 热油　　C. 旺油　　D. 沸油

4. 油炸加工肉制品时，热油温度为________。

A. 70~100℃　　B. 110~170℃　　C. 180~220℃　　D. 230℃以上

5. 油炸后成品金黄色、外松脆内软嫩；这类制品较多如炸排骨、香酥仔鸡使用的是________。

A. 温油炸　　B. 热油炸　　C. 旺油炸　　D. 高压油炸

6. 旺油炸加工的肉品表面红黄色，里外酥透，因炸时急火高温，为了防止外层焦糊和保证制品熟透，需要________。

A. 炸 1 次　　B. 重炸 2~3 次　　C. 炸 4 次　　D. 炸 5 次

7. 将原料去骨加工成片或块形，经入味蘸面粉挂上全蛋糊后，放入 150~160℃，慢炸成熟的方法是________。

A. 清炸　　B. 干炸　　C. 松炸　　D. 酥炸

8. 将原料去骨加工成片或块形，经入味蘸面粉挂上全蛋糊后，放入 150~

160℃，即五至六成热的油内，慢炸成熟的方法是________。

A. 清炸　B. 干炸　C. 松炸　D. 酥炸

9. 将整鸡或鸭煺毛后，去内脏，用沸水洗烫，使表面皮肤中胶原蛋白发生热收缩，在表皮上挂一层饴糖淀粉水，晾坯，然后置于200～210℃高热油锅内炸制，使鸡鸭表皮呈红黄色，直至油炸熟化的方法是________。

A. 脆炸　B. 干炸　C. 松炸　D. 酥炸

10. 选用新鲜质嫩的肉品，经过预处理，切成一定形状，按配方称量精盐、料酒及其他香辛调料与肉品混合腌制，然后用急火高温热油炸制三次的方法是________。

A. 清炸　B. 干炸　C. 松炸　D. 酥炸

三、多项选择题（5×2分）

1. 油炸的主要目的是改善食品的________。

A. 组织状态　B. 色泽

C. 风味　D. 营养价值

2. 在油炸过程中，通过哪些反应使油炸成品呈现金黄或棕黄色，并产生明显炸制芳香风味？________

A. 美拉德反应　B. 焦糖化反应

C. 成分降解　D. 吸附炸油中挥发性物质

3. 为保证油炸制品的卫生安全性，除控制油炸温度、时间外，还应________。

A. 经常加些新油　B. 去除漂浮物

C. 去除底部沉渣　D. 减少反复使用次数

4. 我国目前使用的炸制用油主要是________。

A. 黄油　B. 大豆油　C. 菜籽油　D. 葵花籽油

5. 要生产合格的油炸肉制品，油炸时油温和油炸时间控制应根据哪些方面确定？________

A. 原料性质　B. 切块大小

C. 下锅数量多少　D. 成品质量要求

四、判断题（10×1分）

1.（　　）对于含水分较高的原料肉，油炸应选择较低温度，使水分的迁移和热量的传递受到限制，保持产品质地鲜嫩。

2.（　　）在油炸过程中，食物表面水分迅速受热蒸发，表面干燥形成一层硬壳，从而构成油炸食品的外形。

3.（　　）油炸对肉制品营养价值的影响与油炸工艺条件有关。油炸温度高，肉制品内部营养成分保存较好。

4.（　　）油炸后成品外松内鲜嫩多汁、色泽较淡（如软炸里脊肉）采用热油进行炸制。

5.（ ）高压油炸因温度高，水分和油的挥发损失少，产品外酥里嫩，色泽金黄，最适合肉制品的油炸。

6.（ ）脆炸加工需要用沸水洗烫，使表面皮肤中胶原蛋白发生热收缩，在表皮上挂一层饴糖水，油温200～210℃炸制，使成品表皮呈红黄色。

7.（ ）温油炸时油温控制在110～170℃，由于油温较高，因此油炸时间较短。

8.（ ）热油炸时油温控制在180～220℃，原料肉脱水快，一般用于形态较大的原料，原料肉表面需挂脆糨糊或蘸干淀粉。

9.（ ）高压油炸是使油锅内的压力高于常压的油炸法。

10.（ ）温油炸时油温控制在70～100℃，这种方法适用于质地较嫩的肉类。

五、名词解释（5×2分）

1. 油炸肉制品　2. 酥炸　3. 清炸　4. 纸包炸　5. 脆炸

六、问答题（6×6分）

1. 简述油炸肉制品的概念及特点。
2. 油炸肉制品加工时油温如何控制？
3. 简述油炸的基本原理。
4. 肉制品油炸的方法有哪些？
5. 油炸对肉制品质量有哪些影响？
6. 简述油炸香酥鸡腿的加工工艺流程及操作要点。

项目八 罐藏肉制品加工

项目描述

肉类罐头是一类能长期贮藏的方便熟肉罐藏制品。通过红烧扣肉罐头、五香排骨罐头、午餐肉罐头加工的学习，掌握罐藏肉制品加工的原理，了解肉类罐头加工的一般工艺流程，能够进行典型罐藏肉制品的加工。

学习目标

1. 知识目标
- 掌握罐藏肉制品的概念、加工原理；
- 了解罐藏肉制品的特点及其分类，罐藏容器及其清洗消毒；
- 掌握肉类罐头加工排气、封罐及杀菌的方法及操作。

2. 能力目标
- 能够进行红烧扣肉罐头、五香排骨罐头、午餐肉罐头的加工制作；
- 能够进行罐藏肉制品生产配方设计及质量控制。

背景知识

罐头食品是指将食品装入特制的容器中，经密封排气后，进行杀菌处理，杀灭绝大多数微生物，使食品借以获得在室温下长期贮存的罐装食品。肉类罐头一般是以畜禽肉为原料，调制后装入罐藏容器中，经排气、密封、杀菌、冷却等工艺加工而成的耐贮藏的食品。

一、罐藏肉制品的种类

根据加工及调味方法不同，可将畜禽肉类罐头分为以下几类。

1. 清蒸类罐头

清蒸类罐头是将处理后的原料，直接装罐，在罐中按不同品种加入食盐、胡椒、洋葱和月桂叶等，经排气、密封、杀菌后制成，成品需具有原料特有的风味。如清蒸猪肉、原汁猪肉等。

2. 调味类罐头

调味类罐头是指将经过处理、预热或烹调的肉块或整体装罐后，加入调味汁液的罐头。有时同一种产品，因各地区消费者的口味要求不同，调味也有差异。成品应具有原料和配料的特有风味和香味，块形整齐、色泽较一致，汁液量和肉量保持一定比例。这类产品按烹调方法不同又分可分红烧、五香、浓汁、油炸、豉汁、茄汁、咖喱和沙茶等类别，如红烧扣肉等。

3. 腌制类罐头

腌制类罐头是将处理后的原料经过以食盐、亚硝酸钠、砂糖等一定配比组成的混合盐腌制后，再进行加工制成的罐头。如火腿、午餐肉、咸牛肉、咸羊肉等。

4. 烟熏类罐头

烟熏类罐头指处理后的原料经过腌制、烟熏后制成的罐头。烟熏法是综合腌制、烟熏的混合处理方法，烟熏所产生的气体、蒸汽和固体微粒等渗入肉中，增加肉制品的风味和色泽。烟熏制品一般为棕黄色至玫瑰红色，具有浓郁的烟熏香味，如火腿肠和烟熏肋肉等。

5. 香肠类罐头

香肠类罐头指肉经腌制，加香料斩拌、制成肉糜后直接装入肠衣中，经烟熏或不经烟熏制成的罐头。按原料成分和制造方法不同，可分为烟熏的、半烟熏的、不烟熏的、烘烤的等几类。

6. 内脏类罐头

内脏类罐头是采用猪、牛、羊的内脏及副产品，经处理、调味或腌制后加工制成的罐头，如五香鸡肫、卤鸭杂、牛尾汤等罐头。

二、罐藏容器

罐藏容器要求对人体无害，具有良好的密封性能和耐腐蚀性能，并适合于工业化的生产，具备开启方便，便于携带和运输的特点。现在常使用的罐藏容器主要有金属罐、玻璃罐和复合塑料袋。

1. 罐藏容器的种类

（1）金属罐 常用材料主要有镀锡薄钢板、涂料铁、镀铬薄板和铝材。

（2）玻璃罐　优点是①玻璃的化学稳定性较好，和一般食品不发生反应，能保持食品原有风味，而且清洁卫生；②玻璃透明，便于消费者观察内装食品，以供选择；③玻璃罐可多次重复使用，甚为经济。缺点是①机械性能很差，易破碎，耐冷、热变化的性能也差，温差超过60℃时容易发生破裂。加热或冷却时温度变化必须缓慢、均匀地上升或下降，在冷却中比加热时更易出现破裂问题；②导热性差，玻璃的热导率为铁的1/60；③玻璃罐比同样体积的铁罐重4~4.5倍，运输费用较大。

（3）软罐头[1]　用复合塑料薄膜袋代替铁罐或玻璃罐装制食品，并以杀菌后能长期保存的袋装食品叫做软罐头。它质量轻、体积小、开启方便、耐贮藏，能够进行杀菌，微生物不会侵入，贮存期长，不透气及水蒸气，内容物几乎不可能发生化学作用，能较长期地保持内容物的质量，封口简便牢固，杀菌时传热速度快。开启方便，包装美观。

2. 罐藏对容器的要求

（1）对人体无毒害；

（2）具有良好的密封性能；

（3）具有良好的耐腐蚀性能；

（4）适于工业化生产；

（5）适应人民生活不断增长的要求。

三、肉类罐头的一般加工工艺

1. 原料的选择与预处理

（1）原料选择　作为肉类罐头的原料，可选择刚屠宰经冷却成熟后的生鲜肉，也可选择冷冻肉。如果是生鲜肉可直接加工成罐头，如果用冻肉，一般需解冻后再加工。

（2）原料预处理　包括洗涤、去骨、去皮（可不去骨、去皮）、去淋巴以及切除不宜加工的部分。

各种产品所使用的原料用清水清洗干净，除净表面的污物，砍去腿圈分段，一般猪片分为前后腿及肋条三段；牛片沿十三根肋骨处横截成前腿和后腿二段；羊肉一般不分段，通常为整片剔骨或整只剔骨。去皮要求皮上不带肥肉，肉上不带皮，然后按原料规格要求割除全部淋巴、颈部刀口肉、奶脯部分泡肉、黑色素肉、粗组织膜和淤血等，并除净表面油污、毛及其他杂质。

2. 原料的预煮和油炸

（1）预煮　肉类在预煮时，肌肉中的蛋白质受热后逐渐凝固，发生不可逆变化而成为不可溶性的物质。随着蛋白质的凝固，亲水的胶体体系受到破坏而失去持水能力，因而发生脱水作用，使肌肉组织紧密，变成具有一定程度的硬块，便于切块，同时肌肉脱水后，能使调味液渗入肌肉，使成品固形物增加。此外，预煮处理能杀灭肌肉上附着的一部分微生物，有助于提高杀菌效率。

预煮时水与肉之比一般为 1.5∶1，以淹没肉块为度，预煮时间一般为 30～60min。为了减少有效物质（即水分以外者）的流失，在肉类罐头的预煮过程中，可用少量原料分批投入沸水的办法，使表面蛋白质立即凝固，形成保护层而减少损失。一般是将原料投入夹层锅中用沸水预煮，预煮时间随产品的不同和块状的大小而异，一般为 30min 左右，要求原料中心无血水为止。

（2）油炸　油炸不仅能达到预煮的目的，而且能使产品增添特有的风味。目前我国一般采用开口锅放入植物油熬熟，然后根据锅的容量将原料分批放入锅内进行油炸。油温 160～180℃，时间依原料的组织密度、形状、块的大小、油炸温度和成品质量要求等不同而异。大部分产品在油炸前都要求涂焦糖色液，待油炸后，其表面色泽呈酱黄色或酱红色即行。一般油炸时间为 1min 左右。

3. 装罐

装罐前容器的处理　根据不同产品分别可采用抗硫涂料罐、防粘涂料罐或经钝化处理的素铁罐。装罐前应清洗干净并经沸水消毒，倒罐沥干或烘干。

（1）装罐的工艺要求

① 及时装罐：对经过预处理的原料必须迅速装罐，不应堆积过多，停放时间不能过长，一般不宜超过 2h，以防起微生物污染而变质，造成损失。装罐迅速及时，趁热装罐排气，则排气效果好，杀菌效果也好。

② 食品品质一致、质量一定：装罐的食品质量必须属于一个等级，罐内装量要保证，不能过多或过少，罐头食品的净重和固形物含量必须达到要求。净重是指罐头食品减去容器重量后所得的重量，包括液体和固体在内，每罐净重允许公差为 ±3%。固形物含量是指固态食品在净重中所占的百分率，对肉类罐头还包括熔化油和添加油。固形物含量一般为 45%～65%，最常见的为 55%～60%。

③ 留有适当顶隙：顶隙是指罐内食品表面层或液面与罐盖间的空隙。装罐时顶隙过小，罐内食品杀菌时受热膨胀使罐头内压力增大，造成罐形永久膨胀并损害罐缝的严密度。顶隙过大，罐头杀菌后冷却时罐身自行凹陷。通常罐内顶隙不得超过 10%。

④ 原料要合理搭配，排列整齐：搭配合理不仅可以改善成品品质，还可提高原料利用率，降低成本。如红烧扣肉装罐时必须排列整齐，皱面向上。原汁、清蒸类以及生装产品，主要是控制好肥瘦、部位搭配、汤汁或猪皮胶的添加量，

以保证固形物的含量达到要求。

⑤ 保持罐口清洁：不得有小片、碎块等残留于罐口边缘，否则影响卷边的密封性。

(2) 装罐方法　装罐可分为人工装罐和机械装罐两种，选用装罐方法根据原料类型和装罐要求而定。

对于经不起机械摩擦，需要合理搭配和排列整齐的块、片状食品等目前仍用人工装罐，其主要过程有装料、称量、压紧、加汤汁和调味料等。

对于颗粒体、半固体和液体食品常采用机械装罐，如午餐肉。机械装罐速度快、分量匀，既降低工人的劳动强度，又提高生产率，并保证了食品卫生。

4. 排气与密封

(1) 预封　指某些产品在进入加热排气之前，或进入真空封罐机封罐之前，所进行的一道卷封工序，即将罐盖与罐身筒边缘稍稍弯曲钩连，其松紧程度以能使罐盖可沿罐身筒旋转而不脱落为度。使罐头在加热排气或真空封罐过程中，罐内的空气、水蒸气及其他气体自由地从罐内逸出。对加热排气来说，预封可预防固体食品膨胀而出现液汁外溢的危险，并避免排气箱盖上蒸汽冷凝水落入罐内而污染食品，同时还可防止罐头从排气箱送至封罐机过程中，罐头顶隙温度的降低，外界空气的侵入，以保持罐头在较高温度下进行封罐，从而提高罐头的真空度。对于带骨的肉禽类罐头，还能便于封罐。玻璃罐则不需预封。

(2) 排气　指罐头在密封前或密封同时，将罐内顶隙间的、装罐时带入的和原料组织细胞内的空气尽可能从罐内排除的技术措施，从而使密封后罐内产生部分真空状态。排气的目的是阻止需氧菌和霉菌的生长发育，防止容器变形或破损，控制或减轻罐藏食品贮藏中罐内壁腐蚀，避免或减少维生素和其他营养物质遭受破坏，避免或减轻食品色、香、味的变化，有利于对罐头质量的检查。

目前，罐头食品厂常用的排气方法大致可以分为三类：热力排气法、真空封罐排气法、喷蒸汽封罐排气法。热力排气法是罐头工厂使用最早，也是最基本的排气法；真空封罐排气法是后来发展起来，是现在普遍采用的方法；蒸汽喷射封罐排气法近几十年才出现，国内罐头食品厂也开始采用。

① 热力排气法：利用空气、水蒸气和食品受热膨胀的原理，将罐内的空气排除掉的方法。目前常见的方法有两种：热装罐密封法[2]和食品装罐后加热排气法[3]。

加热排气时，加热温度愈高和时间愈长，密封温度愈高，最后罐头的真空度也愈高。肉类罐头的密封温度一般可控制在80～90℃以上，并偏向于采用高温短时间的排气工艺条件。

② 真空封罐排气法：就是在真空条件下进行排气封罐的方法，一般都在真空封罐机中进行。封罐时利用真空泵先将真空封罐机密封室内的空气抽出，建立一定的真空度（一般为32.0~73.3kPa），处于室温或高温下预封好的罐头，通过密封阀门送入已建立一定真空度的密封室内，罐内部分空气就在真空条件下立即被排出，同时立即封罐而后再通过另一密封阀门送出。真空室内的真空度可根据罐头最后所需的真空度要求以及罐头内容物的温度进行调整。真空封罐后罐内真空度一般可达32.0~40kPa，最高不能超过53.3~73.3kPa。

③ 喷蒸汽封罐排气法：就是在封罐时向罐头顶隙内喷射蒸汽，将空气驱走而后密封，待顶隙内蒸汽冷凝时形成部分真空的方法。这是近几十年发展成功的排气方法。这种方法最初用于玻璃罐，当玻璃罐最初进入金属箱内，蒸汽向玻璃罐内食品表面上的顶隙部分喷射，将顶隙内的空气驱走，然后罐盖落在玻璃罐上，用机械方法将罐盖压紧在玻璃罐上，从而得到较好的真空度。后来，铁罐封罐机也设计了蒸汽喷射装置，它能简单地将顶隙内空气排除掉。喷蒸汽密封时，顶隙大小必须适当。顶隙小时，密封冷却后几乎完全得不到真空度；顶隙较大时，可以得到较好的真空度。

（3）密封　罐头食品所以能够长期贮藏，主要是罐头经杀菌后完全依赖容器的密封性使食品与外界隔绝，不再受到外界空气及微生物的污染而引起腐败。罐头容器的密封性则依赖于封罐机和它们的操作正确性和可靠性。不论何种容器，铁罐、玻璃罐或新发展的其他包装材料，如铝、塑料等以及由塑料薄膜、铝膜等制成的复合薄膜，如果未能获得密封，就不能达到长期贮藏的目的。罐头食品生产过程中主要借封罐机进行密封，严格控制密封操作过程极为重要。

5. 杀菌[4]

（1）杀菌工艺条件　罐头杀菌的目的是杀死食品中所污染的致病菌、产毒菌、腐败菌，并破坏食物中的酶，使食品贮藏一定时间而不变质。在杀菌的同时，又要求较好地保持食品的形态、色泽、风味和营养价值。

肉类罐头属于低酸性食品，常采用加压蒸汽杀菌法，杀菌温度控制在112~121℃。杀菌过程可划分为升温、恒温、降温三个阶段，其中包括温度、时间、反压三个主要因素；不同罐头制品，杀菌工艺条件不同，杀菌温度、时间和反压冷却[5]控制不一样。

在罐头生产中常用的杀菌式表示对杀菌式工艺条件的要求：

$$\frac{t_1-t_2-t_3}{t}p$$

式中　t——规定的杀菌温度/℃；

t_1——使杀菌锅内温度和压力升高到杀菌温度所需的时间/min；

t_2——使杀菌锅内保持恒定的杀菌温度所需的时间/min；

t_3——杀菌完毕使杀菌锅内温度降低和使压力降至常压所需的时间/min；

p——反压冷却时杀菌釜内应采用的反压力/Pa。

（2）杀菌的方法　根据罐头食品原料品种的不同及所采用的包装容器的不同，其杀菌操作要求也不同。目前常用的有常压杀菌、高压蒸汽杀菌及加压水杀菌等几种。

① 常压杀菌[6]：该法是将罐头放在常压热水或沸水中进行杀菌，杀菌的温度不超过100℃，大多数水果和部分蔬菜罐头采用这种杀菌方式。常压杀菌分为间歇式和连续式常压杀菌。间歇式常压杀菌适合于小规模生产的企业，设备成本较低；连续式常压杀菌适合大规模生产企业，设备造价较高。

② 高压蒸汽杀菌[7]：低酸性食品，如大多数蔬菜、肉类及水产类罐头食品，都须采用100℃以上的高温杀菌，一般使用高压蒸汽来达到高温。

③ 加压水杀菌[8]：凡肉类、鱼类的大直径扁罐、玻璃罐以及蒸煮袋都可采用加压水杀菌或称高压水杀菌。此法的特点是能平衡罐内外压力，对于玻璃罐及蒸煮袋而言，可以保持罐盖及封口的稳定，同时能够提高水的沸点，促进传热。高压由通入的压缩空气来维持，不同压力，水的沸点就不同。

6. 冷却[9]

罐头杀菌完毕后，应该立即进行冷却，罐头的冷却是在生产过程中决定产品质量的最后一个环节。冷却不当，能造成食品的色泽和风味变差，组织变烂甚至失去食用价值；同时能促进罐内残存的嗜热性细菌活动而发生平酸和增强罐头内壁的腐蚀作用。罐头温度降到38～40℃，以不烫手为宜，这时罐头尚有余热，有利于在冷却时罐面水分的蒸发。若冷却温度过低或贮存温度过高，则罐面水分不易蒸发，易使罐头外表生锈。因此，罐头杀菌后的冷却速度越快，对于肉制品的质量影响越小。

冷却的方法，按冷却时的位置，可分为锅外冷却和锅内冷却；按冷却媒介物质分，有空气冷却与水冷却。不过空气冷却速度极其缓慢，除特殊要求外很少应用。冷水冷却法是肉类罐头生产中使用最普遍的方法，分为喷水冷却和浸水冷却，以喷水冷却方式较好，最好先喷冷再浸冷。加压水杀菌和加压蒸汽杀菌的罐头，宜采用加压冷却，防止容器变形或跳盖爆破，特别是玻璃罐，冷却速度不能太快，一般用热水或温水分段冷却（每次温差不超过25℃）最后用冷水冷却。

7. 检验与贮藏

罐头在杀菌冷却后，必须经过成品检查，鉴别其质量是否符合标准要求，检查项目如下。

（1）外观检查　观察二重卷边缝是否紧密结合，是否有露舌、夹边、起皱和折裂等现象，同时检查端折缝（罐身缝）是否正常，电阻焊缝是否完全。二重卷边的尺寸测量可用罐头专用卡尺来测量。观察二重边缝是否有漏气的细孔时，可放在80℃温水中1～2min看有无气泡即可断定是否漏气。观察底盖的状态，正常的罐头内部应形成真空，因此底盖都向内凹入。

（2）敲音检查　将罐头排成一行，用特制的敲音棒（细铁棒、竹、木棒）敲打罐头底盖，根据其发出的声音及传出的感觉来鉴别罐头食品的好坏，发音清脆的是好的、正常的罐头，而发音混浊的是膨胀罐头。

（3）保温检查[10]　如罐头杀菌不充分或其他原因使细菌残留在罐内时，遇到适当的温度，就会繁殖而使罐头变质。除某些细菌不产生气体外，一般腐败菌都能产生气体而使罐头膨胀。罐头的一端向外突出。因此，用保温方法可检查出不合格的罐头。目前国内对于肉禽类、水产及蔬菜类罐头规定为全部保温检查，其温度为37℃ ±2℃，保温7昼夜。

（4）真空度的测定　正常的罐头，一般应具有24.00～50.66kPa的真空度。一般可以用特制的真空表来测定罐内真空度。从真空表上读出的数值要比实际真空度低6.67～10.00kPa，原因是表内一段空隙和接头部一段含有空气所致。罐头的真空度根据罐头的大小和食品种类而不同，大型罐头真空度可稍低，因为过高的真空度会使罐身容易内陷凹瘪。用棒击声可以辨别真空度的高低，但不能得出正确的数据。

（5）开罐检查　开罐检验的主要内容是：食品的组织形态、色、香、味、称量（净重、固形物量、汤汁量）检查；罐头内壁马口铁皮的检查；食品的化学检验和细菌检验。均按原轻工业部部颁标准进行检验。

罐头经过检验后，在出厂前还须涂防锈油、粘贴商标纸和装箱包装。

罐头贮藏的适宜温度为0～10℃，贮藏温度过高，罐内残留的细菌芽孢就会发育繁殖，使食品变质，甚至发生腐败膨胀；此外温度升高也会加速食品对马口铁的腐蚀作用，产生斑点，甚至造成穿孔现象。贮藏温度低于0℃以下，易发生冻结而影响食品的组织结构。罐头贮藏的仓库应干燥、通风良好，相对湿度一般不超过80%。在雨季时应做好防潮、防锈、防霉工作。

任务一

红烧扣肉罐头加工

一、产品特点

调味类罐头是畜禽类罐头数量最多的一种，它的特点是将原料经过整理、预煮或油炸、烹调的畜禽装罐后，加入调味液而制成的罐头。这类产品按烹调方法和加入调味液不同，可分为红烧、五香、茄汁、咖喱等品种。

二、材料、器具及设备

1. 材料与配方

上色液配方：黄酒 6kg，饴糖 4kg，酱色 1kg。

调味液配方：3% 骨汤 100kg，酱油 20.6kg，精盐 2.1kg，砂糖 6kg，味精 150g，黄酒 4.5kg，青葱 450g，切碎的生姜 450g。

红烧扣肉罐头装罐量见表 8－1。

表 8－1　红烧扣肉罐头装罐量表

罐号	净重/g	肉重/g	汤汁/g	装罐肉片数/片
962	397	280～285	117～120	7～9
854	227	160～165	62～65	6～8

2. 器具及设备

冷藏柜，加热灶，台秤，砧板，刀具，盆，蒸煮锅，杀菌锅。

三、工艺流程

原料处理→预煮→上色→油炸→切块→复炸→加调味液→装罐→排气、密封→杀菌、冷却→擦罐、入库

四、操作要点

1. 原料处理

原料选用肋条及腹部的带皮猪肉，若使用前腿肉时，瘦肉过厚应当割除，留瘦肉厚为 2cm 左右，肋条肉靠近脊背部肥膘厚度要在 2～3cm，靠近腹部的五花肉总厚度要在 2.15cm 以上，防止过肥影响质量及块形。

2. 预煮

将整理好的肉放在沸水中预煮 35～55min，以煮到肉皮发软带有黏性，肉块中心无血水为度。预煮时，每 100kg 肉加新鲜葱和经拍碎的鲜姜各 200g（葱、姜均用纱布包好），预煮时，加水量与肉量之比为 2:1，肉块必须全部浸没水中，预煮得率约为 90%。

3. 上色

将预煮的肉表皮水分揩干，在皮面上涂抹一层上色液，稍停几秒钟，再抹一

次，以使着色均匀。

4. 油炸

上色后立即油炸，当油温加热到190～210℃时，将上色过的肉块投入油锅中，油炸时间45～60s，炸至肉皮呈棕红色，发脆，瘦肉转黄色即可捞起，稍滤油后投入冷水中，冷却1～2min，待肉皮回软后即捞出。

5. 切块

切块时要求厚薄均匀，块形整齐，皮肉不分离，并修去焦煳边缘。

6. 复炸

将切块肉倒入油温190～210℃的油锅中复炸30s左右。

7. 加调味液

装罐前应配制好调味液，调味液中骨汤要先准备好。

骨汤熬制：肉骨头150kg和猪皮30kg加水300kg焖煮，时间不少于4h，经过滤后备用。

调味液配制：除黄酒、味精外，其他各料放入夹层锅中（香辛料用纱布包好），煮沸5min，出锅前加入黄酒和味精，搅匀过滤备用。

8. 装罐

装罐时，肉块大小、色泽大致均匀，肉块皮面向上，排列整齐。

9. 排气、密封、杀菌、冷却

装罐后立即排气、密封。加热排气，罐头中心温度应达65℃以上。真空密封，真空度为（4.7～5.3）$\times 10^4$Pa。密封后尽快进行杀菌，杀菌温度为121℃，杀菌时间为65min，杀菌后立即冷却到40℃以下。

五、注意事项

（1）预煮是形成红烧扣肉表皮皱纹的重要工序，必须严格控制，若预煮不足，油炸时不发生皱纹；若预煮过度，油炸时会产生大泡，出现皮肉分离和颜色变黑的现象。

（2）上色操作时注意不要涂到瘦肉的切面上，以免炸焦。

（3）油炸后浸入冷水的时间不宜过长，以免降低成品油炸风味。

（4）复炸时要小心翻动，炸后立即放入冷水中浸1min左右，可避免肉块黏结，并冲去焦屑。

（5）装罐时注意外观，肉块排列整齐，皮向上，小肉块应衬在底部，肥瘦搭配均匀。

（6）净重要严格控制，封口前要进行复秤。

六、质量标准

红烧扣肉肉皮呈均匀酱红色，皱纹清晰，块状形态整齐，块间不粘连，肉质软硬适度，具有原料和配料特有的风味和香味。

七、思考与应用

（1）红烧扣肉罐头加工时对原料选择有何要求？
（2）红烧扣肉罐头加工中如何控制肉皮表面皱纹的良好形成？
（3）如何提高红烧扣肉罐头的加工质量？
（4）按实际操作任务过程写出实训报告，并分析出现质量问题的原因。

任务二 五香排骨罐头加工

一、产品特点

五香排骨罐头色泽棕红，肉块大小均匀、块间不粘连，汤汁稠厚适中，肉质软硬适宜，具有排骨特有的肉香味和浓郁的五香风味，滋味爽口，无异味。

二、材料、器具及设备

1. 材料与配方

汤料配方：骨汤 100kg，味精 0.888kg，黄酒 3.13kg，砂糖 3.75kg，酱油 2.5kg，八角茴香 0.63kg，桂皮 0.375kg，生姜 0.25kg，五香粉 0.663kg。

2. 器具及设备

冷藏柜，加热灶，台秤，砧板，刀具，盆，蒸煮锅，夹层锅，杀菌锅。

三、工艺流程

原料处理→切块→油炸→调味→装罐→排气、密封→杀菌、冷却→擦罐、入库

四、操作要点

1. 原料肉选择与处理

选用经卫生检验合格的猪脊椎排为原料，除去过多肥膘，控制肥膘在 1.5cm 以内，猪排的长宽各 5 ~ 8cm。

2. 切块

将排骨切成厚 1.5 ~ 2cm 块形，保持每块脊椎排带肋骨一根，长度为 3.5 ~ 4cm。

3. 油炸

将切好的排骨在 180 ~ 200℃油温炸约 3min，要求肉面色泽呈黄棕色，防止炸焦，得率控制在 60% ~ 62%。

4. 配料及调味

（1）浸调味液　酱油 20kg（其中生抽 10kg），温度保持在 60 ~ 65℃，将炸后排骨 20kg 在酱油中浸渍 3min，取出沥干 5min，排骨重量增重约 4%。调味液可连续使用，但须补充新液。

（2）配汤　将八角茴香、桂皮、生姜、五香粉加水熬煮得香料水 12.5kg，再将其余配料倒入夹层锅内加热煮沸，保持微沸 15min，然后加黄酒、味精、过滤，得量为 125kg。

5. 装罐

罐号 962，净重 340g，排骨 290g，汤汁 35g，猪油 15g。

6. 排气及密封

加热排气密封中心温度不低于 75℃。

7. 杀菌及冷却

杀菌式（排气）：15′ – 75′反压冷却/121℃（反压 172.2kPa）。

五、注意事项

（1）装罐时发现已脱骨者必须剔出重新整理将骨头去除。

（2）装罐时每罐中两块可竖装，其他块平放装入。

（3）为保持产品色泽良好一致，油炸时间要控制，最好大小块分开油炸。

（4）本产品易产生底盖突角或低真空的质量问题，防止措施如下：

① 用较厚的镀锡薄板作底盖；

② 排气或真空必须充分，若用真空封罐机封口，抽真空应不低于 53329Pa（400mmHg）；加热排气的在封口前罐内中心温度应不低于 80℃；

③ 杀菌结束后采用反压冷却；

④ 排骨油炸后尽快趁热装罐排气密封。

六、质量标准

（1）感官指标　色泽棕红，肉块大小均匀，块间不粘连，汤汁稠厚适中，肉质软硬适宜，具有排骨特有的肉香味和浓郁的五香风味，滋味爽口，无异味。

（2）理化指标　食盐（以 NaCl 计）1.76%。

（3）微生物指标　致病菌不得检出。

七、思考与应用

（1）五香排骨罐头加工对原料处理有何要求？

（2）如何控制五香排骨罐头的油炸工序？

（3）五香排骨罐头加工时装罐有何要求？

（4）按实际操作任务过程写出实训报告，并分析出现质量问题的原因。

任务三

午餐肉罐头加工

一、产品特点

腌制类罐头是指肉类经过盐、糖、亚硝酸钠等腌料腌制后，再进行加工制成的罐头。现以午餐肉罐头为例，阐述腌制类罐头的加工工艺。

二、材料、器具及设备

1. 材料与配方

（1）腌制用混合盐配方　食盐 98%，砂糖 1.5%，亚硝酸钠 0.5%。

（2）斩拌配料　肥瘦肉 80kg，玉米淀粉 11.5kg，净瘦肉 80kg，玉果粉 58g，白胡椒粉 192g，冰屑 19kg，维生素 C 32g（或不加）。

午餐肉装罐量见表 8－2。

表 8－2　　午餐肉装罐量表

罐号	306 或 756	304	962	10189
净重/g	198	340	397	1586

2. 器具及设备

冷藏柜，加热灶，台秤，砧板，刀具，盆，蒸煮锅，绞肉机，斩拌机，杀菌锅。

三、工艺流程

原料处理 → 腌制 → 绞肉、斩拌、加配料 → 真空搅拌 → 装罐 → 真空密封 → 杀菌、冷却 → 吹干、入库

四、操作要点

1. 原料处理

去皮去骨猪肉去净前后腿肥膘成为净瘦肉，肋条去除部分肥膘，使肥膘厚度不超过 2cm 成为肥瘦肉。经加工后净瘦肉含肥肉为 8% ～10%，肥瘦肉含肥膘不超过 60%，净瘦肉与肥瘦肉比例应为 1∶1。可以脊排肉及夹心肉去肥或带肥调节肥瘦比例。处理后肉温不超过 15℃。

2. 腌制

净瘦肉和肥瘦肉应分开腌制，各切成 3 ～5cm 小块，定量装入不锈钢桶或其他容器中，每 100kg 猪肉添加混合盐 2 ～2.5kg，用拌和机拌和均匀，然后送到 0 ～4℃的冷藏库中，腌制 48 ～72h，腌后要求肉块鲜红，气味正常，肉质有柔滑和坚实的感觉。

3. 绞肉、斩拌、加配料

腌制以后的肉进行绞碎，得到 9 ～12mm 的粗肉粒。瘦肉在斩拌机上斩成肉糜状，同时加入其他调味料，开动斩拌机后，先将肉均匀地放在斩拌机的圆盘中，然后放入冰屑、淀粉、香辛料。斩拌时间 3 ～5min。斩拌后要求肉质鲜红，具有弹性，斩拌均匀，无冰屑，抹涂后无肉粒状。

4. 真空搅拌

将粗绞肉和斩拌肉糜均匀混合，同时抽掉半成品的空气，防止成品产生气

泡、氧化作用及物理性胖罐。真空搅拌的真空度控制在 67 ~ 80kPa，时间为 2min。

5. 装罐

肉料搅拌均匀后，即可取出送往充填机进行装罐。装午餐肉的空罐，应使用脱膜涂料罐和抗硫涂料罐，按罐型定量装入肉糜。

6. 真空密封

装罐后立即进行真空密封，真空度为 60kPa。

7. 杀菌、冷却

密封后立即杀菌，杀菌时间按罐型，一般为 50 ~ 150min。

净重 198g 杀菌式：15′ – 50′ – 反压冷却/121℃ （反压 147 . 1kPa）；

净重 340g 杀菌式：15′ – 55′ – 反压冷却/121℃ （反压 147. 1kPa）；

净重 397g 杀菌式：15′ – 70′ – 反压冷却/121℃ （反压 147. 1kPa）；杀菌后立即冷却到 40℃以下。

五、注意事项

午餐肉罐头容易产生胶冻和脂肪析出、黏罐、形态不良、表面发黄、物理性胀罐及弹性不足等质量问题，产生原因及防止措施如下。

（1）成品产生胶冻和脂肪析出　是由于肉质不佳、持水性差而引起。防止措施：① 严格控制原料质量，最好新鲜肉；② 加强解冻、拆骨加工和生产过程中的温度控制，冻肉解冻以自然室温缓慢解冻为好，拆骨加工和生产车间的室温不要高于 25℃，夏季生产应以冷风调节；③ 加工时严格控制肥肉含量，成品油脂含量一般为 22% ~25%，如果加的原料含肥膘过多，肉的质量不好，就容易产生以上质量问题；④ 添加适量的磷酸盐可防止胶冻析出。

（2）成品黏罐　为解决黏罐问题，以前的办法是在装罐前在罐内涂上一薄层熟猪油，装罐表面抹平后也涂一层。但最好的解决办法制罐前在镀锡板上涂布脱模涂料，这样开罐后不黏罐，表面无白色脂肪层，外观较好，生产方便。

（3）形态不良　午餐肉罐头形态上的缺陷主要是腰鼓形和缺角，产生原因主要是充填推力不够或不均匀。采用装罐机进行装填，才能保证良好的形态。

（4）表面发黄、切面变色快　是由于表面接触空气氧化而造成。为了解决这一质量问题，可以提高罐头真空度；密封时真空度控制在 60 ~ 67kPa；在斩拌时，加抗氧化剂维生素 C，添加后，成品的颜色红润，表里颜色基本一致，口味也比较嫩。维生素 C 的添加量为 0.02%，并采用真空搅拌。

（5）弹性不足　由于原料的新鲜度、解冻条件和腌制条件而引起。目前解决的方法是使用绞肉机进行粗绞，粗绞肉应呈粒状，温度不超过 10℃。

（6）物理性胀罐　主要是肉糜中存在较多空气或装填太满而引起。目前采取的办法中在搅拌时提高真空度、装罐前抽真空、杀菌后采用反压冷却，可避免产生假胀听现象。

六、质量标准

午餐肉罐头开罐后不黏罐，肉色正常、呈淡粉红色，表面无白层脂肪层，外观形态良好，无脂肪析出，弹性好，具有午餐肉罐头特有的风味和滋味。

七、思考与应用

（1）如何防止午餐肉罐头表面发黄、切面变色快的缺陷？

（2）如何防止午餐肉罐头成品黏罐？

（3）按实际操作任务过程写出实训报告，并分析出现质量问题的原因。

探索与创新

1. 你食用过哪些肉制品罐头，印象最深的是哪个品牌？通过查资料、学习团队讨论，设计其制作方案，结合该项目学习进行产品开发。

2. 对你所在的学习团队加工的肉制品罐头进行质量分析，提出产品的改进方案。

3. 比较几种罐头配方及加工的异同点，你从中受到了哪些启发？

链接与拓展

［1］软罐头：复合塑料薄膜通常采用三种基材粘合在一起。外层是 12μm 左右的聚酯，起到加固及耐高温的作用。中层为 9μm 左右的铝箔，具有良好的避光、阻气、防水性能。内层为 70μm 左右的聚烯烃（改性聚乙烯或聚丙烯），符合食品卫生要求，并能热封。

［2］热装罐密封法：就是将食品加热到一定的温度（一般为 70～75℃）后，立即装罐密封的方法。采用这种方法，一定要趁热装罐、密封，不能让食品温度下降。这种方法一般适用于液体和半固体的食品，或者其组织形态不会因加热时的搅拌而遭到破坏的食品。

［3］装罐后加热排气法：就是食品装罐后经预封或不经预封而覆有罐盖的罐头，在用蒸汽或热水加热的排气箱内，在预置的排气温度（一般 82～95℃，有的高达 100℃）中经一定时间的热处理，使罐内中心温度达到 70～90℃，并允

许食品内空气有足够外逸的时间情况下立即封罐的排气法。加热排气可以间歇地或连续地进行。

[4] 杀菌：杀菌式的数据是根据罐内可能污染细菌的耐热性和罐头的传热特性值经过计算后，再通过空罐实验确定的。正确的杀菌工艺条件应恰好能将罐内细菌全部杀死和使酶钝化，保证贮藏安全，同时又能保证食品原有的品质不发生大的变化。目前，我国大部分工厂均采用静置间歇的立式或卧式杀菌锅，罐头在锅内静止不动，始终固定在某一位置，通入一定压力的蒸汽，排除锅内空气及冷凝水后，使杀菌器内的温度升至112～121℃进行杀菌。为提高杀菌效果，现常采用旋转搅拌式灭菌器。这种方法改变了过去罐头在灭菌器内静置的方式，加快罐内中心温度上升，杀菌温度也提高到121～127℃，缩短了杀菌时间。罐头经高温高压杀菌处理，由于罐内食品和气体的膨胀、水分汽化等原因，罐内会产生很大的压力，因而罐头在杀菌过程中，有时发现罐头变形、突角、瘪罐等。特别是一些大而扁的罐形，更易产生这种现象。除杀菌过程中采用空气加压或水浴加压防止外，杀菌后的降压和降温过程中，采用反压降温冷却，是十分重要的措施。

[5] 反压冷却：杀菌完毕在降温降压前，首先关闭一切泄气旋塞，打开压缩空气阀，使杀菌锅内压力保持稍高于杀菌压力，关闭蒸气阀，再缓慢地打开冷却水阀。当冷却水进锅时，必须继续补充压缩空气，维持锅内压力较杀菌压力高2.1×10^4～2.7×10^4Pa。随着冷却水的注入，锅内压力逐步上升，这时应稍打开排气阀。当锅内冷却水快满时，根据不同产品维持一段反压时间，并继续打入冷却水至锅内水注满时，打开排水阀，适当调节冷却水阀和排水阀，继续保持一定的压力至罐头冷却到38～40℃时，关闭进水阀，排出锅内的冷却水，在压力表降至零度时，打开锅盖取出罐头。

[6] 常压杀菌：间歇式常压杀菌须注意，在将待杀菌的罐头放入杀菌锅内沸水（热水）中时，可将罐头预热到50℃后，再放入杀菌锅内杀菌，以免锅内水温的急速下降和玻璃罐的破裂。待锅内热水再次升至预定的杀菌温度时，才开始计算杀菌时间，并保持杀菌温度至终了。罐头应全部浸没在水中，最上层的罐头应在水面以下10～15cm。水的杀菌温度以温度计的读数为准。杀菌结束后，立即将罐头取出，并迅速冷却，一般采用水池冷却法。

常压连续杀菌时，一般以水为加热介质。罐头从预热、杀菌至冷却全过程均在杀菌机内完成，杀菌时间可由调节输送带的速度来控制。自动化程度较高，罐头杀菌连续进行。

[7] 高压蒸汽杀菌：将装完罐头的杀菌篮放入杀菌锅。在充分排气后，需将排水阀打开，以排除锅内的冷凝水。排尽冷凝水后，关掉排水阀，随后再关掉排气阀，泄气阀仍开着，以调节锅内压力。待锅内压力达到规定值时，必须认真检查温度计读数是否与压力读数相应。当锅内蒸汽压力与温度

相应，并达到规定的杀菌温度和压力时，开始计算杀菌时间，并通过调节进气阀和泄气阀，来保持锅内恒定的温度，直至杀菌结束。恒温杀菌延续到预定的杀菌时间后，关掉进气阀，并缓慢打开排气阀，排尽锅内蒸汽，使锅内压力降至大气压力。若在锅内常压冷却，即按锅内常压冷却法进行操作。或将罐取出放在水池内冷却。

[8] 加压水杀菌：加压水杀菌时，压力必须大于该杀菌温度下相应的饱和蒸汽压力，一般大于21～27kPa，否则可能产生玻璃罐的跳盖及蒸煮袋封口爆裂现象。高压水杀菌时，其杀菌温度应以温度计读数为准。

[9] 冷却：罐头冷却过程中，有因机械原因或密封橡胶暂时软化，易造成罐头暂时性或永久性的漏隙。这种罐头在冷却时由于食品内容物收缩，罐内压力下降，内外的压差大。而将冷却水吸入罐内，如冷却水水质差，会引起罐头变质，这种情况称为罐头的“二次污染”。故所用冷却水必须符合饮用水标准，最好使用经氯处理过的冷却水。

罐头杀菌冷却后即应进行一次检查，拣选出突角、瘪罐、有封口缺陷的罐头和外流胶等外观不合格的罐头。

[10] 保温检查：保温检查可按一定比例抽样进行，如果结果是好的，那么同一批罐头是好的。也可全部进行保温，这样结果更加可靠。如罐头从杀菌锅内取出，冷却至40℃左右即送入保温室，保温时间可缩短为5昼夜，但是随着工业技术水平的提高，工艺卫生条件不断改善和控制微生物等一系列试验研究的成果的进展，对保温检查罐头质量的方法提出了异议，认为并不完全可行，应加以废除。国外一些罐头工业较发达的国家，对罐头已不实行保温或只抽样保温。

自我测试

一、填空（24×1分）

1. 根据加工及调味方法不同，可将畜禽肉类罐头分为______、______、______、______、______、______六类。

2. 现在常使用的罐藏容器主要有______、______、______。

3. 在肉类罐头的预煮过程中，可用少量原料______办法，使表面______立即凝固，形成保护层而减少损失。

4. 肉类罐头加工装罐时，若顶隙过小，罐内食品杀菌时受热膨胀使______，造成罐形______并损害罐缝的严密度，通常罐内顶隙不得超过______。

5. 罐藏食品加工常用的排气方法大致可以分为______、

________、________三类；使用最早也是最基本的排气法是________。

6. 肉类罐头属于________食品，常采用________杀菌法，杀菌温度控制在________。

7. 目前国内对于畜禽类、水产及蔬菜类罐头规定为全部________，用这种方法可检查出不合格的罐头。其温度为________，时间为________。

二、单项选择题（10×1分）

1. 将处理后的原料肉，直接装罐，在罐中按不同品种加入调味料、香辛料等，经排气、密封、杀菌制成的罐头是________。

A. 清蒸类罐头　　B. 调味类罐头
C. 腌制类罐头　　D. 香肠类罐头

2. 午餐肉罐头属于________。

A. 调味类罐头　　B. 腌制类罐头
C. 烟熏类罐头　　D. 香肠类罐头

3. 经过预处理的肉类原料必须迅速装罐，停放时间不能过长，一般不宜超过________。

A. 0.5h　　B. 2h　　C. 3.5h　　D. 5h

4. 肉类罐头加工时，油炸不仅能达到预煮目的，且能增添产品特有风味，常用的油炸温度为________。

A. 100℃以下　　B. 100～120℃
C. 160～180℃　　D. 200℃以上

5. 现代肉类罐头加工中普遍采用的排气方法是________。

A. 热力排气　　B. 真空封罐排气
C. 喷蒸汽封罐排气　　D. 前三个都是

6. 罐藏食品固形物含量最常见的为________。

A. 35%～40%　　B. 40%～45%
C. 55%～60%　　D. 65%～70%

7. 罐藏食品加工时，预封的适宜松紧程度的判断是以能使罐盖沿罐身筒旋转________。

A. 脱落　　B. 不脱落　　C. 紧密　　D. 无法判断

8. 罐头杀菌完毕后，应该立即进行冷却，其是决定产品质量的最后一个环节。冷却的适宜温度是罐温降到________。

A. 15～20℃　　B. 25～30℃　　C. 38～40℃　　D. 45～60℃

9. 成品罐头外观检查是不检查________边缝是否紧密。

A. 外观形状　　B. 二重卷　　C. 端折缝　　D. 电阻焊缝

10．罐头贮藏的适宜条件是________。

A．温度 <0℃　　B．温度 0~10℃

C．相对湿度不超过 80%　　D．相对湿度 >90%

三、多项选择题（5×2 分）

1．调味类罐头按烹调方法不同可分为________。

A．红烧　　B．五香　　C．豉汁　　D．茄汁

2．肉类罐头预煮时水与肉之比、预煮时间一般为多少为宜________。

A．1∶1　　B．1.5∶1　　C．10~20min　　D．30~60min

3．肉类罐头加工中进行油炸工序操作，目的是________。

A．预煮　　B．熟制　　C．增添特有风味　　D．吸收油脂

4．肉类罐头的杀菌工艺条件包括________。

A．温度　　B．时间　　C．反压　　D．罐头装量

5．采用高压水杀菌的肉类罐头，冷却时宜采用________。

A．空气冷却　　B．加压冷却

C．分段冷却　　D．冷水冷却

四、判断题（10×1 分）

1．（　　）对调味类罐头来说，有时同一种产品，因各地区消费者的口味要求不同，调味也有差异。

2．（　　）肉类罐头预煮时间随产品的不同和块状的大小而异，一般为 5~10min，要求原料中心无血水为止。

3．（　　）罐头杀菌后的冷却速度越快，对于肉制品的质量影响越小。

4．（　　）固形物含量指固态食品在净重中所占百分率，对肉类罐头还包括熔化油和添加油。

5．（　　）肉类罐头装罐时顶隙过小，罐头杀菌后冷却时罐身会自行凹陷。

6．（　　）对原汁、清蒸类肉类罐头产品，主要是控制好肥瘦、部位搭配、汤汁或猪皮胶的添加量，以保证固形物的含量达到要求。

7．（　　）午餐肉罐头加工时采用人工装罐、使分装量均匀，保证质量。

8．（　　）大型罐头真空度可稍低，因为过高的真空度会使罐身容易内陷凹瘪。

9．（　　）成品罐头敲音检查时发音清脆的是好的、正常的罐头，而发音混浊的是膨胀罐头。

10．（　　）开罐检验的主要内容是食品的组织形态、色、香、味、称量（净重、固形物量、汤汁量）检查。

五、名词解释（5×2 分）

1．肉类罐头　　2．顶隙　　3．敲音检查　　4．罐头食品　　5．清蒸类罐头

六、问答题（6×6分）

1. 罐藏制品加工时如何选用罐藏容器？
2. 简述肉类罐头的一般加工工艺。
3. 肉类罐头加工时装罐有哪些要求？
4. 肉类罐头加工中杀菌工艺条件如何控制？
5. 成品罐头的质量如何检测？
6. 简述五香排骨罐头的加工工艺流程及操作要点。

项目九
火腿肉制品加工

项目描述

火腿肉制品是中外传统的加工肉制品之一，通过中式金华火腿、西式盐水火腿、去骨火腿加工的学习，掌握火腿制品的加工及影响产品质量的关键工序，能够进行典型火腿肉制品的加工。

学习目标

1. 知识目标
- 掌握火腿肉制品的概念、种类；
- 掌握火腿肉制品加工的关键工序。

2. 能力目标
- 能够进行典型中、西式火腿肉制品的加工制作；
- 能够进行火腿肉制品生产配方设计与质量控制。

背景知识

火腿肉制品是用大块猪肉或分割的整支猪腿经腌制或熏制加工而成，又名“火肉”，火腿肉制品包括中式火腿和西式火腿两大类，它们虽然在工艺上差异很大，但在名称上仍然是一致的。

中式火腿是我国的传统名特产品，源于中华民族的聪明才智，其独特工艺及风味在世界火腿之林独树一帜，中式火腿是以带骨、带皮、带爪的整只猪后腿为原料，经腌制、洗晒、风干和长期发酵、整型等工艺制成。中式火腿滋味鲜美，香气浓郁，红白分明，外形美观，营养丰富，可长期贮存，是一般肉制品所无法比拟的。我国主要有金华火腿、宣威火腿、如皋火腿、安福火腿等品牌，四川、湖北等地也有地方品牌。

西式火腿属于典型的西式肉制品[1]（又称为低温肉制品，是指以欧美地区为代表的采用较低温度进行巴氏杀菌的肉制品）。从理论上讲，这样的杀菌程度致病微生物可被完全杀灭，保证了产品食用的安全、可靠，同时最大程度地保留了肉制品的营养价值，因此是科学合理的加工方式，目前引入我国的西式肉制品主要除火腿类（如盐水火腿、熏制火腿）外，还有灌肠类（如蒸煮肠、火腿肠）、发酵肠类（见项目四）等。

西式火腿是以瘦肉块为主料的高档产品，原料肉的选择是相当严格的，首先必须是符合兽医卫生检验要求的合格肉品（生肉），最好是新鲜肉。因与我国传统火腿的形状、加工工艺、风味等有很大不同，习惯上称其为西式火腿，包括带骨火腿、去骨火腿、盐水火腿等。西式火腿中除带骨火腿为半成品，在食用前需熟制外，其他种类的火腿均为可直接食用的熟制品。其产品色泽鲜艳，肉质细嫩，口味鲜美，出品率高，且适于大规模机械化生产，产品标准化程度高。带骨火腿和去骨火腿都要经过烟熏工艺。

一、中式火腿

1. 中式火腿分类

（1）我国有三大著名火腿　产于浙江省的金华火腿[2]也称“南腿”，云南省的宣威火腿[3]也称“云腿”，江苏省的如皋火腿也称“北腿”。

（2）按历史形成的生产区域分，有南腿、北腿、云腿三大类。南腿产地在浙江省的金华、衢州、台州、丽水、绍兴、杭州、宁波等地，产量为全国之首；北腿产于江苏如皋、如东、东台、泰兴一带；云腿产于云南宣威、会泽、曲靖、富源、沾益、昭通、大关、彝良、巧家、鲁甸及贵州省威宁、赫章、盘县、水城等县及四川省等地。

（3）按投料制作时间分有制作于初冬的早冬腿，制作于隆冬的正冬腿，制作于立春以后的早春腿，制作于春分以后的晚春腿等。

近年来又有以生产火腿分割小包装用的“分割专用腿”。

2. 中式火腿加工的关键工序

（1）腌制　腌制是肉制品加工的关键工序，中式火腿加工采用干腌法。

火腿的加工时间，如大规模生产，则宜在霜降至立春之间加工。在这期间正是商品肥（肉）猪成熟时间，鲜腿原料多，对选料创造了极为有利的条件。腌制时的气温宜掌握在10℃，超过10℃可能对产品质量有所影响。初冬腌制加工的为早冬腿；隆冬加工的则为正冬腿，即所谓腊腿；立春后腌制的为早春腿，春分以后则为晚春腿。当然以正冬腿的品质最佳，保藏时间也最长，早冬腿其次，早春腿又逊一等，晚春腿的品质就有明显的差距。

关于“三签头[4]”的含义是指火腿上肌肉最厚的三个部位。腌制时常因没有腌透而发生腐败变质，因此，在腌制时必须特别注意加重敷盐量。此外，在评定火腿品质时，用三根竹签分别插入这三个部位，拔出闻味来评定品质。

火腿腌制程序是：当鲜腿已修割整理后即可进入腌制工序。火腿一般都采用食盐和硝来腌制，如不加硝腌制，腿的深部肌肉会呈现暗褐色而难于消失。硝石可以防腐与抑制肉毒梭菌的生长繁殖，但主要是“发色”。

腌制时用盐总量，计每只腿500～600g，其他地区用盐量也大致相同。腌制火腿有几句行话，即“首盐上滚盐（即小盐），大盐雪花飞，三盐保重点，四盐和签关，五盐保签头”。即第一次用盐不宜过多，滚一下就行；第二次上大盐要像雪花飞一样撒匀，用盐也最多了；第三次是弥补第二次用盐的不足；第四次用盐集中在三签的地方；第五次用盐是检查前几次的疏漏处，保证三签头的用盐量。

鲜腿腌制时，应按大中小分别堆放，依次顺腿床堆叠，并用标签标明日期，竹签插在腿上，这样便于翻堆用盐，不得无次序地乱堆。小型腿切不可与大型腿堆在一起，以免混淆，不利于操作。

（2）洗晒与整形

① 洗腿：洗腿的水一定要洁净，符合卫生规定要求。

洗腿可用缸、池等类容器。洗前需要浸泡，浸泡时间视腿的咸淡程度、当时的季节而定。浸泡在容器中的时间，冬季是14～15h；春季一般较冬季减少2h以上。春节后采取当天浸腿，当天洗刷。一般说在各种容器中浸泡火腿不能少于8h，否则咸味太重，洗后会起盐霜而影响质量。

浸腿一般是肉面向下，全面浸入，脚皮不可露出水面，并按次层层堆放。洗腿时，腿的每一部分都应洗刷干净。洗时应特别注意，不要使瘦肉——蝴蝶肉翘起，并做到边洗、边刷、边换水。

经初步洗刷后的腿放在案板上，一手捏住腿膀、一手刮毛、刮糊，刮时应注意不得伤皮，然后将腿翻面，刮去腿皮上的毛和糊腻。刮好后，再将腿浸漂在水中，进行再一次洗刷，最后用绳节挂腿，晒场上挂晒。

② 挂晒：晒腿时，用60cm长的麻绳做成连绳，两端各打活结，各拴一只腿（需大小相仿，左右配对），然后拿到阳光下晾晒，并可随时整修。

当腿放置于晒架上时，肉面朝阳，上下交叉，每档相距20cm。用刀刮去腿上残存的细毛和糊腻，然后左手托皮面，右手捋去腿肉及腿面上的余水，并挤去三签头血管中的淤血。大约4h后，皮面已基本干燥。如再继续挂晒4h左右，腿面已变硬，但内部尚软，此时可开始整形。

③ 盖腿：凡腿洗后挂晒时都要盖腿印，这是商品标志，盖印部位一般是从腿筒部盖起。

④ 整形：整形可分三个部分，一是在腿身用两手从腿的两侧往腿心部用力挤压，使腿心饱满，呈橄榄形；二是在小腿部，先用木锤敲打膝部，再用校骨凳（即凳面带有圆孔的长凳）将小腿插入凳孔，轻轻攀折，使小腿正直，至膝踝无

皱纹为止。三是在脚爪部，将脚爪弯成45°角，爪弯处与腿头成一直线，并按平蝴蝶肉（瘦肉）。另外，腿头即腿鼻部位要弄直。

整形后再继续曝晒，并乘内部尚未变硬前连续整形3~4天（每天一次）。曝晒一般需5~6天，腿皮已紧缩，表面已经晒干，形状已固定。此时腿重约为鲜腿重的85%~90%，腿皮呈黄色或淡黄色，皮下脂肪洁白，肌肉呈紫色，腿面各部平整，内外坚实，表面油润，所谓“腿已出油”，这象征着已进入发酵阶段。

曝晒时间各个地区也有差异，如皋火腿在冬季需7~9个晴天，春季需6~7个晴天，要求皮面蜡黄为止。金华火腿一般只需4~5个晴天即可。

（3）发酵　火腿经洗晒后，虽然大部分水分已经蒸发，但在肌肉的深层尚未达到足够干燥程度，因此还需经晾挂发酵过程，这样既可使水分继续蒸发，又可使肉质在酶的作用下，完成一系列生物化学过程，产生多种氨基酸和芳香醇，表面逐渐出现绿色或白色霉菌（以绿色为佳），使肉色、肉味、香气更为完善。

火腿发酵宜选择宽敞通风，地势高而干燥、结构坚固的地方，最好设在大楼上，门窗齐全，沿墙设排水沟，并且有遮光、防潮湿、防雨淋、防蝇设施。放置火腿处还要求清洁、干燥，地面铺有地板，以防潮气侵入。

火腿在送入发酵室晾挂前，应逐只检查腿的干燥程度和有否害虫及虫卵，如不符合要求，应取回重晒。当火腿送入发酵室后，把腿逐只挂在架上，架是用木料制成。挂腿方法一律采用蜈蚣挂腿架法。这种挂法具有简单、透风、易检查、挂得多、挂得整齐等特点。

腿上架时应该将大、中、小型腿分类悬挂，腿与腿之间留出5~7cm间隙，相互间要注意不碰撞为宜，并经常检查。

火腿送入发酵室后，除水分逐渐蒸发外，在腿的表面会生成绿色霉菌（俗称油花），这是干燥和咸淡适中的标志。正是这些霉菌所分泌的酶才使火腿产生香味和鲜味。如果腿面发生黄霉时（俗称水花），是晒腿不足、腿肉温润的标志，像这样的腿容易生蛆，甚至腐烂。因此晾挂发酵是火腿生产加工成败的关键工序。

火腿的发酵时间一般需2~3个月。

火腿发酵后，水分逐渐蒸发，腿身逐渐干燥，肌肉收缩，腿骨外露，必须再经修整，俗称修燥刀或修干刀。修整并先刷去绿色霉菌，再行劈骨修肉。修腿下挂时切勿触及地面。

修燥刀的标志是，不得以大修小，以小修毛，应头腿对直两旁均匀，即所谓形成竹叶形，又称橄榄形。经修整后的火腿，随手轻撒白色垄糠灰，撒好后仍依次上挂，使其继续发酵。

（4）落架和堆叠　此工序又称火腿的保管。经过修整与发酵后的火腿，根据干燥程度分批落架。落架时先刷去垄糠灰，再按照腿的大小分别堆叠在腿床上，腿床的地面最好是木质地板或搭高木架，以防潮气侵袭。堆时每堆高度以

15层为宜，天冷时可堆20层，腿肉向上，腿皮向下，每隔5～7天上下调换一次。

火腿的虫害大致有白虫（蛆）、跳虫、毛虫三种，而以白虫、跳虫对火腿的危害最大。白虫的来源主要是腿质的盐分过少，腿质腐败，苍蝇产卵而引起的。发现这种虫害时，除将腐败处剔除外，火腿应立即加以处理。跳虫的来源主要是火腿受潮的缘故，轻度时可将虫捉除，涂上白色糠灰，重的应将生虫部分割除。如果火腿不及时翻堆，就容易生毛虫，发现后可用火腿滴下的油或香油灌入蛀口杀虫。

二、西式火腿

1. 西式火腿种类、特点

西式火腿包括带骨火腿、去骨火腿、里脊火腿、成型火腿及在常温下保藏的肉糜火腿肠等。这些火腿虽加工工艺各有不同，但其腌制都是以食盐为主要原料，而在加工中其他调味料用量甚少，故又将西式火腿称为盐水火腿。

典型产品有西班牙伊比利亚火腿、意大利巴马火腿、美国乡村火腿[5]、西班牙塞拉啫火腿等。

西式（盐水）火腿与中国的传统火腿截然不同。盐水火腿是用大块肉经整形修割（剔去骨、皮、脂肪和结缔组织）、盐水注射腌制、嫩化、滚揉、充填，再经熟制、烟熏（或不烟熏）、冷却等工艺制成的熟肉制品。

其主要优点是：

① 生产周期短，从原来的7～8d缩短到2d；

② 成品率高，从原来的70%左右提高到110%左右；

③ 盐水火腿由于选料精良，且只用纯精肉，辅料中又添加了品质改良剂磷酸盐和维生素C、葡萄糖、植物蛋白等辅料，所以营养价值高，质量好，切面呈鲜艳的玫瑰红色，色质鲜嫩可口，咸淡适中，风味好；

④ 由于对原料采用滚揉按摩，使肌肉内部的蛋白质外渗，所以成品的黏合性强；

⑤ 成品可直接食用，可切成片或丁，与其他食品混合烹调；

⑥ 成品率高，降低了成本，具有方便食品的优点。

2. 西式火腿加工的关键工序

（1）腌制　与中式火腿加工的干腌法不同，西式火腿加工的腌制采用湿腌法或盐水注射腌制法。

把各种辅料（除淀粉外）溶于水，加入肉搅拌均匀，在2～4℃的条件下腌制，以浸提可溶性蛋白质，并使腌料扩散均匀。在腌制时，若肉块较小时，一般采用湿腌的方法，肉块较大时可采用盐水注射法腌制。

腌制液中的主要成分为水、食盐、硝酸盐、亚硝酸盐、磷酸盐、抗坏血酸、羰基血红蛋白、大豆分离蛋白、淀粉等。其中盐与糖在腌制液中的含量取决于消费者的口味，而硝酸盐及亚硝酸盐、磷酸盐、抗坏血酸等添加剂的量取决于食品法的规定。要确定腌制液中各种成分的含量，则必须首先确定出最终产品中各种成分的含量及腌制液的使用或注射量。

盐水注射量一般用百分比表示。例如：20%的注射量则表示每100kg原料肉需注射盐水20kg。当各种成分在最终产品中的含量和腌制液注射量被确定后，各种成分在腌制液中的含量可由以下经验公式计算：

$$X=(P+100)/P\times Y$$

式中 X——该成分在腌制液中的含量，%；

P——腌制液注射量，%；

Y——该成分在最终产品中的含量，%。

例如：某产品中各种成分的含量为：食盐2.5%，食糖2.0%，磷酸盐0.5%，亚硝酸盐0.015%，维生素C 0.015%。注射量为20%，则腌制液中各成分的含量分别为：

食盐：$X=(20+100)/20\times 2.5\%=15\%$

食糖：$X=(20+100)/20\times 2.0\%=12\%$

磷酸盐：$X=(20+100)/20\times 0.5\%=3\%$

亚硝酸盐：$X=(20+100)/20\times 0.015\%=0.09\%$

维生素C：$X=(20+100)/20\times 0.015\%=0.09\%$

各种成分在腌制液中的总量约为30%，则水量为70%。也就是说，若需100kg腌制液，则需水70kg，食盐15kg，食糖12kg，磷酸盐3kg，亚硝酸盐和维生素C各0.09kg。

在注射量较低时（≤25%），一般无需加可溶性蛋白质。否则，使用不当可能会造成产品质量下降和机器故障如注射针头阻塞等。

如采用湿腌法进行腌制，定量称取过滤冷却后的腌制液与预处理后的原料肉混匀。若采用盐水注射法腌制，则通过调节每分钟注射的次数和腌制液的压力准确控制注射量。一般通过称量肉在注射前后重量的变化了解注射量。注射时流失在盘中的腌制液，必须经过滤后方能再用。

（2）嫩化　肉块注射盐水之后，还要用特殊的刀刃对其切压穿刺，以扩大肉的表面积，破坏筋和结缔组织及肌纤维等，以改善盐水的均匀分布，增加盐溶性蛋白质的提出和提高肉的黏着性，这一工艺过程叫肉的嫩化。其原理是将多排列特殊的角钢型刀插入肉里，使盐溶性蛋白质不仅从肉表面提出，亦能从肉的内层提出来，以增加产品的黏合性和持水性，增加出品率。

（3）滚揉　滚揉是块状类西式肉制品生产中最关键的一道工序，将注射盐水、嫩化后的原料肉，放在容器里通过转动的圆筒或搅拌轴的运动进行滚揉。

滚揉的目的是通过翻动碰撞使肌肉纤维变得疏松，加速盐水的扩散和均匀分布，缩短腌制时间。同时，通过滚揉促使肉中的盐溶性蛋白溶出，从而进一步增加肉块的黏着性和持水性，加速肉的 pH 回升，使肌肉松软膨胀，结缔组织韧性降低，提高制品嫩度。通过滚揉还可以使产品在蒸煮工序中减少损失，使产品切片性好；另外，滚揉能使肉块表面破裂，增强肉的吸水能力，因而提高了产品的嫩度和多汁性。

在滚揉过程中发生着复杂的物理化学作用。在滚揉机的运转过程中，机械与肉块之间、肉块彼此间发生拉牵和挤压，使肌肉的组织变得疏松，肌纤维分散，结缔组织也有所软化。滚揉使肌肉组织结构压迫、舒张交替进行，导致肉块中各个小环境中的压力不断发生不规则变化，从而在不同时间内每个小环境周期性的进行吸入和挤出腌制液的过程，最终达到腌制液在肉块中分布平衡的状态。同时，滚揉使肌纤维疏松，也促进了腌制液的渗透扩散，缩短了化学作用的时间。

① 滚揉方式：根据滚揉机的性能，滚揉可分为真空滚揉和非真空滚揉；根据滚揉的方式，滚揉可分为连续式滚揉和间歇式滚揉。

连续式滚揉是指将注射盐水后的肉块送入滚揉机中连续滚揉 40～100min，然后在冷库中腌制的方法。这种方式通常在灌装前还要进行一次滚揉。间歇式滚揉是指在整个腌制期内定期定时开机滚揉的方法。

间歇式滚揉较连续式滚揉具以下优点：

a. 温度变化小。在滚揉过程中，由于摩擦作用会导致肉温升高。间歇式滚揉每次有效滚揉时间较短而间歇时间较长，肉温变化较小。

b. 成品质量好。在间歇期可使提取的蛋白均匀附着而避免在肉块表面局部形成泡沫，使成品结构松散，质地优良。滚揉程序取决于盐水注射量、原辅料的质量以及温度等因素。一般腌制滚揉时间为 24～48h，每小时中 7min 左转，7min 右转，46min 停机。滚揉期间温度以 7℃ 为好。滚揉不足时肌肉结构紧实，盐水未被充分吸收，溶出的蛋白量不足，成品结着性、保水性及切片性较差，色泽不均匀；滚揉过度又会使溶出的蛋白严重变性，在成品中形成黄色蛋白胨。且成品保水性及切片性都较差。滚揉过度或不足，成品保藏期间都会有渗水现象。

② 滚揉好的标准。

a. 肉的柔软度，手按压肉块无弹性，中心与外表柔软度一致。握住肉的一部分将其竖起，上半部分即倒垂下来，毫无硬性感，具有任意造型的可塑性。

b. 肉表面均匀包裹凝胶物，原料肉的形状和色泽清晰可辨，将肉块表面凝胶物抹去，明显有糊感，但糊而不烂，整个肉块仍基本完整。

c. 肉的黏度，将黏在一起的两块肉，拎起其中一块，黏在一起的另一块短时间内不会掉下来。肉表面色泽一致，呈均匀的淡红色。

为了加速腌制、改善肉制品的质量，原料肉与腌制液混合后或经盐水注射后，就进入滚揉机。但为了节约时间，滚揉可在腌制过程中进行。滚揉机装入量约为容器的60%。滚揉程序包括滚揉和间歇两个过程。间歇可减少机械对肉组织的损伤，使产品保持良好的外观和口感。一般盐水注射量在25%的情况下，需要一个16h的滚揉程序。在每小时中，滚揉20min，间歇40min。也就是说在16h内，滚揉时间为5h左右。在实际生产中，滚揉程序随盐水注射量的增加而适当调整。

在滚揉时应将环境温度控制在6~8℃。温度过高微生物易生长繁殖。温度过低生化反应速度减缓，达不到预期的腌制和滚揉目的。为了增加风味，须加入适量调味料及香辛料。在实际生产中，有时将调味料加入腌制液中，有时在腌制滚揉过程中加入。现在也有将调味料有效成分抽提出来，吸附于可溶性淀粉中，经喷雾干燥后制成固定香料粉使用方便卫生。香料的添加方法，现在国内大多数厂是熬煮、过滤后加入腌制液。有些厂将香辛料磨碎后在滚揉混料时加入。这种方法常导致分布不匀和影响成品色泽的缺陷。还可以将香辛料进行超微粉碎，使其粒度达到1~3μm后，在混料滚揉时加入，或加入腌制液中效果很好。

（4）成型　腌制后肉块可采用肠衣、收缩膜或金属膜具等灌装或装模。如果采用肠衣灌装，则建议用易剥纤维肠衣。但是选用真空收缩膜对保证产品的质量更为有益。在煮制、冷却及贮存阶段，收缩膜会紧贴在肉上，产生的机械压力有助于防止水分的析出或胶体的分离，也可以有效的防止污染、延长保存期，并且袋上可以直接印刷产品说明和商标，减少二次包装，节约包装材料，易于产品的贮存运输。目前装模的方式有手工装模和机械装模两种。机械装模有真空装模和非真空装模两种。手工装模不易排除空气和压紧，成品中易出现空洞、缺角等缺陷，切片性及外观较差。真空装模是在真空状态下将原料装填入模，肉块彼此粘贴紧密，且排除了空气，减少了肉块间的气泡，因此可减少蒸煮损失，延长保存期。

（5）蒸煮

① 蒸煮的目的：

a. 促进发色和固定肉色；

b. 使肉中的酶灭活：肉组织中有许多种酶，比如蛋白质分解酶，57~63℃时，短时间就能失活；

c. 杀灭微生物：在低温肉制品加热过程中，只是杀灭了大部分微生物，达到了食用要求，并没有将微生物灭绝（只有加热至121℃/15min以上才能灭绝）。加热杀死微生物的数量与加热时间、温度、加热前细菌数、添加物、pH及其他各种条件有关；

d. 蛋白质热凝固（肉的成熟）；

e. 降低水分活度；

f. 提高风味：肉的熟制使其风味提高，其变化是复杂的，而且是多种物质发生化学变化的综合反应。比如氨基酸与糖的美拉德反应；多种羰基化合物的生成；盐腌成分的反应。

② 蒸煮的方法：

蒸煮有汽蒸和水煮两种蒸煮方式。水煮时可用高压蒸汽釜或水浴槽。

a. 用蒸汽直接蒸煮：使用高压蒸汽釜蒸煮火腿，温度 121 ~ 127℃，时间 30 ~ 60min。工艺参数的选择取决于火腿的大小。用这种方法蒸煮的火腿时间短，色泽好，且可以在常温下保藏，汽蒸现多用三用炉。

三用炉是目前国内外多用的集烤、熏、煮为一体的先进设备。其烤、熏、煮工艺参数均可程控，在中心控制器上随时显示出炉温和火腿中心温度。蒸煮的温度并不是一成不变的，且各国要求有所不同。实践证明，若温度过高，常导致肌纤维严重收缩，保水性下降，肉制品变硬，易形成硫化氢物质而影响风味，且蒸煮时破损率增加。

b. 用水浴蒸煮　常压蒸煮时一般用水浴槽低温杀菌。将水温控制在 75 ~ 80℃，使火腿中心温度达到 65℃并保持 30min 即可。一般需要 2 ~ 5h。一般 1kg 火腿约水煮 1.5 ~ 2.0h。大火腿约煮 5 ~ 6h。

具体采用那种方法要根据产品特点、工艺要求而定。

③ 蒸煮时的注意事项：

a. 产品若采用水浴煮制，一般采用方锅而不采用圆夹层锅，特别是肠类产品，因夹层锅加热不均匀，容易爆肠。无论什么产品用水浴锅煮制，一定让产品全部没入水中；

b. 因水的传热比蒸汽快，在相同温度下，水浴加热比蒸汽加热时间要稍短；

c. 烘烤后的产品应立即煮制，不宜搁置太长，否则容易酸败；

d. 蒸煮不熟的产品应立即回锅加热，不得待其冷却后再加热，因淀粉的缘故，造成产品再也煮不熟，即夹生。

④ 检验产品是否熟制的方法：

a. 检测产品中心温度：若产品中心温度达到 72℃以上，只要再保持 15min，即可成熟；

b. 手捏：用手轻轻用力捏一捏，感到硬实，有弹性，为煮熟。若产品软弱，无弹性，为不熟；

c. 刀切：产品从中心切开后，里外色泽一致，且内部发粘、松散，为不熟。

（6）冷却　产品的冷却就是产品热加工结束后从较高的温度降至贮存的温

度的能量传递过程。

① 产品冷却要求：

a. 冷却要快，特别是要快速降至安全温度线20℃以下；

b. 冷却要彻底，中心温度要低于10℃；

c. 尽可能减少冷却过程的污染（要采用合适的冷却方法，减少冷却介质的污染）。

② 冷却方法：可采用冷水喷淋冷却、冷水浸泡冷却、自然冷却或冷却间冷却等不同方法。如用全自动烟熏室进行煮制后，可用喷淋冷却水冷却，水温要求10~12℃，冷却至产品中心温度27℃左右，送入0~7℃冷却间内冷却到产品温度至1~7℃。

采用哪种冷却方法好，应根据产品的特点和各生产厂家自身条件而定，目的是为了提高产品的贮藏性，利用模具成型的产品应连同模具一起进行冷却。

（7）烟熏　西式火腿烟熏原理及工艺同项目五熏烤肉制品加工。

任务一
金华火腿加工

一、产品特点

金华火腿又称南腿，素以造型美观，做工精细，肉质细嫩，味淡清香而著称于世。火腿的品种按生产季节有“春腿”和“冬腿”之分，“冬腿”是在冬季腌制的，加工中用盐较少，火腿味淡而鲜美。“春腿”是在春暖时腌制的，加工时用盐较多，因而味咸而不够鲜美。从每年“霜降”到“清明”之间是制作火腿的黄金时期。金华火腿是用“两头乌”猪[6]的后腿精制而成，形似竹叶，皮色黄亮，肉面紫红，腿心饱满，肌肉细密，咸淡适口，香气浓郁。

二、材料、器具及设备

1. 材料与配方

鲜猪后腿100kg，食盐9~10kg，硝酸钠、硝酸钾20~25g。

2. 器具及设备

冷藏柜，发酵间，台秤，天平，砧板，刀具，塑料盆，搪瓷托盘。

三、工艺流程

选料 → 修割腿坯 → 腌制 → 浸腿 → 洗腿 → 晒腿 → 整形 → 发酵 → 修整 → 落架堆叠 →成品

四、操作要点

1. 选料

选用金华新鲜“两头乌”猪后腿，要求皮薄爪细、瘦多肥少、肌肉鲜红、皮肤白润、无伤残和病灶，重量为 5 ~7.5kg。也可用其他瘦肉型猪的后腿代替，腿重 4.5 ~6.5kg。

2. 修割腿坯

将腿面上的残毛、污血刮去，勾去蹄壳，削平耻骨，除去尾椎，把过多的脂肪和附在肌肉上的浮油割去，挤出血管中淤血，使腿面平整，腿边修成弧形，猪腿成为“竹叶形”。

3. 腌制

腌制是加工火腿的主要工艺环节，也是决定火腿质量的重要过程。金华火腿腌制系采用干腌堆叠法。腌制的适宜温度为 3 ~8℃，腌制的肉温在 4 ~5℃，腌制时间 30 ~40d，腌制用盐量为腿重的 9% ~10%（以 100kg 鲜腿为例，用盐量 9 ~10kg），分6 ~7 次上盐。

（1）第 1 次上盐　在肉面上撒上一层薄盐，并在腰椎骨节、耻骨节以及肌肉厚处敷少许硝酸钠。100kg 鲜腿用盐 1.5 ~2kg（鲜腿重的 1.25%）。上盐后将火腿肉面朝上呈直角堆叠 12 ~14 层。

（2）第 2 次上盐　在第 1 次上盐的 24h 后进行。100kg 鲜腿约用盐量 4 ~5kg（鲜腿重的 3.8%）。先翻腿，用手挤出血管中淤血，再上盐。在三签头上略放些硝酸钾，把盐从腿头撒至腿心，在腿的下部凹陷处用手指沾盐轻抹，在肌肉最厚的部位加重敷盐。上盐后将腿整齐堆放。

（3）第 3 次上盐　在第二次上盐后 3d 进行，重点是肌肉较厚和骨质部位。100kg 鲜腿约用盐量 2kg（鲜腿重的 1.8%）。上盐后重新倒堆，上、下层互相调换。

（4）第 4 次上盐　在第三次上盐 7d 左右进行，通过翻倒调温，检查盐的溶化程度，如大部分已经溶化可以补盐，100kg 鲜腿用盐量为 1 ~1.5kg（鲜腿重的 1.2%），并抹去附在腿皮上的盐。

（5）第5次上盐　第4次上盐7d后进行，检查三签头上是否有盐，如无盐再补一些，通常6kg以下的腿可不再补盐。100kg鲜腿用盐量为0.5～1kg（鲜腿重的0.4%）。

（6）第6次上盐　第5次上盐7d后进行，主要是对大型火腿及肌肉尚未腌透仍较松软的部位，适当补盐，100kg鲜腿用盐量为0.5～1kg（鲜腿重的0.4%）。对于大的腿坯（6kg以上）可复7次盐。

在腌制堆放时皮面朝下，最上一层皮面朝上。1个多月后，当肉的表面经常保持白色结晶的盐霜，肌肉坚硬，则已腌好。

4. 浸腿

将腌好的火腿放在清水中浸泡，肉面向下，全部浸没。水温10℃左右时，浸泡约10h。要求皮面浸软，肉面浸透。

5. 洗腿

浸泡后，用竹刷按顺序洗净脚爪、皮面、肉面等部位的盐污和油污，肉面顺纹轻轻刷洗、冲净，再放入清水中浸泡3h后刷洗干净。

6. 晒腿

将洗净的火腿吊挂在晒腿架上，用刀刮去剩余细毛和污物，约经4h，待肉面无水微干后加盖厂印、商标，再经3～4h，腿皮微干、肉面尚软时开始整形。

7. 整形

把火腿放在矫形凳上，将小腿校直，脚不弯曲，皮面压平，腿心丰满，使火腿外形美观，肌肉更加紧密，利于贮藏发酵。整形后再晾晒4～6d，至皮紧红亮并开始出油。

8. 发酵

将火腿移入室内挂放整齐，腿间留有5～7cm空隙，高度离地2m。经过2～3个月的晾挂发酵，肌肉表面逐渐生成绿、白、黑、黄色霉菌时即完成发酵。

9. 修整

晾挂后腿身干缩，腿骨外露，所以还要进行一次整形，即修平耻骨、修正股骨，并从腿脚向上割去腿皮，达到腿正直，两旁均匀，腿身呈“竹叶形”。

10. 落架堆叠

经过发酵、修整后的火腿，根据干燥程度分批落架，按照大小分别堆叠在木床上，肉面向上，皮面向下，堆高不超过15只，每隔10d左右翻堆一次，使之渗油均匀。经过半个月的后熟过程，即为成品。

11. 成品

成品火腿皮色光亮，肉面紫红，腿心饱满，形似竹叶，肌肉细密，咸淡适口，香气浓郁。成品率一般占鲜腿质量的64%。

五、注意事项

（1）第1次上盐要少，以均匀为准。因为鲜腿肉含水分较多，盐撒多了，难停留，会被水分冲流而落盐，起不到深入渗透的作用。

（2）腌制过程中需按批次用标签标明先后顺序，每批次按大、中、小三等，分别排列、堆叠，便于在翻堆用盐时不致错乱、遗漏，并掌握完成日期，严防乱堆乱放。4kg以下的小只鲜腿，从开始腌制到成熟期，需另行堆叠，不要与大、中腿混杂。

（3）腌制时用盐避免多少不一，影响质量。一般按腿的大小、肉质软硬程度及三签处余盐情况控制用盐量。

（4）抹盐腌腿时，要用力均匀，腿皮上切忌用盐，以防出现发白现象和失去光泽。每次翻堆，注意轻拿轻放，堆叠应上下整齐，不可随意挪动，避免脱盐。

（5）上述翻堆用盐次数和间隔天数，是指在0~10℃气温下，如出现温度过高、过低等情况，则应及时调整翻堆和用盐的次数。

（6）晾挂发酵可使水分进一步蒸发，并使肌肉中蛋白质发酵分解，增进产品的色、香、味。发酵时肌肉表面逐渐生成绿、白、黑、黄色霉菌，称为"油花"，属于正常现象。表明火腿干燥适度，咸淡适中，表示发酵结束。

六、质量指标

（1）感官指标　见表9－1。

表9－1　金华火腿的规格和质量标准

等级	香味	肉质	质量/（kg/只）	外形
特级	三签香	瘦多肥少，腿心饱满	2.5~5	竹叶形，细皮，小腿，爪弯，腿直，皮色黄亮，无红疤，无损伤，无虫蛀、鼠咬，油头小，无裂缝，小蹄至龙眼骨有40cm以上长，刀工光洁，皮面印章端正、清楚

续表

等级	香味	肉质	质量/（kg/只）	外形
一级	二签香，一签好	瘦多肥少，腿心饱满	2以上	出口腿无伤疤，内销腿无大红疤，其他要求与特级相同
二级	一签香，二签好	腿稍偏薄，但不露股骨头，脚头部分稍咸	2以上	竹叶形，爪弯，腿直，稍粗，无虫蛀、鼠咬，刀工细致，无毛，皮面印章端正、清楚
三级	三签中，一签有异味（但无臭味）	腿质较咸	2以上	无鼠咬伤，刀工粗略，印章端正、清楚

（2）理化指标　见表9－2。

表9－2　　金华火腿理化指标

项　目	指　标
过氧化值（以脂肪计）/（g/100g）	≤0.25
三甲胺氮含量/（mg/100g）	≤2.5
铅（Pb）含量/（mg/kg）	≤0.2
无机砷含量/（mg/kg）	≤0.05
镉（Cd）含量/（mg/kg）	≤0.1
总汞（以Hg计）含量/（mg/kg）	≤0.05
亚硝酸盐（以 $NaNO_2$ 计）含量/（mg/kg）	≤70

七、思考与应用

（1）金华火腿加工时修整腿坯有何要求？
（2）金华火腿腌制工序如何控制？
（3）金华火腿发酵结束的标志一般是什么？
（4）按实际操作任务过程写出实训报告，并分析出现质量问题的原因。

任务二

西式火腿加工

一、产品特点

西式火腿（盐水火腿）的主要特点是肉质鲜嫩，色泽鲜艳，味淡清香，含水量高，含盐量低（3% ~6%），成品率高、可直接食用，具有方便食品的优点，但是常温下不容易长期保存。

二、材料、器具及设备

1. 材料与配方

按猪后腿肉 10kg 计，腌制液配方：精盐 500g，水 5kg，硝石 10g，味精 300g，砂糖 300g，白胡椒粉 10g，复合磷酸盐 30g，生姜粉 5g，苏打 3g，肉蔻粉 5g。经溶解、拌匀过滤，冷却到 2 ~3℃ 备用。

2. 器具及设备

冷藏柜，刀具，台秤，蒸煮锅，加热灶，真空滚揉机，盐水注射机，火腿模具。

三、工艺流程

原料选择 → 盐水注射 → 腌制滚揉 → 充填成型 → 蒸煮 → 整形冷却 → 脱模包装 → 贮藏

四、操作要点

1. 原料选择

选择检验合格的猪后腿或背最长肌作为原料，将肉块上所有可见脂肪、结缔组织、血管、淋巴、筋腱等修除干净，再切成厚度不大于 10cm，重约在 300g 的肉块，去除皮和脂肪，再剔去骨头。

2. 盐水注射

将配制好的腌制液经盐水机，按肉重的 20% 进行肌肉注射，使腌制液均匀地渗入肌肉中。

3. 腌制滚揉

将注射好的肉块放入真空滚揉机，滚揉过程即为腌制过程，每小时滚揉 20min，正转 10min，反转 10min，停机 40min，腌制 24 ~36h。腌制结束前加入适量淀粉和味精，再滚揉 30min，腌制间温度控制在 2 ~3℃，肉温 3 ~5℃。

4. 充填成型

用不同规格的不锈钢模具，充入相应规格的肉料，压制成型。充填间温度控制在10～12℃，充填时每只模内的充填量应留有余地，以便称量检查时添补。在装填时把肥肉包在外面，以防影响成品质量。

5. 蒸煮

模具分层交叉垛于平底烧煮锅内，放入清水，水面稍高于模具顶部。水温加热至78～80℃后，保持这个温度3h左右，至产品中心温度达68℃。加热时间一般依赖蒸煮温度和产品单量，一般蒸煮1h/kg。

6. 整形冷却

整形的目的是将模具的压盖位置加以调整，不使产品形状怪异，影响美观，同时略加压力，使产品内部结构更为紧密。

7. 脱模包装

整形后的火腿即送入2～5℃冷库内继续冷却，时间12～15h，至产品中心温度与库温平衡即可脱模包装，在0～4℃冷藏库中贮藏。

五、注意事项

（1）对原料肉进行修整时应尽可能少地破坏肌肉的纤维组织，刀痕不能划得太大太深，并尽可能保持肌肉的自然生长块型。

（2）盐水的组成（添加剂浓度配比）与注射量是相互关联的两个因素，一般盐水的注射量在10%～40%。

（3）盐水注射的关键在于确保按照配方要求，将所有的添加剂均匀准确地注射到肌肉中。

（4）应严格控制滚揉强度，过度地滚揉将降低组织的完整性，并导致温度升高，因此滚揉必须在0～5℃的环境下进行。

六、质量标准

（1）感官指标　见表9－3。

表 9－3　　盐水火腿感官指标

项目	指　标
色泽	切片呈自然粉红色或玫瑰红色，有光泽
质地	组织致密，有弹性，切片完整，切面无密集气孔且没有直径大于 3mm 的气孔，无汁液渗出，无异物
风味	咸淡适中，滋味鲜美，具固有风味，无异味

（2）理化指标　见表 9－4。

表 9－4　　盐水火腿理化指标

项　目		指　标		
		特级	优级	普通级
水分/%	≤		75	
食盐（以 NaCl 计）含量/%	≤		3.5	
蛋白质含量/%	≥	18	15	12
脂肪含量/%	≤		10	
淀粉含量/%	≤	2	4	6
亚硝酸盐（以 $NaNO_2$ 计）含量/（mg/kg）	≤		70	

（3）微生物指标　见表 9－5。

表 9－5　　盐水火腿微生物指标

项　目	指　标
菌落总数/（cfu/g）	≤30000
大肠菌群/（MPN/100g）	≤90
致病菌（沙门菌、金黄色葡萄球菌、志贺菌）	不得检出

七、思考与应用

（1）盐水火腿具有哪些优点？

（2）如何控制加工中的盐水注射工序？

（3）盐水火腿加工中滚揉按摩的目的是什么？

（4）按实际操作任务过程写出实训报告，并分析出现质量问题的原因。

任务三 去骨火腿加工

一、产品特点

去骨火腿是用猪后大腿经整形、腌制、去骨、包扎成型后，再经烟熏、水煮而成。因此，去骨火腿是熟制品，具有肉质鲜嫩的特点，但保藏期较短。近年来加工去骨火腿较多。在加工时，去骨一般是在浸水后进行。去骨后，以前常连皮制成圆筒形，而现在多除去皮及较厚的脂肪，卷成圆柱状，故又称为去骨成卷火腿。亦有置于方形容器中整形者。因一般都经水煮，故又称其为去骨熟火腿。

二、材料、器具及设备

(1) 材料与配方 腌制液配方见表9－6。

表9－6 不同口味的腌制液配方

辅料	湿腌		注射
	甜味式	咸味式	
水	100	100	100
食盐	15～18	21～23	22
硝石	0.1～0.5	0.1～0.5	0.1
亚硝酸盐	0.05～0.08	0.05～0.08	0.1
砂糖	2～7	0.5～1.0	2.5
香料	0.3～1.0	0.3～1.0	0.3～1.0
化学调味品	—	—	0.2～0.5

(2) 器具及设备 冷藏室，台秤，刀具，盐水注射机，滚式按摩机，烟熏炉，棉布，蒸煮锅。

三、工艺流程

选料整形→去血→腌制→去骨、整形→卷紧→干燥、烟熏→水煮→冷却、包装→贮藏

四、操作要点

1. 选料整形

长形火腿是自腰椎留1~2节将后大腿切下，并自小腿处切断。短形火腿则自耻骨中间并包括荐骨的一部分切开，并自小腿上端切断。除去多余脂肪，修平切口使其整齐丰满。

2. 去血

取肉量2%~4%的食盐与0.2%~0.3%的硝酸盐，混合均匀涂布在肉的表面，堆叠在略倾斜的操作台上，上部加压，在2~4℃下放置1~3d，使其排除血水。

3. 腌制

（1）干腌法　按原料肉重量计，一般用食盐2%~5%，硝酸钾0.2%~0.25%，亚硝酸钠0.03%，砂糖为1%~3%，调味料为0.3%~1.0%，调味料常用的有月桂叶、胡椒等。

腌制时将腌制混合料分1~3次涂擦于肉上，堆于5℃左右的腌制室内尽量压紧，但高度不应超过1m。每3~5d倒垛一次。腌制时间因肉块大小和腌制温度及配料比例不同而异。小型火腿5~7d，5kg以上较大火腿需20d左右，10kg以上需40d左右。腌制温度较低，用盐量较少时可适当延长腌制时间。

（2）湿腌法　将洗净的去血肉块堆叠于腌制槽中，并将预冷至2~3℃的腌制液，按肉重的1/2量加入，使肉全部浸泡在腌制液中，然后在腌制室（2~3℃）腌制，一般腌制5d左右。如腌制时间较长，需5~7d翻检一次，检查有无异味，保证腌制均匀。

（3）注射法　用专用的盐水注射机把已配好的腌制液，通过针头注射到肉中而进行腌制。注射带骨肉时，在针头上装有弹簧装置。有滚揉机时，腌制时间可缩短至12~24h，这种腌制方法不仅能大大缩短腌制时间，而且可以通过注射前后称重而严格控制盐水注射量，保证产品质量的稳定性。

4. 去骨、整形

去除两个腰椎，拔出骨盘骨，将刀插入大腿骨上下两侧，割成隧道状，去除大腿骨及膝盖骨后，卷成圆筒形，修去多余瘦肉及脂肪。

5. 卷紧

用棉布将整形后的肉块卷紧，包裹成圆筒状后用绳扎紧，但大型的原料一定要扎成枕状，有时也用模具进行整形压紧。

6. 干燥、烟熏

30 ~ 35℃下干燥 12 ~ 24h，因水分蒸发，肉块收缩变硬，须再度卷紧后烟熏。烟熏温度在 30 ~ 50℃。时间因火腿大小而异，为 10 ~ 24h。

7. 水煮

水煮时以火腿中心温度达到 62 ~ 65℃保持 30min 为宜。若温度超过 75℃，则肉中脂肪大量熔化，常导致成品质量下降。一般大型火腿煮 5 ~ 6h，小型火腿煮 2 ~ 3h。

8. 冷却、包装、贮藏

水煮后略加整形，快速冷却后除去包裹棉布，用塑料膜包装，在 0 ~ 1℃的低温下贮藏。

五、注意事项

（1）去血水时操作台要有一定的倾斜度，以便渗出的血水及时流走。

（2）去骨时应尽量减少对肉组织的损伤。有时去骨在去血前进行，可缩短腌制时间，但肉的结着力较差。去骨最好在腌制后进行，可增强肉的黏着力。

（3）如果储存，宜用白蜡纸或薄尼龙袋包装。若不包装、吊挂或平摊，一般可保存 1 ~ 2 个月，夏天 1 周。

六、质量标准

（1）感官指标　无骨火腿可按外观、色泽、香味以及肉质不同分为三级。

① 一级：形态和烟熏状态良好，没有损伤和污染，色泽、香味、肉质俱佳，没有肉汁析出，瘦肉和脂肪比例适当。

② 二级：形态和烟熏状态较好，没有明显损伤和污染，色泽较好，香味与肉质稍好，肉汁几乎没有析出，瘦肉和脂肪比例大致相当。

③ 三级：形态和烟熏状态稍微不良，损伤和污染明显，色泽和香味较差，肉质不良，肉汁分离明显，脂肪过多。

（2）理化指标　见表 9 – 7。

（3）微生物指标　见表 9 – 8。

表9－7　　去骨火腿理化指标

项　目	指　标		
	特级	优级	普通级
水分/%		≤75	
食盐（以NaCl计）含量/%		≤3.5	
蛋白质含量/%	≥18	≥15	≥12
脂肪含量/%		≤10	
淀粉含量/%	≤2	≤4	≤6
亚硝酸盐（以$NaNO_2$计）含量/（mg/kg）		≤70	
苯并芘含量/（μg/kg）		≤5	
铅（Pb）含量/（mg/kg）		≤0.2	
无机砷含量/（mg/kg）		≤0.05	

表9－8　　去骨火腿微生物指标

项　目	指　标
菌落总数/（cfu/g）	≤30 000
大肠菌群/（MPN/100g）	≤90
致病菌（沙门菌、金黄色葡萄球菌、志贺菌）	不得检出

七、思考与应用

（1）去骨火腿与金华火腿的腌制方法有何不同？
（2）如何控制去骨火腿加工中的煮制工序？
（3）按实际操作任务过程写出实训报告，并分析出现质量问题的原因。

探索与创新

1．你食用过哪些火腿肉制品，印象最深的是哪个品牌？通过查资料、学习团队讨论，设计其制作方案，结合该项目学习进行产品开发。

2．对你所在的学习团队加工的火腿肉制品进行质量分析，提出产品的改进方案。

链接与拓展

［1］西式肉制品（低温肉制品）：与高温肉制品相比有其明显优势：它仅使蛋白质适度变性，从而获得较高的消化率，且肉质鲜嫩适口；低温杀菌营养成分损失少，为人体提供了较高的有效营养成分；低温肉制品的加工过程使得肉类原料可以与多种调料、辅料和其他种类食品配合，从而产生多种受人欢迎的风味；低温肉制品品种非常丰富，适应各种饮食习惯人群的需求。

但是，低温肉制品的加工特点决定了它在生产销售中也存在一些缺陷：由于杀菌温度低，虽然可以杀灭所有致病菌，但是不能杀灭形成芽孢的细菌，因此对原料肉的质量要求高，只有品质好、无污染的原料肉才能生产出合格的低温肉制品，并且应加强防止在生产加工过程中各环节的污染；由于低温杀菌不完全，要求销售过程中采用冷藏保存，因此相应增大了成本。

［2］金华火腿：金华火腿皮色黄亮、形似琵琶、肉色红润、香气浓郁、营养丰富、鲜美可口，素以色、香、味、形“四绝”闻名于世。据考证金华民间腌制火腿，始于唐代。唐开元年间（713—742年）陈藏器撰写的《本草拾遗》载：“火腿，产金华者佳”。距今已有一千二百余年历史。相传，宋代义乌籍抗金名将宗泽，曾把家乡“腌腿”献给朝廷，康王赵构见其肉色鲜红似火，赞不绝口，赐名“火腿”，故又称“贡腿”。因火腿集中产于金华一带，俗称“金华火腿”。后辈为了纪念宗泽，把他奉为火腿业的祖师爷。至20世纪30年代，义乌人在杭州开设“同顺昌腿行”和“太阳公火腿店”，堂前仍悬挂着宗泽画像，显示正宗，誉满杭城。1995年4有6日，首批百家中国特产之乡命名宣传活动组委会在北京人民大会堂授予浙江省金华市“中国金华火腿之乡”称号。

［3］宣威火腿：主产于云南省宣威市，当地制作历史悠久，但是称之为宣威火腿始于清政府将该地域定名为“宣威州”。1923年在广州的全国名特产品展览会上获得优美食品奖，特别是孙中山先生在参观展览现场品尝后赞扬“色鲜肉嫩，肥瘦适宜，味香回甜，油而不腻”，并题辞“饮和食德”相赠，于是宣威火腿美名远扬。云腿产地除宣威外，还有会泽、曲靖、富源、沾益、昭通、大关、彝良、巧家、鲁甸及贵州省威宁、赫章、盘县、水城等县，宣威火腿用乌金猪的后腿为原料。当地的柯乐猪、威宁猪、凉山猪、三岔河猪、大河猪都是属于乌金猪。宣威火腿的加工季节从霜降开始到立春为腌制期，挂至端午节成熟分级。宣威火腿的加工分为选料、修割、腌制、浸泡洗晒、上挂成熟几个阶段。

［4］三签头：分别见图9－1和图9－2。

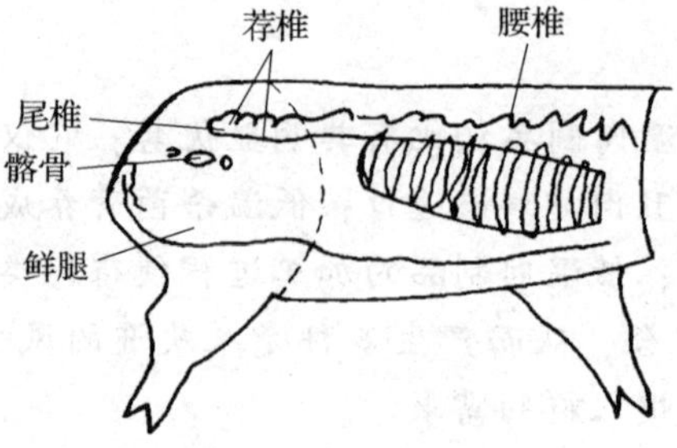

图9－1　腰椎骨节位置图

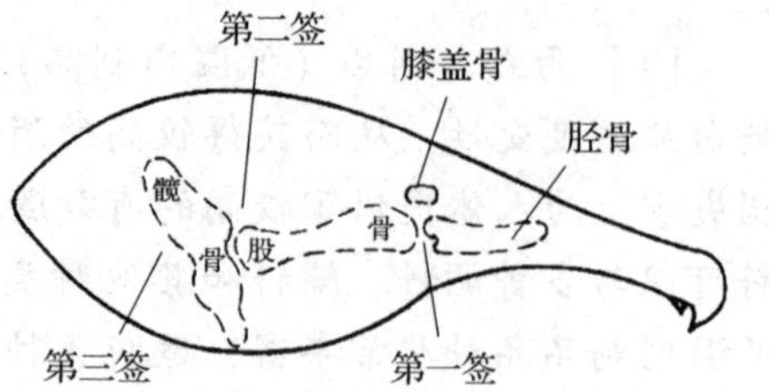

图9－2　火腿的三签部位

[5] 美国乡村火腿：在美国，用“乡村”或“乡村风格”是一种总的术语，指的是火腿的特征而不是某个特定的生产地点。美国规定，如果火腿实际上不在乡村生产的，在其标签上只能称“乡村风格”，而不能称“乡村”火腿。乡村火腿的特征是咸度较高，肉质较硬，较干并有很强的风味。乡村火腿主要生产于美国南部地区的西弗吉尼亚州、田纳西州、北卡罗来纳州、肯塔基州、佐治亚州和密苏里州。最著名的乡村火腿品种是史密斯菲火腿，产于西弗吉尼亚州的史密斯菲镇。与地中海附近的欧洲国家相比，美国乡村火腿的重要特征是较短的生产周期以及对火腿进行烟熏处理。

[6]“两头乌”猪：因其头颈部和臀尾部毛为黑色，其余各处为白色，故又称“两头乌”，是全国地方良种猪之一。原产东阳的画水、湖溪，义乌的义亭，金华的孝顺、澧浦、曹宅等地。20 世纪 60 年代起饲养范围渐次扩大到省内外。两头乌猪性成熟早，遗传性稳定，繁殖力强，是经济杂交的优良母本。肉猪早熟易肥，皮薄骨细，肉质鲜嫩，是腌制火腿的优质原料。肉猪 70kg 左右屠宰时，屠宰率为 70% ~72%，瘦肉率为 40% ~45%。

自我测试

一、填空（24×1 分）

1. 根据加工方法不同，可将火腿制品分为__________、__________两大类。

2. 我国著名的三大火腿为__________、__________、__________。

3. 西式火腿属于典型的__________，又称为__________，是指以欧美地区为代表的采用较低温度进行__________的肉制品。

4. 中式火腿质量评定时，关于“三签头”的含义是指火腿上__________的三个部位，腌制时常因没有腌透而发生__________，因此，在腊制时必须特别注意__________。

5. 中式火腿加工的关键工序为__________、__________、

________________。

6. ______是块状类西式肉制品生产中最关键的一道工序，是将注射盐水、嫩化后的原料肉，放在容器里通过转动的圆筒或搅拌轴的运动进行。其方式可分为________________、____________两种方式。

7. 西式火腿加工中滚揉好的标准可以从____________________、____________________、____________________几方面来判断。

8. 中式火腿加工所用的干腌法腌制时一般采用添加__________________和__________________来腌制。

9. 肉制品加工时蒸煮的方法包括________________、________________两种。

二、单项选择题（10×1分）

1. 腌制是肉制品加工的关键工序，中式火腿加工时采用的腌制方法是________。

A. 干腌法　　B. 湿腌法

C. 混合腌制法　　D. 盐水注射腌制法

2. 发酵是中式火腿加工的关键工序之一，发酵的时间一般需要________。

A. 1个月　　B. 2~3个月

C. 4个月　　D. 6个月

3. 西式肉加工滚揉时，应将环境温度控制在________。

A. 0℃　　B. 6~8℃

C. 10~15℃　　D. 20℃

4. 下列哪道工序是火腿生产加工成败的关键工序？________

A. 原料选择　　B. 腌制

C. 晾挂发酵　　D. 落架堆叠

5. 盐水火腿加工中，滚揉程序取决于下列哪些因素？________

A. 原料肉种类　　B. 盐水注射量

C. 原辅料的质量　　D. 温度

6. 适于大规模机械化生产，产品标准化程度高，且出品率高的火腿肉制品有________。

A. 金华火腿　　B. 宣威火腿

C. 盐水火腿　　D. 去骨火腿

7. 西式肉制品加工中，检验产品是否熟制的方法不包括________。

A. 检测产品中心温度　　B. 手捏

C. 刀切　　D. 火力大小

8. 适于大规模机械化生产，产品标准化程度高，且出品率高的火腿肉制品有________。

A. 金华火腿　　B. 宣威火腿

C. 盐水火腿　　D. 去骨火腿

9. 下列不是中式火腿腌制采用的物料进的是________。

A. 食盐　　B. 硝酸盐

C. 亚硝酸盐　　D. 酱油

10. 三用炉是目前国内外多用的集烤、熏、煮为一体先进设备，可高压蒸汽釜蒸煮火腿，其工艺参数的选择不正确的为________。

A. 温度100℃　　B. 温度121～127℃

C. 时间30～60min　　D. 时间120min

三、多项选择题（5×2分）

1. 腌制是肉制品加工的关键工序，西式火腿加工时采用的腌制方法是________。

A. 干腌法　　B. 湿腌法

C. 混合腌制法　　D. 盐水注射腌制法

2. 目前引入我国的西式肉制品主要有________。

A. 盐水火腿　　B. 熏制火腿

C. 火腿肠　　D. 发酵香肠

3. 火腿发酵可使肉质在酶的作用下，完成一系列生物化学过程，产生多种氨基酸和芳香醇，表面逐渐出现绿色或白色霉菌，可使下列哪些品质更为完善？________

A. 形状　　B. 肉色

C. 肉味　　D. 香气

4. 西式火腿是除发酵香肠外的典型西式肉制品，包括________。

A. 带骨火腿　　B. 去骨火腿

C. 盐水火腿　　D. 熏制火腿

5. 西式火腿加工中，需要经过烟熏工序的火腿是________。

A. 带骨火腿　　B. 去骨火腿

C. 盐水火腿　　D. 美国乡村火腿

四、判断题（10×1分）

1.（　　）中式火腿加工腌制时，温度宜掌握在30℃，以加快盐分的渗透。

2.（　　）中式火腿腌制时添加（亚）硝酸盐主要作用是抑制肉毒梭菌生长繁殖，而不是发色。

3.（　　）中式火腿发酵后表面逐渐出现绿色或白色霉菌（以绿色为佳）是发酵好的标志。

4.（　　）中式火腿发酵时应该将大、中、小型腿分类悬挂，腿与腿间按大留出5～7cm间隙。

5. ( ) 如果腿面发生白霉或绿霉时，是晒腿不足、腿肉温润的标志，像这样的腿容易生蛆，甚至腐烂。

6. ( ) 西式肉加工滚揉时，温度控制尤为重要。温度过高微生物易生长繁殖；温度过低生化反应速度减缓，达不到预期的腌制和滚揉目的。

7. ( ) 西式肉加工滚揉过程最终目的是达到腌制液在肉块中的均匀分布平衡，并缩短腌制时间。

8. ( ) 腌制是块状类西式肉制品生产中最关键的一道工序。

9. ( ) 注射法是用盐水注射机把已配好的腌制液，通过针头注射到肉中而进行腌制。

10. ( ) 去骨火腿因一般都经水煮，故又称其为去骨熟火腿。

五、名词解释（5×2分）

1. 火腿肉制品　2. 盐水火腿　3. 肉的嫩化　4. 滚揉　5. 西式肉制品

六、问答题（6×6分）

1. 火腿肉制品如何进行分类？
2. 试述西式火腿的特点。
3. 中式火腿加工的关键工序有哪些？如何控制火腿的腌制与发酵？
4. 西式火腿加工的关键工序有哪些？
5. 试述肉类嫩化的原理。
6. 西式肉品加工中滚揉好的标志有哪些？

项目十
调理肉制品加工

项目描述

调理肉制品是近年来发展起来的加工肉制品之一，通过对无骨鸡柳、冷冻调理猪肉串、冷冻鸡排加工的学习，掌握调理肉制品的加工原理，能够进行典型调理肉制品的加工。

学习目标

1. 知识目标
- 了解调理肉制品的概念、分类；
- 掌握调理肉制品的加工原理。

2. 能力目标
- 能够进行典型调理肉制品的加工制作；
- 能够进行调理肉制品生产配方设计与质量控制。

背景知识

一、调理肉制品的定义及分类

调理肉制品是随着生活节奏和城市化进程加快而快速发展起来的一类新型肉制品。近10年来，国内外调理肉制品加工产业规模逐渐壮大，加工技术不断升级，消费市场潜力巨大。

调理肉制品属调理食品[1]，根据《调理肉制品加工技术规范》（NY/T 2073—2011），调理肉制品是以畜禽肉为主要原料，绞制或切碎后添加调味料、蔬菜等辅料，经滚揉、搅拌、成型等预调制加工过程，或经蒸煮、油炸等预加热工艺加工而成，需在冷藏（0~4℃）或冷冻（-18℃以下）条件下贮藏、运输及销售，食用前需经二次加工的非即食类肉制品。按加热工艺分为预调制调理肉制品和预加热调理肉制品两类；按贮藏方式分为冷藏调理肉制品[2]和冷冻调理肉制品[3]两类。

从广义上讲，只要“含较多肉原料”并进行“工业化预制”的预包装食品（有些冷藏调理肉制品或常温调理肉制品可直接食用）均属于调理肉制品，但还应包括其他动物肉原料如水产肉，或其他含较多肉原料的复合型食品或菜肴，如水饺、匹萨、鱼排、鱼香肉丝等，甚至包括可常温贮藏的调理肉制品。事实上，在《调理肉制品加工技术规范》出台以前，调理肉制品没有一个准确的范畴，通常泛指传统手工预调制（如调味、调色、拌辅料等）的含肉较多的食品，如菜肴、点心等经工业化生产，或结合现代肉品加工工艺改良的以肉为主的预加工半成品食品或终产品食品。从狭义上讲，“以肉为主”、“原手工制作发展为工业化预调制”、“预包装”、“不能直接食用”为调理肉制品主要特征。

二、调理肉制品加工工艺

（一）原料预处理

1. 原料肉及辅料的贮藏

对原料肉的新鲜度、有无异常肉、有无寄生虫害等进行感官检查、细菌检查。各种肉类等冷冻原料保存在 -18℃以下的冷冻库，蔬菜类保存在0～5℃的冷藏库，面包粉、淀粉、小麦粉、调味料等应保存在10～18℃。

2. 原料肉的解冻

肉类等冷冻原料要采取防止其污染，并且达到规定工艺标准的合适方式进行解冻，解冻时间要短，解冻状态均一，并要求解冻后品质良好、卫生。自然式解冻架适用于分割肉的解冻及厂房比较充裕的工厂。无论是冬季还是夏季，解冻间温度需控制在10～15℃；喷淋式解冻架只适合白条肉的解冻，对于剔骨解冻流水线生产比较适宜。当冻白条肉挂满滑架后，打开喷淋架水管阀门，使水均匀地喷洒在冻肉上进行喷淋解冻。其解冻时间一般为15～20h。喷淋式解冻架优点是基本上形成半机械化的流水线操作，解冻后的白条肉表面干净卫生，细菌污染少；缺点是耗水量大，蛋白质流失也较大。

3. 切丁（丝）

切丁（丝）是对原料肉的切割。它的作用是根据不同产品的工艺需要，把肉切成丁、丝、片，然后转入深加工程序。在切丁（或切丝）机的出口，安装有刀栅。如果切丝，只要装1副刀栅即可。如果切丁，则需装2副十字交叉的刀栅。以切丁为例说明其工作原理：肉在肉料腔内被挤入2个刀栅，从而使挤出的肉料在刀栅的切割下形成截面为正方形的切丁肉条；肉条形成后，转刀将肉条斩成肉丁。斩刀有单刀也有双刀，通常小型机器用单刀，大机器装双刀。转刀的数量、转速与刀栅往复运动速度、出料速度必须相一致。当改变切丁规格时，需更换刀栅和调整刀的转速。

4. 绞肉

绞肉是将肉块切碎，是一种利用机械压力将块肉或碎肉送进横向设置的，具有锋利棱边螺纹的筒状物，然后通过一系列刀具和带孔的板，挤压而出的加工单元。绞肉机的功能较多，不但可以绞肉，也可以搅拌混合辅料，还可在绞肉时自动将肉块中的筋腱、碎骨、软骨筛选剔除。一般较先进的自动绞肉机有两套螺杆推进器，挨着料斗底部的是送料螺杆推进器，其功能是将原料送入位于下方的绞肉螺杆推进器；绞肉螺杆推进器是将原料压入绞刀孔板的系统，原料在螺杆推动下，通过大孔板，经绞刀切碎后从小孔板挤出，即成符合工艺要求的肉粒。送料推进器分三档速度：快速档适合于绞小块鲜肉；中速档适合于绞大块鲜肉或小块冻肉；慢速档适合于绞大块冻肉。绞肉螺杆推进器分两档速，快速档适合于配大孔板；低速档适合于配小孔板。为了防止空转向刀孔板，绞肉螺杆推进器有延时功能；当肉料由送料螺杆推进器送入绞肉螺杆推进器时，绞肉螺杆推进器才开始转动。有些自动绞肉机还可选配筋腱、软骨分离装置，分离出来的筋腱粒、软骨粒通过旁边的通道收集到另外一个容器中。

5. 斩拌

斩拌是用来斩切、拌和原料的加工单元。绞碎的肉放入旋转的盘中，飞速旋转的斩刀能把肉斩切得非常细。在调理肉制品制作中，斩拌起着极其重要的作用。通过斩拌机的斩拌，使原料肉馅产生黏着性。斩拌的同时，加入各种辅料进行混合。斩拌质量好坏，直接决定产品最终质量。斩拌机的机械传动系统分为四部分：斩刀系统高速旋转以斩拌原料肉，斩切速度高达144m/s；转盘系统驱动转盘旋转；料转盘机械传动系统带动出料器轴头上装的出料盘旋转，斩拌好的肉料从出料盘顺利导出转盘；上料机械系统把标准肉斗车内的原料肉，倾卸于转动的转盘内。

6. 滚揉

滚揉是利用物理冲击的原理，让肉在滚筒内上下翻动，相互撞击、摔打，达到按摩、腌渍作用的加工单元。滚揉可使肉均匀地吸收腌渍，提高肉的黏着力及产品的弹性；可增强保水性，增加出品率；可改善产品的内部结构，节能高效。滚揉机可分为真空滚揉机、变频真空滚揉机、变压真空滚揉机、真空自制冷滚揉机等类型。

（二）调理

1. 产品的成型

成型是有效地生产多种形状产品的加工单元，且可保持均匀的产品重量。通过成型可得到客户想要的任何形状的产品，如矩形、圆形、三角形、方形、菱形，任何形式的产品如饼、丸、条、块、串等；能开发多种产品结构的产品，如肉糜型、肉块型和夹心型等。

成型设备根据其工作原理可分成两种类型：压块送料型成型机和螺旋送料型成型机。

（1）压块送料型成型机　物料由提升机装入料斗，进入料斗的物料首先由送料压块机送到料斗底部，然后由填料压块机构压入可水平移动的成型模板。被填满物料的模板移出填料区到卸落位置，由脱模冲头通过机械冲压和压缩空气喷吹脱模。为了脱模方便和保证成形质量，脱模冲头在每次冲压前都需要喷一些水。被冲压成型的产品卸落到传送带上，送入下道工序加工。模板孔的形状决定着产品的形状，模板的厚度决定产品的厚度，范围为640mm。

压块型成型机的特点是构造简单、价格便宜，但只适合于做肉廉型产品。另外，由于送料压块和填料压块在料斗把原料进行不停地搅拌，会使肉温升高过快。所以，用这类成型机加工产品，每次投料不要太多。

（2）螺旋送料型成型机　被成型原料由提升机倒入料斗，料斗下方是两个液压驱动螺旋进料器。螺旋进料器将原料送入一个封闭腔内，冲头将物料压入成形模板。被填满物料的模板移出填料区到卸落位置，由脱模冲头通过机械冲压和压缩空气喷吹脱模，被冲压成型的产品卸落到传送带上，送入下道工序加工。模板孔的形状决定着产品的形状，模板的厚度决定产品的厚度，范围为6～40mm。由于料斗装有提升装置，所以模板更换非常简单。

螺旋送料型成型机的特点是产量高，且适合做肉块型产品。

对于不同的产品，成型的要求不同。土豆饼、汉堡肉饼、肉丸等是经肉丸成型机一次成型，而烧麦、水饺、春卷等是采用皮和馅分别成型后再由皮来包裹成型；夹心制品一般由共挤成型装置来完成。

2. 裹涂

裹涂是速冻方便食品加工中一道重要的工艺，其目的是赋予产品诱人的外观，保持产品水分而增加得率，改善产品口感，使产品外脆、内软、多汁。裹涂最常见的方式有预撒粉、上浆、上屑、膨化上浆，或是上述方式的某种组合，如预撒粉→上浆→上屑、上浆→上屑、预撒粉→上浆→再撒粉、上浆→撒粉→上浆、预撒粉→膨化上浆。

习惯上把最后一道裹涂干粉或干屑的，称为干裹涂；最后一道裹涂湿屑或浆液的，称为湿裹涂。干裹涂产品在油炸后的含油量远远超过湿裹涂产品。在口感上，湿裹涂比干裹涂要好一些。

裹涂设备就是满足上述工艺的设备及设备组合。常见的裹涂设备有扁平形易碎产品预撒粉机、异型带骨产品上浆机、高性能预撒粉机、薄浆上浆机、浓浆上浆机、膨化上浆机、通用上浆机、普通上屑机、粗面包屑上屑机，以及上述单一裹涂设备的某种组合等。

3. 产品的热加工

热加工包括油炸、蒸煮、烘烤等操作，不但会影响产品的味道、口感、外观等重要品质，同时对冷冻调理制品的卫生保证与品质保鲜管理也至关重要。

（1）油炸　油炸是冷冻调理肉制品加工工艺中必不可少的工序。这是因为油炸是裹涂后，特别是膨化裹涂后的必要工艺。当生产部分加热熟制调理的肉制品（预制品）时，油炸是瞬间油炸；当生产完全经过加热熟制的冷冻调理肉制品（全熟制品）时，油炸被称之为完全油炸。完全油炸的工艺要求是“弓形”温度分布：在油炸的第一阶段，为了使产品表面迅速固化，减少产品水分损失，油温一定要高；在油炸的中间阶段，为了防止产品表面碳化，加快产品内部熟化，油温必须降低；在油炸的最后阶段，为了增加产品的香脆感，降低产品含油量，必须提高油炸温度。“弓形”油炸要求既可以在一台油炸机上通过设不同温度区域来完成，也可以通过多台油炸机配合使用来完成。为了保证油炸质量的稳定性，现代工业生产均采用连续式油炸机。

油炸目的包括：

① 固定产品形状：成型、裹涂后的产品很软，很难进行包装、运输和储存。即使速冻后，因为冷库和冰箱温度的波动，也难以维持原先的形状。以固定形状为目的的油炸往往是瞬间油炸。瞬间油炸后的产品是预制品，食用前需要再加工，但瞬间油炸缩短了再加工的时间。

② 产品可直接食用，经过全熟油炸后的产品称全熟产品，食用前不需加工或仅需加热处理。

③ 改善产品外观和风味：油炸与裹涂相配套的工艺，目的主要为了使产品更具有色、香、味。

④ 增加裹涂产品重量：经过油炸，可以增加干裹涂产品重量5%左右，其中油使产品增重6%，失水减少产品重量1%，使湿裹涂产品增1%，其中油增加产品重量3%，失水减少产品重量2%。

⑤ 油炸使产品更加安全、卫生。

（2）蒸煮　蒸煮是全熟制品熟化的一种热加工单元，由蒸煮设备来完成。

主要蒸煮设备有蒸汽蒸煮隧道、螺旋式蒸煮炉等。

① 蒸汽蒸煮隧道：蒸汽蒸煮隧道适合连续式蒸煮蔬菜、虾（保持色泽）、肉

饼、肉制品以及鸡胸肉等，也适合蒸煮浅炸的非裹涂产品，或对真空包装的产品进行巴氏杀菌或者两次杀菌。蒸汽蒸煮隧道一般是单独使用的，不配置在速冻方便食品生产的流水线中。

产品随传送带进入蒸汽蒸煮隧道进行蒸煮。整机隔热绝缘的蒸煮炉分为两个相对独立的工作区，由蒸汽加热，通过两个温控器控制蒸汽阀门的开关，而使每一区的工作温度在80～100℃调节。该蒸汽蒸煮隧道装备了两个循环扇，使蒸汽以较低的速度循环，以保证对蒸煮过程的控制与调节。热量在蒸汽蒸煮隧道内分布均衡，保证加工产品质量的稳定一致。

② 螺旋式蒸煮炉：螺旋式蒸煮炉与蒸汽蒸煮隧道的功能是完全一样的。两者的区别在于：结构不一样，前者是双螺旋塔，后者是隧道；性能有差别，前者由于传送带长，所以产量大。

传送带是无级变速的，蒸汽被注入蒸煮炉内，由四个风扇吹动，使其在产品周围循环流动，将产品蒸熟。螺旋式蒸煮炉内的最高温度可以达到100℃。整机封闭绝缘的蒸煮炉内双塔区内的温度可以单独调节，以满足不同产品的工艺要求。气流速度是无级变速的，气流湿度是自动调节的，因此，可以使炉内的湿度均衡一致并保持在设定的露点值。

（3）烘烤　烘烤也是一种全熟制品的熟化工艺。全熟工艺过程既可在单台烘烤机（或蒸煮机）上完成，也可以与油炸机配合起来使用。常见的全熟工艺有单一烘烤（或单一蒸煮）、瞬间油炸→烘烤、烘烤→瞬间油炸。主要烘烤设备有热风烘烤隧道、热风螺旋式烘烤炉及无油烘烤机等。

① 热风烘烤隧道：热风烘烤隧道是传统方便食品生产加工流水线中紧跟着油炸设备后的烹饪设备。除作为整条流水线的烹饪设备外，还可单独作为烘烤设备，烘烤各种产品，如肉类、禽类、马铃薯及其他各种素食产品。热风烘烤隧道在关闭热交换器时，可作为蒸汽蒸煮隧道使用。热风烘烤隧道整机隔热绝缘的热风烘烤隧道分为两个相对独立的工作区，由电加热或导热油加热，蒸汽加湿，通过两个独立的温控器，使每一工作区的温度在100～250℃调节。这既能根据不同产品使用不同的加工工艺，也保证了加工后产品质量的稳定一致。

传送带沿着烘烤隧道底槽返回，并且将油脂及各种渣子带回进口端的收集箱中。而传送带则不间断地由旋转刷子清洗干净。

② 热风螺旋式烘烤炉：热风螺旋式烘烤炉，与热风烘烤隧道一样，是传统方便食品生产加工流水线中紧跟着油炸设备后的烹饪设备。除作为整条流水线的烹饪设备外，还可单独作为烘烤设备，烘烤各种产品，如肉类、禽类、马铃薯及其他各种素食产品。

热风螺旋式烘烤炉与热风烘烤隧道的功能完全一样。两者的区别在于：结构不一样，前者是双螺旋塔，后者是隧道；性能有差别，前者由于传送带长，所以产量大，而且产品在较低的温度较长的时间下成熟，其结果必然是出品率高、口感润泽。

③ 无油烘烤机：无油烘烤机是为满足人们对低脂肪方便食品日益增长的需要。在这个系统中不使用脂肪、油和水。无油烘烤机使产品达到家庭烹饪的外观。牛排、鸡片、培根、腊肉等，由于直接与热接触，产品更加引人注目。

产品随进口传送带进入两条聚四氟乙烯带中间。两条聚四氟乙烯带的外侧是电热板，这样电热板将两条聚四氟乙烯带加热，聚四氟乙烯带将产品烤熟。由于产品两面同时受到两条聚四氟乙烯带的烘烤，使产品获得一层美味可口的褐色外皮。进入无油烘烤机的产品既可以是生的原料，也可以是经蒸煮后的成品或半成品。经无油烘烤机烘烤后的产品，即可进行包装或进行冷却或冷冻的进一步加工。

4. 冻结

在完成成型、裹涂、油炸、烘烤等工序后的调理肉制品半成品，还需经冷却、快速冻结（速冻），才能保持其质量、新鲜度并延长货架期。能满足冷却、速冻工艺的设备有冷却传送带、螺旋速冻机、集装箱式速冻机及特种螺旋速冻机。

(1) 冷却传送带　从产品本身的加工工艺来说，冷却不但不是必需的，且有时还是多余的，甚至是不利的，因为油炸或烘烤后直接速冻，可以达到快速通过蛋白质危险温度区域及快速通过最大冰晶生成区两个目的。但从速冻设备安全运行的角度来考虑，冷却又是必需的。这是因为过高的速冻初始温度，速冻机的蒸发器内的制冷介质沸腾，造成制冷压缩机温冲程，严重影响制冷设备运行安全。所以，除非产品工艺有特别要求，一般都应在流水线中配置冷却传送带。

冷却传送带的工作原理很简单，就是在普通传送带上方加装风扇。为了安全，风扇上方通常要装网罩。经过冷却传送带冷却后的产品，中心温度可70℃降到20℃。

(2) 螺旋速冻机　螺旋速冻机是单体快速冻结（IQF）设备最常用最典型的一种。它的最大特点是在较小的空间内容纳很长的速冻传送带，因此具有较大的冻结能力。

产品由进口传送带送进速冻机。传送带速度根据产品的速冻时间调节。在速冻机螺旋的各个层面上，气流按设定的温度、速度循环，均匀一致地包围环绕产品，与产品进行热交换。气流方向根据产品不同，可以是水平的，也以是垂直的。大而扁平的产品如肉饼，或装在盘子里速冻的产品，适合水平气流；圆的、颗粒状的产品，如肉丸子、炸鸡块，适合垂直气流的速冻机。气流速度与冻结时间成正相关。

（三）金属或异物探测

速冻调理肉制品包装后一般进行金属或异物探测，确保其质量与安全。

1. 金属探测

金属探测是从包装成品检测出所有金属杂质，包括铁、不锈钢、铜、铝等加工单元。金属探测设备一旦检测到金属后即刻报警，使得传送带停止运行。可人工除去含金属杂质的产品。金属探测采用全镜面不锈钢结构满足食品行业的卫生和 HACCP 认证要求，拆卸简单，方便清洗；可手动学习并补偿产品效应。检测产品效应大或特殊包装的物品时，可选低频处理技术。

2. 异物探测

目前，在调理肉制品加工中应用比较普通的异物探测是 X 线食品异物探测，主要是利用 X 线的穿透性，集成了光电一体化技术，紧密融合计算机、信号处理等技术，通过将图像信息进行区分、提取、经视觉和模式识别进行判别，最终实现混于食品中的密度较大的非金属异物或金属异物探测。

（四）冻藏、物流、销售

速冻调理肉制品入 -18℃或以下冷冻库进行冻藏。速冻调理肉制品从工厂加工出来一直到消费者手上，会经历冻藏、物流运输到销售店的冻藏及陈列展销等环节，其品质保持与品温有直接关系，品温越低，品质降低的速度就越慢。因此，从生产到消费之间应连续低温处理或维持低温贮藏状态。在欧美等国，为了保持速冻调理肉制品的优良品质，很早就重视冷链问题，普及了低温运输的冻藏火车、冻藏汽车、冻藏船等设施，运输环节可看作是冻藏的延长，所以仍需保持较低的温度。

速冻调理肉制品刚加工完成时，在包装上印有生产日期和保质期，这与冻藏温度密切相关，否则意义不大。当品温升高 10℃，实际保质期就要缩短为原来的 1/5 ~ 1/2，因此，其品质在更大程度上是取决于冻品经历的温度及其变化。保质期短并不能保证速冻调理肉制品的质量一定是好的，如果放在不适宜的温度下流通，冻品质量很快下降，甚至失去食用价值。与罐头食品不同，冷冻食品不能以生产日期和保质期作为品质判断的依据。

速冻调理肉制品在冷链过程中发生的变化主要有冰结晶的成长，干耗与冻结烧[4]，液汁流失，色、香、味及质地劣变等。防止措施包括：采用自动精确控温以减少冻藏间的温度波动，加强冷库隔热效果，产品表面镀冰衣层，真空包装等。

任务一
无骨鸡柳加工

一、产品特点

无骨鸡柳是一种采用鲜鸡胸肉为原料，经过滚揉、腌渍、上浆、裹屑、油炸（或不油炸）、速冻、包装的鸡肉快餐食品。根据消费者的需求，口味分为香辣、原味、孜然和咖喱等，食用时采用170℃的油温油炸2～3min即可。由于其食用方便，外表金黄色，香酥可口，所以一直受到消费者的喜爱。

二、材料、器具及设备

1. 材料与配方

鸡胸肉100kg，冰水20kg，食盐1.6kg，白砂糖0.6kg，复合磷酸盐0.2kg，味精0.3kg，I＋G[5] 0.03kg，白胡椒粉0.16kg，蒜粉0.05kg，其他香辛料0.8kg，鸡肉香精0.3kg。（其他风味可在这个风味的基础上调整：香辣味加辣椒粉1kg，孜然味加孜然粉1.5kg，咖喱味加入咖喱粉0.5kg。）小麦粉、浆粉、裹屑适量。

2. 器具及设备

案板，滚揉机，上浆机，油炸机，速冻机，包装机，金属探测器，天平，刀具，塑料盆。

三、工艺流程

鸡大胸肉→解冻→切条→加香辛料、冰水→真空滚揉→腌渍→上浆→裹屑→油炸或不油炸→速冻→包装→金属或异物探测→入库

四、操作要点

1. 选料、解冻、切条

选择经兽医卫检合格的新鲜鸡大胸肉或解冻的鸡大胸肉，脂肪含量10%以下；其他辅料均为市售。将胸肉沿肌纤维方向切割成条状，每条质量为7～9g。

2. 真空滚揉、腌渍

将鸡大胸肉、香辛料和冰水放入滚揉机，抽真空，真空度0.9×10^5Pa，正转

20min，反转20min。在0～4℃的冷藏间静止放置12h腌渍，以利于肌肉对盐水的充分吸收。

3. 上浆

将切好的鸡肉块放在上浆机的传送带上，给鸡肉块均匀上浆。浆液采用专用的浆液，配比为粉: 水 =1∶1.6，在打浆机中打浆3min，浆液浓度均匀。

4. 裹屑

采用市售专用的裹屑，在不锈钢盘中，先放入适量的裹粉，而后鸡胸肉条沥去部分腌渍液放入裹粉中，用手工对上浆后的鸡肉条均匀地上屑后轻轻按压，裹屑均匀，最后放入塑料网筐中，轻轻抖动，抖去表面的附屑；或采用专用上屑机进行裹屑操作。

5. 油炸

首先将油炸机预热至185℃，使裹好的鸡肉块依次通过油层，采用起酥油或棕榈油，油炸时间25～30s，也可不采用油炸步骤，根据加工的条件来调整工艺的要求。

6. 速冻

将无骨鸡柳平铺在不锈钢盘上，注意不要积压和重叠，放进速冻机中速冻。速冻机温度－35℃，速冻时间30min。要求速冻后的中心温度－18℃以下。

7. 包装

将速冻后的无骨鸡柳放入塑料包装袋中，利用封口机密封，打印生产的日期。

8. 金属或异物探测

包装后一般进行金属或异物探测，确保食品质量与安全。

9. 入库

及时送入－18℃冷库保存，产品从包装至入库时间不得超过30min。

五、注意事项

（1）若用冷冻鸡大胸肉加工，将冻鸡大胸肉拆去外包装纸箱及内包装塑料袋，放在解冻室不锈钢案板上自然解冻至肉中心温度－2℃即可；

（2）抽真空，真空度 0.9×10^5Pa，正转20min，反转20min；在0～4℃的冷

藏间静止放置12h腌渍，以利于肌肉对盐水的充分吸收。

（3）上浆时采用专用的浆液，配比为粉: 水 =1∶1.6，在打浆机中打浆3min，浆液浓度均匀。

六、质量指标

（1）感官指标　见表10－1。

表10－1　　无骨鸡柳感官指标

项　目	指　标
色泽	金黄色
香气	具有特有的特征香气
滋味	具有特有的特征风味
形状	条状

（2）理化指标　见表10－2。

表10－2　　无骨鸡柳理化指标

项　目	指　标
过氧化值（以脂肪计）/（g/100g）	≤0.25
铅（Pb）含量/（mg/kg）	≤0.2
无机砷含量/（mg/kg）	≤0.05
镉（Cd）含量/（mg/kg）	≤0.1
总汞（以Hg计）含量/（mg/kg）	≤0.05

（3）微生物指标　见表10－3。

表10－3　　无骨鸡柳微生物指标

项　目	指　标
菌落总数/（cfu/g）	≤10000
大肠菌群/（MPN/kg）	≤10
致病菌	不得检出

七、思考与应用

（1）无骨鸡柳具有哪些特点？

（2）如何控制加工中的滚揉工序？

(3) 无骨鸡柳加工中滚揉的目的是什么?

(4) 按实际操作任务过程写出实训报告，并分析出现质量问题的原因。

任务二

冷冻调理猪肉串加工

一、产品特点

冷冻调理猪肉串以冷鲜猪肉为原料，产品为半方便食品，采用独特的生产工艺制作而成，风味独特，口感细腻。食用时无需解冻，无需调味，直接油炸、油煎、烧烤即可食用，也可以作为涮火锅的原料。

二、材料、器具及设备

1. 材料与配方

猪肉100kg，冰水20kg，食盐1.6kg，白砂糖1kg，复合磷酸盐0.15kg，味精0.3kg，I+G 0.03kg，白胡椒粉0.16kg，蒜粉0.05kg，猪肉香精0.3kg，辣椒粉1kg。

2. 器具及设备

滚揉机，速冻机，包装机，金属探测器，天平。

三、工艺流程

原料肉选择 → 修整 → 切块 → 滚揉 → 腌制 → 穿串 → 冷冻 → 金属探测 → 包装 → 入库贮存

四、操作要点

1. 原料肉选择

选择非疫区的成熟生猪，并且必须经检疫、检验合格，经过冻结工艺过程其后腿肌肉深层中心温度不高于-15℃的冷冻猪肉，或者选择严格执行检疫制度宰杀后的温热畜肉，迅速经过各种方法使其温度降至0~4℃（此温度高于肉组织的冰点而避免冻结），并在后续的分割加工、流通和零售过程中始终处于不超过7℃的冷却链控制下的生鲜肉。

2. 修整

原料肉经解冻分割，切除筋腱、血管、淋巴筋膜及软骨，分割成1kg的肉块，以便切块。

3. 切块

将原料肉半解冻、分割，有利于切块。切块大小与嫩化及入味效果至关重要。将肉分切成约15mm×15mm×10mm（长×宽×厚）的块状。

4. 滚揉、腌制

根据配方配比要求，按量称取所需辅料，配制好滚揉腌制料水，将修整切好块的产品与腌制料水一起送入滚揉桶内。原料修整切块完毕到产品开始滚揉，过程积压时间不得超过1h，环境温度0～4℃。滚揉腌制料水配制时，应采用50%的冰+50%的水，且水质符合国家要求，保证料水的温度控制在2～6℃，原料必须达到滚揉机的2/3，滚揉总时间10min，运行2min，暂停3min，总腌制时间12h。

5. 穿串

穿串前，应将竹签放置在82℃热水中浸泡10min，清洗干净方可使用，同时要剔除带毛刺、霉变、变形的竹签。穿串工人应按要求做好班前卫生，包括工作台案、人手的清洗消毒。每串肉肥瘦搭配，一般按瘦—肥—瘦—肥—瘦的顺序穿在竹签上。穿肉时，按切块的对角线穿串，穿串方向与肉的肌纤维方向成45°角，此穿法肉块不易掉。另外，为了安全起见，肉串要求竹签尖端不外露，这样还可防止竹签刺破包装袋。肉串的长度和重量可根据市场需要进行调整，每串肉长约10cm，重量有每支15g、18g、20g等不同。

6. 冷冻

将穿好的肉串摆放整齐进行急速冷冻，摆放时应相互不粘连。冷冻温度－35℃，时间控制在3h以内。肉串中心温度达到－5℃以下时，方可出库进行包装。

7. 金属探测

冷冻后的产品逐一通过金属探测仪，金属探测时设定Fe（φ）1.5mm，每2h校正1次灵敏度。

8. 包装

通过金属探测仪的产品，按成品规格包装封口，净含量符合国家相关要求，肉串类产品净含量要求去竹签重量，包装袋最好选用符合国家规定的可直接接触产品的聚乙烯材料。依成品标准测定菌落总数，合格后装箱包装入库，打印产品生产日期。

9. 入库贮存

冷冻调理肉串库温 -18℃，保质期9个月。

五、注意事项

（1）滚揉腌制如中途因停电或机械故障停机，滚揉时间顺延，同时减去相应的静置时间；

（2）穿肉时，按切块的对角线穿串，穿串方向与肉的肌纤维方向成45°角，此穿法肉块不易掉；

（3）注意冷冻过程中要用高压聚乙烯薄膜覆盖在表面，防止冷冻过程表面被风干。肉串在穿好后，要及时送入急冻库，若不及时冷冻，颜色会变暗，失去新鲜感。

六、质量指标

（1）感官指标　见表10-4。

表10-4　冷冻调理肉串感官指标

项目	指　标
色泽	切面呈玫瑰红色
香气	具有特有的特征猪肉香气
滋味	具有特有的特征香辣风味
形状	整齐无脱落肉块

（2）理化指标　见表10-5。

表10-5　冷冻调理肉串理化指标

项　目	指　标
过氧化值（以脂肪计）/（g/100g）	≤0.25
铅（Pb）含量/（mg/kg）	≤0.2
无机砷含量/（mg/kg）	≤0.05
镉（Cd）含量/（mg/kg）	≤0.1
总汞（以Hg计）含量/（mg/kg）	≤0.05

（3）微生物指标 见表10-6。

表10-6 冷冻调理肉串微生物指标

项目	指标
菌落总数/（cfu/g）	≤10000
大肠菌群/（MPN/kg）	≤10
致病菌	不得检出

七、思考与应用

（1）冷冻调理猪肉串具有哪些特点？
（2）如何控制冷冻调理猪肉串加工中的腌制工序？
（3）如何控制冷冻调理猪肉串加工中的穿串工序？
（4）按实际操作任务过程写出实训报告，并分析出现质量问题的原因。

任务三

冷冻鸡排加工

一、产品特点

冷冻鸡排属于重组肉制品。鸡排重组改变了鸡肉原有的自然结构，使肌肉组织、脂肪组织和结缔组织得以合理的分布和转化，借助于机械和添加辅料（如食盐、磷酸盐、淀粉等）以提取肌肉纤维中的基质蛋白和利用添加剂的粘合作用，使肉颗粒和肉块重新组合，经冷冻后直接出售或者经预热处理保留和完善其组织结构。

二、材料、器具及设备

1. 材料与配方

鸡胸肉80kg，冰水20kg，食盐1.5kg，白砂糖0.6kg，复合磷酸盐0.2kg，味精0.3kg，I+G 0.03kg，白胡椒0.16kg，蒜粉0.05kg，其他香辛料0.8kg，天博6309鸡肉香精0.1kg，21067鸡肉香精0.01kg。

2. 器具及设备

滚揉机，油炸机，速冻机，包装机，天平。

三、工艺流程

鸡小胸肉（冻品）→解冻→真空滚揉→腌渍→上浆→裹屑→油炸→速冻→包装→入库

四、操作要点

1. 原料的选择

鸡胸肉经兽医卫生检验合格，要求规格在每块 30 ~ 36g，脂肪含量 10% 以下。

2. 解冻

将经兽医检验合格的鸡胸肉，拆去外包装纸箱及内包装塑料袋，放在解冻室不锈钢案上自然解冻至肉中心温度 2℃ 即可。

3. 真空滚揉

将鸡胸肉、香辛料和冰水放在滚揉机里，盖好盖子，抽真空，真空度 0.09MPa，正转 20min，反转 20min。

4. 腌渍

在 0 ~ 4℃ 的冷藏间静止放置 12h，以利于肌肉对盐水的充分吸收入味。

5. 上浆

将切好的鸡肉块放在上浆机的传送带上，给鸡肉块均匀上浆。浆液采用专用的浆液，配比为粉: 水 = 1: 1.6，在打浆机中打浆 3min，浆液黏度均匀。

6. 裹屑

采用市售专用的裹粉，在不锈钢盘中，先放入适量的裹屑，再把鸡胸肉块淋去部分腌渍液放入裹粉中，用手工对上浆后的鸡肉块均匀上粉后轻轻按压，成较薄的柳叶状，最后放入塑料网筐中，轻轻抖动，抖去表面的附粉。

7. 油炸

首先将油炸机预热至 185℃，使裹好的鸡肉块依次通过油层，采用起酥油或棕榈油，油炸时间 25s，油炸后的颜色呈浅黄色，产品中心温度 45 ~ 50℃。

8. 速冻、包装、入库

将鸡排平铺在不锈钢盘上，注意不要积压和重叠，放入速冻机中速冻。速冻机温度 -35°C，时间 30min。要求速冻后的中心温度在 -8℃以下；包装入库。

五、注意事项

（1）原料选择的鸡胸肉要求脂肪含量 10% 以下；
（2）上浆时浆液黏度要均匀，保证均匀上浆；
（3）裹屑完成前要轻轻抖去表面的附粉。

六、质量指标

（1）感官指标　见表 10 -7。

表 10 -7　冷冻鸡排感官指标

项　目	指　标
色泽	浅黄色
香气	具有鸡肉香气
滋味	具有淡淡鲜味
形状	柳叶形

（2）理化指标　见表 10 -8。

表 10 -8　冷冻鸡排理化指标

项　目	指　标
过氧化值（以脂肪计）/（g/100g）	≤0.25
铅（Pb）含量/（mg/kg）	≤0.2
无机砷含量/（mg/kg）	≤0.05
镉（Cd）含量/（mg/kg）	≤0.1
总汞（以 Hg 计）含量/（mg/kg）	≤0.05

（3）微生物指标　见表 10 -9。

表 10 -9　冷冻鸡排微生物指标

项　目	指　标
菌落总数/（cfu/g）	≤10000
大肠菌群/（MPN/kg）	≤10
致病菌	不得检出

七、思考与应用

（1）冷冻鸡排具有哪些特点？
（2）如何控制冷冻鸡排加工中的上浆工序？
（3）如何控制冷冻鸡排加工中的裹屑工序？
（4）按实际操作任务过程写出实训报告，并分析出现质量问题的原因。

探索与创新

1. 你食用过哪些调理肉制品，印象最深的是哪个品牌？通过查资料、学习团队讨论，设计其制作方案，结合该项目学习进行产品开发。

2. 对你所在的学习团队加工的调理肉制品进行质量分析，提出产品的改进方案。

链接与拓展

[1] 调理食品：是指以农产、畜禽、水产品等为主要原料，经前处理及配制加工后，采用速冻工艺，并在冻结状态下（产品中心温度在 -18℃以下）储存、运输和销售的包装食品。调理食品属于冷冻食品的范畴，冷冻食品现有五个大类：调理食品、畜肉产品、家禽产品、水产品、果蔬产品；其中调理食品根据不同的分类标准有不同的分类方式。根据最终产品分类，调理食品可分为：① 面米制品：适用于各种花色的炒饭、烩饭、炒面、烩面、配餐、粥类、米粉、披萨饼等产品；② 裹面制品：适用于冷冻裹面鱼虾、肉类、禽块、可乐饼、果蔬等产品；③ 乳化肉制品：适用于冷冻畜禽肉制成的丸类、饼类、肠类等产品；④ 鱼糜制品：适用于冷冻鱼、虾、蟹等丸类、糕类、肠类等产品；⑤ 菜肴制品：适用于冷冻各式生制、熟制菜肴产品；⑥ 烧烤（烟熏）制品：适用于冷冻烤鳗、烤（熏）肉、烤（熏）禽、肉肠、素肠、烤蛋等产品；⑦ 火锅汤料制品：适用于各种海鲜、麻辣、酸辣口味等火锅汤料（锅底）产品；⑧ 汤羹制品：适于冷冻畜禽汤、海鲜汤、蔬菜汤、杂烩汤、奶汤等中西式汤肴产品。根据原料分类，调理食品可以分为：① 蔬菜类调理食品：如脱水蔬菜、五味杏仁、春笋等；② 肉类调理食品：如调味肉串、调味肉丸、酱排骨、方块火腿、鸡块等；③ 水产类调理食品：如调味鱼浆、调味鱼排、烤鱼片、烤鳗等；④ 混合类调理食品：如水饺、汤圆、汉堡、火锅料等。虽然调理食品在大众消费层面听起来还有些陌生，中国调理食品消费市场潜力还有待于全面开发，但调理食品概念背后正在快速发展演绎成为一个巨大的新型食品加工产业。

[2] 冷藏调理食品：指以农产、畜禽、水产品等为主要原料，经前处理及配制加工后，采用速冻工艺，并在冻结状态下（产品中心温度在 0 ~ 4℃以下）

贮存、运输和销售的包装食品。冷藏调理食品是冷藏食品五大类之一，是继冷藏畜产品、冷藏禽产品、冷藏水产品、冷藏果蔬产品之后，又一个冷藏食品的主要大类。冷藏调理食品的种类主要有点心类、分割肉和肉制品类、调味配菜类等。

[3] 冷冻调理食品：是指以农产、畜禽、水产品等为主要原料，经前处理及配制加工后，采用速冻工艺，并在冻结状态下（产品中心温度在 -18℃以下）贮存、运输和销售的包装食品。

[4] 冻结烧：是冻结食品在冻藏期间脂肪氧化酸败和羰氨反应所引起的结果，它不仅使食品产生哈喇味，而且发生黄褐色的变化，感官、风味、营养价值都变差。冻结烧是冻结食品在冻藏存储过程中产生的一种不良现象，一般随着冻结食品冰晶升华而加剧。因为冰晶升华会使食品表面水分下降，长时间逐渐向里推进，达到深部冰晶升华，造成质量损失，同时形成较多的微孔，增加了食品与氧气的接触面积而引起氧化酸败。酸败产物含有羰基，再与蛋白质、氨基酸等含有氨基成分发生羰氨反应，导致冻结烧。

[5] I + G：是两种调味剂结合取开头英文字母的简称。即 5′ - 肌苷酸钠（IMP）和 5′ - 鸟核酸钠（GMP）各 50% 结合的。早在 150 年前，科学家在肉汁中发现 IMP 的存在，但当时还不知道它具有呈味作用，直到 50 年前，日本人才发现 IMP 和 GMP 的呈味作用。由于 IMP、GMP 过去只能从肉类和海产品柴鱼中提取，价格昂贵因此未能为食品工业采用。现在使用的 I + G，是现代科学家通过微生物发酵工业化生产取得，且 GMP 比 IMP 具更强呈味作用。其产品特性包括：① 鲜味相乘效果。与味精混合使用可以产生鲜味倍增效果，降低产品成本；② 增强及改善食品风味，可以增强食物的天然鲜美、浓郁与香甜味；③ 使肉类味道更鲜美，与味精混合后添加可增强肉类原味，强化肉类香味，减少肉类用量令成本降低；④ 抑制食品中过咸、过苦、过酸等不良气味，并可以减少异味（氨基酸味、面粉味等）；⑤ 具有较佳的溶解性及在产品中的稳定性。

自我测试

一、填空（24 ×1 分）

1. 调理肉制品按加热工艺不同可分为＿＿＿＿＿＿、＿＿＿＿＿＿两类；按贮藏方式不同可分为＿＿＿＿＿＿、＿＿＿＿＿＿两类。

2. 从广义上讲，只要＿＿＿＿＿＿，并进行分为＿＿＿＿＿＿的预包装食品均属于调理肉制品。

3. 调理食品按其加工方式和运销储存特性，分为＿＿＿＿＿＿、＿＿＿＿＿＿两类。

4. 调理肉制品成型设备根据其工作原理可分为＿＿＿＿＿＿、＿＿＿＿＿＿两种类型。

5. ＿＿＿＿＿＿是速冻方便食品加工中一道重要的工艺，其目的是赋予产品________、保持__________而增加得率，改善__________、使产品__________。

6. 调理肉制品加工过程中，裹涂最常见的方式有________、________、________、________、________。

7. 速冻调理肉制品在冷链过程中发生的变化主要有冰结晶的成长，__________与__________，液汁流失，色、香、味及质地劣变等。

8. 调理肉制品加工过程中，__________是有效生产多种形状产品的加工单元，且可保持均匀的__________。

二、单项选择题（10×1分）

1. 下列不属于调理肉制品的是______。

A. 预调制调理肉制品　　B. 预加热调理肉制品
C. 冷藏调理肉制品　　D. 调理食品

2. 下列适用于分割肉的解冻及厂房比较充裕的工厂的是______。

A. 自然式解冻架　　B. 喷淋式解冻架
C. 流水解冻槽　　D. 微波解冻设备

3. 下列只适合白条肉的解冻的是______。

A. 自然式解冻架　　B. 喷淋式解冻架
C. 流水解冻槽　　D. 微波解冻设备

4. 冷冻调理猪肉串以冷鲜猪肉为原料，产品为______。

A. 半方便食品　　B. 方便食品
C. 熟食　　D. 重组肉制品

5. 下列不是无骨鸡柳加工工艺的是______。

A. 滚揉　　B. 腌渍　　C. 上浆　　D. 烟熏

6. 下列不是速冻鸡肉丸加工工艺的是______。

A. 滚揉　　B. 腌渍　　C. 上浆　　D. 烟熏

7. 下列不是冷冻调理猪肉串加工工艺的是______。

A. 滚揉　　B. 成型　　C. 熟制　　D. 包装

8. 下列不是冷冻鸡排加工工艺的是______。

A. 滚揉　　B. 腌渍　　C. 油炸　　D. 烘烤

9. 下列不是鸡米花加工工艺的是______。

A. 斩拌　　B. 成型　　C. 速冻　　D. 蒸煮

三、多项选择题（5×2分）

1. 滚揉机可分为哪些类型？______

A. 真空滚揉机　　B. 变频真空滚揉机
C. 变压真空滚揉机　　D. 真空自制冷滚揉机

2. 压块送料型成型机由料斗、送料压块、填料压块、电气控制系统以及________组成。

A. 成型模板　　B. 脱模冲头

C. 液压系统　　D. 气动控制系统

3. 主要烘烤设备有哪些？________

A. 热风烘烤隧道　　B. 热风螺旋式烘烤炉

C. 无油烘烤机　　D. 烟熏炉

4. 鸡米花是一种采用鲜鸡腿肉为原料，经过下列哪些加工工艺而成的快餐食品？________

A. 腌渍　　B. 裹粉　　C. 油炸　　D. 速冻

5. 冷冻鸡排属于________。

A. 调理食品　　B. 重组肉制品

C. 调理肉制品　　D. 冷冻调理食品

四、判断题（10×1分）

1.（　　）裹涂最常见的方式有预撒粉、上浆、上屑、膨化上浆，或是上述方式的某种组合。

2.（　　）调理肉制品按加热工艺分为预调制调理肉制品和预加热调理肉制品两类。

3.（　　）调理肉制品按贮藏方式分为冷藏调理肉制品和冷冻调理肉制品两类。

4.（　　）喷淋式解冻架优点是基本上形成半机械化的流水线操作，解冻后的白条肉表面干净卫生，细菌污染少；缺点是耗水量大，蛋白质流失较少。

5.（　　）自然式解冻架适用于分割肉的解冻及厂房比较充裕的工厂。

6.（　　）绞肉螺杆推进器分两档速，快速档适合于配大孔板；低速档适合于配小孔板。

7.（　　）成型设备根据其工作原理可分成两种类型：压块送料型成型机和螺旋送料型成型机。

8.（　　）完全油炸的工艺要求是“弓形”温度分布。

9.（　　）会属探测是从包装成品检测出所有金属杂质，包括铁、不锈钢、铜、铝等加工单元。

10.（　　）速冻调理肉制品在冷链过程中发生的变化主要有冰结晶的成长，干耗与冻结烧，液汁流失，色、香、味及质地劣变等。

五、名词解释（5×2分）

1. 调理食品　2. 冻结烧　3. 干耗　4. 冷藏调理食品　5. 冷冻调理食品

六、问答题（6×6分）

1. 调理肉制品的分类、特点如何？
2. 试述调理肉制品加工的典型工艺。
3. 无骨鸡柳加工中滚揉的目的是什么？
4. 如何控制无骨鸡柳加工中的滚揉工序？
5. 如何控制冷冻调理猪肉串加工中的腌制工序？
6. 如何控制冷冻鸡排加工中的裹屑工序？

项目十一 肉制品包装技术

项目描述

畜禽肉类营养丰富，极易发生腐败变质而丧失其可食用性和商品价值，因此对肉类及制品进行适当包装可延长其保质期，提高肉制品的安全性。通过肉制品真空包装、热收缩包装、拉伸薄膜包装的学习，掌握肉及制品包装的方法、原理，了解包装材料的分类及作用，能够进行肉制品的包装操作。

学习目标

1. 知识目标
- 了解肉制品常用包装材料；
- 掌握包装对于冷却肉品质保持的作用；
- 掌握肉及肉制品的包装方法。

2. 能力目标
- 能够独立进行肉制品的真空包装、热收缩包装、拉伸薄膜包装；
- 能够识别不同的包装材料。

背景知识

我国的肉类总产量自1990年以来一直稳居世界首位，然而我国的肉类深加工的比例仅占肉类总产量的10%，世界发达国家一般都达到50%左右的比例，欧美有些国家甚至高达70%以上。我国肉制品的品种和质量远落后于世界先进水平，主要原因之一就是肉类食品包装技术的滞后制约了发展。肉类产品的发展与包装技术发展息息相关，对肉类产品的包装选择主要在于包装材料和容器形式上的选择。

一、肉制品包装材料的分类

肉制品常用的包装材料很多，若按产品的种类分，可把肉品包装材料分为保鲜包装材料、低温贮藏肉制品包装材料和常温保存肉制品包装材料。

1. 适合于保鲜包装的材料

（1）保鲜膜　一般是用单层聚偏二氯乙烯（PVCD）制成的一种超薄透明膜，此膜具有较高的阻氧性和阻湿性，耐热温度较高，包装时薄膜容易切断，同时，膜本身还具有较高的附着性，使用方便。现在超市冷柜中所零售的传统肉制品、生鲜肉类、半成品等一般多用此膜进行包装。

（2）冷却肉用膜　此膜是用特殊共挤技术所产生的高收缩率多层复合薄膜。薄膜中心是以聚偏二氯乙烯作为阻隔材料，其两侧是以聚烯烃作为外层。此种膜具有低温高收缩性，能将肉紧密地贴住，使肉汁不易渗出，有优良的透明度和光泽，氧气、水蒸气和其他气体的透过率非常小，使被包装物能长期在稳定状态下保存。这种膜既可用来包装分割冷却肉，又可用来包装熟肉制品，还可用来包装干酪、鲜鱼及水产品。

2. 适合低温贮存肉制品包装的材料

适合低温贮存肉制品包装的材料主要有天然肠衣与人造肠衣。人造肠衣包括胶原肠衣、硝化纤维肠衣、聚偏二氯乙烯系列肠衣、玻璃纸肠衣等。

3. 适合于常温保存肉制品的包装材料

（1）铁听　主要用于肉罐头的包装，如午餐肉罐头、鱼肉罐头等，这类包装的产品一般在常温下可保质1年以上。

（2）铝箔罐　主要用于肉类罐头。

（3）复合袋　是以尼龙（NY）和聚丙烯（PP）为基础，采用耐高温的黏和性树脂通过共挤工艺制得的蒸煮用复合薄膜，或是采用铝箔复合而制成的可以耐受灭菌，同时又能很好地防止外界氧气进入袋中，从而有效地防止袋内物质变质，可使肉制品在室温下保存6个月。主要用于常温保存的烧鸡、牛肉等包装。

（4）聚偏二氯乙烯膜　既可用于包装低温肉制品，也可用于高温灭菌肉制品的包装。如现在大量用于火腿肠的包装。

（5）玻璃罐　目前主要用于水果罐头包装，很少用于肉类包装。

4. 其他包装材料

（1）铝箔（Al）　适用于传统肉制品的高温灭菌包装，具有较长的保质期。

（2）收缩袋　采用多层复合材料，阻氧、阻水性能比较高，具有热封性、收缩性、印刷性能，采用真空包装的形式，可以提高产品的货架期，用于低温肉制品的二次包装。

（3）拉伸膜　拉伸强度高、纵横延伸率高、抗戳穿、防撕裂性能好、紧固性强，同时拉伸膜机械化程度高，特别适合肉制品的二次包装。包装后的产品美观大方，流通中安全卫生，已在西方国家广泛使用，近几年在我国较大的肉制品企业也得到广泛使用。

二、生鲜肉类的包装

猪、牛等活体屠宰后的鲜肉会产生一系列的生物化学变化，从僵直期到成熟期结束，肉的质量也在不断变化着，如果不采取科学的包装保质技术，生鲜肉会很快腐败变质，因此，生鲜肉[1]的包装主要是解决肉类在消费流通环节中的安全保质问题。

1. 生鲜肉类包装的基本要求

（1）包装材料（薄膜）透明度高，便于顾客看清肉类的本色和状态。

（2）材料的透气率较高，足以保持氧合肌红蛋白的鲜红颜色。

（3）透水率（水蒸气透过率）低，以防止生鲜肉类表面的水分散失，造成色素浓缩，肉色发黯，而且肌肉发干收缩。

（4）薄膜的湿强度要高，柔韧性好，耐油脂，无毒性，同时具有足够的耐寒性。

2. 生鲜肉类的包装方式

（1）浅盘裹包[2]　为生鲜肉类常用的包装方式，即将冷却后的生鲜肉放入以纸浆模塑或 EPS[3]、PS 片热成型[4]制成的不透明或透明的浅盘里，表面覆盖一层透明的塑料薄膜拉伸裹包或收缩包装。为防止纸质浅盘吸收肉汁和水分后引起品质下降或水分积累在浅盘中，常在浅盘底部衬垫一层吸水纸。

用于浅盘表面覆盖的透明薄膜常有以下几种：玻璃纸/PE、盐酸橡胶薄膜、LDPE、PVC、PP 及其热收缩薄膜。

（2）气调保鲜（MAP）包装　指将冷却肉放入高阻隔性的包装容器中抽真空，然后再充入单一或按一定比例混合后的气体密封包装。用高阻隔性薄膜进行包装，在 4 ~6℃的低温流通条件下可获得 8 ~10d 的包装保鲜期，便于小包装冷却肉在超市系统流通销售。

气调包装常用材料主要有 OPP/PE，PET/PE，PVDC/PE，PA/PE，EVAL/PE 等。一般底材可采用 NY/PE、NY/IONOMER（离子交联聚合物）等。

3. 包装对于冷却肉品质保持的作用

经包装的冷却肉，比起只在低温条件下保存的生鲜肉，可以有效的避免二次污染和微生物的繁殖，保持良好肉色、减少脂肪氧化和因干燥引起的干耗的产生。生鲜肉代表性的包装方法是真空包装和气体置换包装。真空包装之后，在

0～4℃保存的生肉，可延长货架期，减少干耗和防止风味恶化。气体置换包装将袋中的空气置换成二氧化碳或氮气，生肉在低温下保存，也可起到同样的效果。

（1）包装可有效地抑制微生物的繁殖　冷却肉的腐败主要是由革兰阴性细菌引起的，这些细菌主要是好氧菌，低氧气浓度可抑制它们的生长，因此使用阻隔性好的包装材料，可有效地抑制微生物的繁殖。气体置换包装对于好气性细菌的抑制主要来自于 CO_2，CO_2 对革兰阴性细菌有抑菌的作用，CO_2 浓度在 20% 以上就可有效的抑制细菌的增殖。

（2）包装对肉色保持的作用　冷却肉作为商品要求有漂亮的外观，鲜红色是消费者认为肉质新鲜的一个重要条件。鲜红色的产生原因是由于肉的肌红蛋白和血红蛋白处于氧合蛋白状态，要让肌红蛋白和血红蛋白处于该种状态，必须要有一定的氧气存在，面向消费者的气体置换包装由于气体组合中含有氧气，所以可保持肉色处于鲜红状态。真空包装的生肉一般是商业用的，并不直接面向消费者，使用时当打开真空包装后，肌红蛋白和血红蛋白会从还原型迅速变成氧合型，使生肉变成诱人的红色。

（3）包装可防止脂肪的氧化　冷却肉脂肪与其风味有密切的关系，在与空气接触的条件下，即使在 -20℃时，脂肪也可氧化，真空包装可有效地防止氧化的进程。

（4）包装可减少干耗降低损失　胴体肉在冷库保存过程中会由于水分蒸发引起重量的减少，干耗的大小因保存条件、胴体肉的脂肪状态、肉质等因素而变化。在 1～2℃的冷藏库中保管的胴体肉，牛肉、羊肉有 2%～3.5% 的重量损失，猪肉有 1.5%～3.0% 的重量损失。屠宰后胴体的水分蒸发是影响肉品质的重要因素。包装可有效的控制胴体干耗的发生。减少重量损失，降低因水分蒸发带来肉品质低下的危险。

三、冷冻肉类的包装

冷冻肉的包装主要是为了控制其冷藏过程中常出现的质量问题，即干耗、脂肪氧化和色泽变化。与新鲜肉一样，冷冻肉类在保藏中也会发生颜色的变化，并从表面开始逐渐向深层发展。肉的颜色由氧合肌红蛋白的鲜红色变成氧化肌红蛋白的褐色，这一变化与温度密切相关，温度越高则时间越短，如在 -5℃下需 7d，而在 -10℃和 -20℃下则分别为 14d 和 56d。

用于冷冻肉包装的材料应具备以下条件：① 较强的耐低温性，在 -30℃时仍能保持其柔软特性；② 较低的透气性，以满足隔氧和适应充气或真空包装的需要；③ 水蒸气透过率低，以减少冷冻肉的干耗。

冷冻肉常用的包装材料有 PE，PP，PET，PA 以及多种复合材料如 PET/PE/铝箔/PE、PA/PE 等。

四、肉类加工制品的包装

加工熟肉包装方式和包装材料的选用应满足各种制品的特有的包装要求，并保证有一定的货架期。综合加工熟肉类食品的共同特性，对包装材料的要求有：①有良好的隔氧性，以防止氧的渗入发生氧化作用而对肉品产生不利影响；②高阻湿性，避免肉制品水分散失或从环境中吸湿，致使质量发生变化。

1. 中式肉制品包装

许多中式产品包装后需高温（121℃）杀菌处理，则要求包装材料能耐121℃以上的高温杀菌，常用的包装材料有PA（PET）/CPP、EVAL/CPP、PA（PET）/铝箔/CPP，一般采用真空包装，然后高温杀菌，产品货架期可达6个月，常常被称为软罐头。

中式干肉制品的主要变质方式有吸潮霉变、脂肪氧化和风味变化等，包装的主要要求为隔氧防潮，可用BOPP/PA（PET）/PE，BOPP/PVA/PE，FT/PE等，为了防止光线对于肉制品的严重影响，常用镀铝PA（BOPP）/PE、BOPP/铝箔/PE等包装，并可采用充N_2包装。

2. 西式肉制品包装

有些西式肉制品充填包装后在90℃左右温度下进行加热处理，为了使产品组织紧密，一般要求包装材料有热收缩性能，可用PA、PET、PVDC收缩膜。有些西式肉制品制成产品后不再高温杀菌，可采用PE，PS片热成型制成的不透明或透明的浅盘、表面覆盖一层透明的塑料薄膜拉伸裹包，PA，PVC等收缩膜热收缩包装，这类产品的货架期较短，并且需在4～6℃的低温条件下流通。

3. 肠类制品包装

肠类制品是一种重要的品种，其包装比较特殊，需要采用肠衣来定型和包装，包装方法主要有普通充填包装和真空充填包装。

肠衣是肠类制品中和肉馅直接接触的一次性包装材料，肠类制品的形态、卫生质量、保藏性能、流通性能和商品价值等直接与肠衣的类型和质量有关。每一种肠衣都有它特有的性能。在选用时应根据产品的要求考虑其可食性、安全性、透过性、收缩性、密封性、开口性、耐老化性、耐油性、耐水性、耐热性、耐寒性以及强度等必要的性能。

肉类及其制品常用的包装方式主要有收缩包装、拉伸薄膜包装和真空包装。收缩包装的特点是产品外观平滑、肉质清晰可见、成本低等。充气包装由于充入CO_2、N_2等气体，能防止肉的脂肪氧化和微生物活动。真空包装抽去了袋中的空气，氧气的减少同样抑制了细菌的繁殖和脂肪氧化。此外，根据肉制品包装的需要，有的产品还配合防潮包装[5]和加脱氧剂包装[6]等。我国双汇集团 2005 年成功推出的“热狗”系列产品（如玉米热狗、蘑菇热狗、花生热狗等），即采用连续拉伸真空包装加“二次杀菌”形式，产品规范化、产量大、档次高，适合现代物流技术发展的需要，见图 11 - 1。

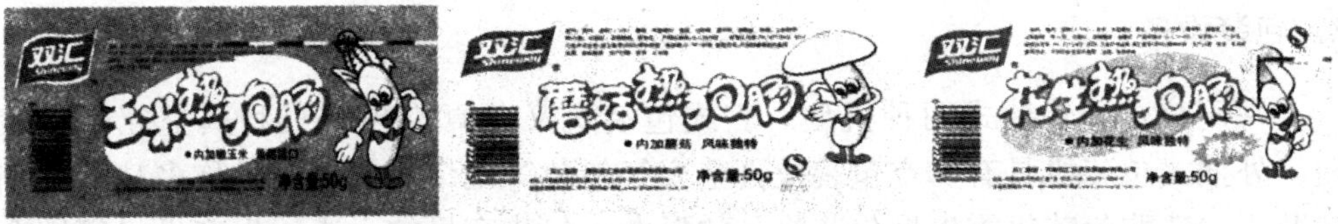

图 11 - 1 “双汇”热狗系列包装设计（橙、绿、黄三种颜色）

任务一

肉制品真空包装技术

一、原理及目的

真空包装的主要作用是除氧，以有利于防止食品变质，其原理也比较简单，因为食品霉腐变质主要由微生物的活动造成，而大多数微生物（如霉菌和酵母菌）的生存是需要氧气的，而真空包装就是运用这个原理，把包装袋内和食品细胞内的氧气抽掉，使微生物失去“生存的环境”。实验证明：当包装袋内的氧气浓度≤1%时，微生物的生长和繁殖速度就急剧下降，氧气浓度≤0.5%，大多数微生物将受到抑制而停止繁殖。但由于真空包装不能抑制厌氧菌的繁殖和酶反应引起的食品变质和变色，因此真空包装还需要与其他辅助方法结合，如冷藏、速冻、脱水、高温杀菌、辐照灭菌、微波杀菌、盐腌制等。

真空除氧除了抑制微生物的生长和繁殖外，另一个重要的功能是防止食品氧化，因油脂类食品中含有大量不饱和脂肪酸，受氧气的作用而氧化，使食品变味、变质。此外，氧化还使维生素 A 和维生素 C 损失，食品色素中的不稳定物质受氧气的作用，使颜色变暗。所以，除氧能有效地防止食品变质，保持其色、香、味及营养价值。

二、真空包装材料与设备

1. 包装材料

真空包装常用双层复合薄膜或三层铝箔复合薄膜制成的三边封口包装袋，复合薄膜厚度一般为 60 ~ 96μm，其中内层为热封层，需有良好的热封性，厚度为 50 ~ 80μm，外层为密封层，需有良好的气密性及可印刷性，一定的强度，厚度为 10～16μm。复合薄膜内层基材常用聚乙烯（PE），如高温蒸煮袋则用耐高温聚丙烯（CPP），外层基材常用拉伸聚丙烯（OPP）、涤纶（PET）、尼龙（PA）等。一些高油脂食品需要采用阻光包装，以防止食品受光的影响而改变色、香、味，可在内外两层基材之间复合一层极薄的铝箔（Al），其气密性也得到加强。

2. 包装设备

常用腔式和外抽式两种机型。腔式包装机又分真空包装机和真空充气包装机。外抽式包装机具有真空包装及真空充气包装等几个功能，故又称多功能气调包装机。选购包装机需根据包装物品的形态、包装容量的大小、生产批量等综合因素考虑。

三、工作过程

真空包装机主要由上工作室、下工作台、机架、电气系统、真空系统五大部分组成。其工作过程为：首先合盖，真空泵从工作室内抽气，当达到预定真空度时，真空泵停止工作，加压阀打开，气囊充气，压条向下压紧封口处，同时热封条通电加热，几秒钟后，热封条断电，加热完毕，压条继续压紧封口处冷却 2～3s，放气阀通电打开，使空气进入工作室内，自动开盖，完成一次工作循环。

四、真空包装机的调试与使用

1. 使用前的准备工作

（1）查看本机所配用的电机规格，准备相同电源。

（2）正确接好电源线，并把地线良好接地。

（3）查看真空泵油面的位置是否达到 3/4，如不到 3/4，应加油到 3/4 处。

（4）接通电源，打开电源开关、合盖，察看真空泵转向是否正确（抽气并吸盖则正确，如果不抽气，并有刺耳噪声，则为反转，把三相电源中间和两边任意一条线调换）。

2. 使用前的调整

（1）选择真空度　调整抽气时间按钮，调整抽气时间的长短，从而达到所需真空度。（抽气时间越长，真空度越高）。

（2）选择加热温度　根据包装材料选择所需加热温度档位，将加热温度旋钮调到相应位置（透明袋一般为中档，铝箔袋一般为高档）。

（3）调整加热时间　加热时间为 0～5s 持续可调。根据所用包装材料及加热温度，调整加热时间按钮，选择合适的加热时间（透明袋一般为 1.5～3s，铝箔袋一般为2～4s)。智能型只需要调整加热时间即可。

(4) 根据需要选定封口硅胶条口的硅胶字，设定封口日期等字符。

3. 使用

(1) 打开电源开关。

(2) 将包装袋压条翻开，把包装袋（物品至袋口部不得小于4cm）放入工作室内，需封口的包装袋口平整地放于硅橡胶条上，袋子不要重叠。翻过包装袋压条将包装袋口部压好。

(3) 握住手把（或按上盖边缘）下压上工作室或盒盖（单室），则将程序自动完成真空包装过程并自动开盖。

(4) 翻开包装袋压条。取出包装袋。即完成一次工作循环。

4. 工作结束

(1) 停止工作时需关上电源开关，拔出电源插头。

(2) 清理机器卫生，把工作室、平台、机身用干净布擦干净，并用小刀片或钢片将工作室内加热布刮擦干净。

5. 加热装置的调整与维修

(1) 更换气囊　更换气囊时，取下弹簧及气囊下托板，换上可以使用的气囊，装好托板，挂上弹簧即可。

(2) 加热片更换（最好两片同时更换）

① 将加热装置两端的固定螺母取下，则加热装置自然落下；

② 卸下两端电源线，旋转两端铜旋柱，取下加热片；

③ 换上新加热片，反向旋转铜旋柱，使加热片拉平、拉紧、装上电源线即可。

五、注意事项

(1) 一定按要求对食品充分抽气，特别是生鲜肉类和不定形加工食品，不能残存气体。残存空气存在是导致微生物繁殖的主要原因。

(2) 要保住封口关。被包装的食品在抽气之后，若封口不严，空气马上就会进入容器内，这样，包装就会失败。封口一般采用热封式和铝线捆扎式。热封时，要注意包装材料内不要粘有油和蛋白质等残留物；捆扎时，注意包装材料折叠要规则，捆扎力要适度。

(3) 肉加工品在真空包装之后，一般都要进行再加热。再加热时要掌握温度和时间。温度过高，时间过长，会使肉制品液汁分离，造成包装材料的破裂和封接部分的剥离。温度过低，时间过短，则达不到再加热的效果。

(4) 生鲜肉类食品在真空包装之后，需在低温下流通和贮藏，这样才能更有效地延长肉品保存期。真空包装的鲜肉在（0±1）℃可贮存14～20d。真空包装本身比托盘包装的货架期延长5～7d，但是抽真空包装之后，由于阻断了氧气，一般肉品都会呈暗红色，有损外观。但是如果拆除包装后，冷却肉遇氧气又回复成鲜红的颜色，因此真空包装一般用于贮存时间较长而又要求高品质的酒店及一些大卖场等。

六、思考与应用

(1) 真空包装有何优点？

(2) 真空包装为何不能抑制所有的微生物？谈谈真空包装应与哪些方法结合进一步延长肉制品的保质期？

(3) 真空包装的复合材料有哪些？各有何作用？

(4) 以某一肉制品为例，简述其真空包装的包装过程。

(5) 按实际操作任务过程写出实训报告，并分析出现质量问题的原因。

任务二

肉制品热收缩包装技术

一、原理及目的

真空收缩包装可以防止肉类在解冻时出现肉汁流失。将产品真空包装密封后放入热水中，使塑料袋收缩。塑料袋薄膜收缩成肉块原有的外形，成为肉的“第二层皮”。收缩能消除包装薄膜出现皱纹或裂隙的情况，避免发生水分从产品抽出的“毛细管现象”。基于收缩作用，阻隔塑料袋膜的厚度因此增加，增强了其阻隔性。将鲜肉以收缩阻隔塑料袋进行真空包装，实为生产商和消费者带来许多好处，不少先进国家也以此作为运输肉类的标准。国外许多大型肉类企业，均能够在严格的卫生及冷藏条件下，利用真空收缩袋包装肉类，使牛肉有长达3个月的保质期，而猪肉则有45d的保质期。真空收缩包装是目前西方发达国家生鲜肉类市场所使用的主流包装形式。

二、热收缩包装材料及设备

包装材料透明度高，便于顾客看清生肉的本色；材料的透氧率较高，足以保持氧合肌红球蛋白的鲜红颜色；透水率要低，防止生肉表面的水分散失，造成色素浓缩，肉色发黯，肌肉发干收缩；薄膜的湿强度要高，柔韧性好，耐油脂、无毒性；应具有足够的耐寒性。

常用收缩膜材料有：PVC，PE，PP，PVDC，PS，EVA 及发泡 PE，PS 等。

包装设备：真空热收缩包装机。

三、工作过程

（1）首先设定好加热时间。

（2）按下手动或自动按钮后，齿条汽缸电磁阀得电输出推动齿轮，齿轮带动链条，此时齿条汽缸后位接近开关断开。当齿条汽缸运行到上止点时，齿条汽缸的前位接近开关导通，烘箱汽缸电磁阀得电输出。

（3）烘箱汽缸运行到上止点时，定时器启动开始延时，齿条汽缸电磁阀断电。

（4）定时结束，烘箱汽缸电磁阀断电。

（5）依据工作方式标志位，决定是否继续下一个工作流程。

四、热收缩包装机的使用

（1）合上电源开关，电源接通。开动输送带，约预热 5min，合上风机开关。此时，根据物品大小，薄膜厚度，调节上下室温度调节旋钮与输送速度，经过调试达到使用要求，即可进行收缩包装。

（2）实际情况中，如果收缩后皱纹过多，可减低输送速度或提高加热温度，反之，如出现过缩现象，则可降低温度或加快输送速度。

（3）操作结束后，先关闭加热开关，让输送电机和热风电机继续运行 10min 左右，再切断整个电源。

五、注意事项

（1）工作时先通气后通电，停机时先断电后断气。

（2）为收缩机确保真空泵正常工作，真空泵电机不允许反转。应经常检查油位，正常油位为油窗的 1/2 ~3/4 处（不能超过），当真空泵中有水分或油颜色变黑时，此时应更换新油（一般连续工作一两个月更换一次）。

（3）杂质过滤器应该经常拆洗（一般 1 ~2 个月清洗一次，如包装碎片状物体应缩短清洗时间）。

（4）连续工作 2 ~3 个月应打开后盖对滑动部位加润滑油，对加热棒上的各连接活动处应视使用情况加油润滑。

（5）对减压、过滤、油雾三联件要经常检查，确保油雾、油杯内有油（缝纫机油），过滤杯内无水。

(6) 加热条、硅胶条上要保持清洁，不得粘有异物，以免影响封口质量。

(7) 加热棒上，加热片下的二层粘膏起绝缘作用，当有破损时应及时更换，以免短路。

(8) 用户自备工作气源和充气气源，收缩机工作压力已设定为0.3MPa，比较合适，无特殊情况不要调节过大。

(9) 根据包装量和肉块的大小，选择适宜尺寸的包装袋，使包装袋与产品紧贴；封口时，产品和封口线间的距离要维持在1~2cm范围内。

(10) 热收缩工艺参数控制：水温85℃、热收缩时间≤1s，水的深度以水线刚好盖住产品为宜。

六、思考与应用

(1) 热收缩包装有何优点？
(2) 生鲜肉的热收缩包装对包装材料有何要求？
(3) 热收缩包装与真空包装有异同点？
(4) 以某一肉制品为例，简述其热收缩包装的包装过程。
(5) 按实际操作任务过程写出实训报告，并分析出现质量问题的原因。

任务三

肉制品拉伸薄膜包装技术

一、原理及目的

拉伸式薄膜包装又称为塑料盒热成型包装，该类包装技术广泛用于冷冻分割肉类、加工鸡翅、凤爪及方便休闲的熟肉制品小包装。

拉伸式薄膜包装技术是20世纪80年代末开始采用的一种新型包装技术，它是由收缩包装发展而来的，拉伸包装最早在1940年始于美国，起初是满足超级市场的销售。它不仅方便销售而且用于运输包装，可以节省设备投资和材料。

拉伸式薄膜包装是依靠机械装置，在常温下将弹性薄膜围绕待包装件，进行拉伸、紧裹，并在其末端进行封合的一种包装方法。由于外力作用，薄膜纵横的弹性伸长应力可牢固地紧裹包装件。又由于薄膜之间有较高的自黏性，待外力消失后，薄膜的弹性作用已把包装件牢牢地捆扎住，且拉伸包装不需加热就可进行纵向和横向拉伸，所以消耗的能源只有收缩包装的1/20。拉伸包装主要用来捆包单件物品，也可用于托盘包装之类的集合包装。

二、拉伸薄膜包装材料及设备

用于拉伸的塑料薄膜必须具有一定的自黏性、韧性、拉伸率、应力滞留和需用拉伸范围以及光学性能和热封性能等。

（1）自黏性　薄膜之间接触后的黏附性，在拉伸缠绕过程中和包裹之后，能使包装产品紧固而不会松散。自黏性受外界多种因素影响。如湿度、灰尘和污染物等。获得自黏性薄膜的方法主要有两种。一是加工表面光滑具有光泽的薄膜；二是使用增加黏附性的添加剂，使薄膜的表面产生湿润的效果，从而提高黏附性。

（2）韧性　韧性是薄膜抗戳穿和抗撕裂的综合性质。抗撕裂能力只指薄膜在受张力后并被戳穿时的抗撕裂程度。抗撕裂程度的危险值必须取横向的，即与机器操作方向垂直，因为在这个方向撕裂将使包装件松散，即使纵向发生撕裂，包装件仍能保持牢固。

（3）拉伸　拉伸是薄膜受拉力后产生弹性伸长的能力。纵向拉伸增加，最终将使薄膜变薄，宽度缩短。虽然纵向拉伸是有益的，但过度拉伸常常是不可取的。因为这将使薄膜变薄，易撕裂，同时增加了施加于包装件的张力。

（4）应力滞留　应力滞留是指在拉伸包裹过程中，对薄膜施加的张力能保持的程度。

（5）许用拉伸　许用拉伸是指在一定用途的情况下，能保持各种必须的特性所能施加的最大拉伸。许用拉伸随不同用途而变化。许用拉伸越大薄膜用量越少，包装成本也越低。除上述指标外，光学性能和热封性能，对某些特殊包装件是重要的。选用什么样的缠绕膜，用多大厚度的拉伸膜要根据商品的类型、形状来决定。商品结实、强度高、质量大，应选择强度尤其是拉伸强度和耐撕裂强度高的塑料薄膜和厚度较大的薄膜（如50μm厚的）拉伸率也可大一点，如可达到150%～170%。对于易碎品、食品、质量轻的则相反，应选用厚度15～30μm，拉伸率130%的普通拉伸膜。

常用的拉伸薄膜材料有PVC90（聚氯乙烯）、LDPE（低密度聚乙烯）、EVA（乙烯－醋酸乙烯共聚物）和LLDPE（线性低密度聚乙烯）。

聚氯乙烯薄膜成本最低，使用最早，自黏性较好，拉伸性和韧性均好，但应力滞留性差。低密度聚乙烯拉伸率较低，自黏性和抗戳穿强度较差。乙烯－醋酸乙烯共聚物薄膜自黏性、拉伸性和韧性、应力滞留性均好。线性低密度聚乙烯薄膜综合特性最好。

包装设备：自动拉伸包装机。

三、工作过程

1. 系统开机前必须进行检查

（1）检查系统的电源是否正常，电源不正常时不允许开启本系统。

（2）气压是否正常，气压不正常会影响输送系统的运行，气动动作不能顺利完成。

（3）工作人员是否全部到位。

（4）包装材料及使用工具是否齐全。

（5）检查输送线上所有的光电开关、接近开关安装是否牢靠。用软毛刷清除其表面的灰尘及杂物，以保证光电开关正常可靠工作，确保没有不正常的干扰信号。

（6）检查所有设备是否完好、螺钉是否有松动（包括固定传感器——接近开关、光电开关等的螺钉）。设备初始位置应处在正常位置！（如移动小车应处于初始位置等）。如设备不是处于正常状态。开机后手动将其运行到正常位置，再投入自动运行。

（7）检查纸卷的运行路线，输送线有无异物卡住，保证畅通无阻。输送设备途经线路上不允许有异物阻碍。

（8）换膜：旋转气胀轴旁的旋钮后，气块收缩。将纸芯取下，换上膜卷，再次旋转旋钮，气块动作将膜卷固定。

（9）检查现场操纵台上的“紧急停车”按钮是否有锁死。如有锁死，将其释放。若有急停按钮锁住，设备将不能动作。

2. 系统开机

（1）合上动力配电柜内控制各个设备的自动开关，有故障的设备除外。

（2）合上电源总开关。

（3）打开控制柜、操纵台、控制箱门，合上所有电源开关。

（4）检查 PLC 是否处于运行状态。

（5）关上所有控制柜、操纵台、控制箱门。

3. 系统运行

（1）系统运行前的检查

① 检查热熔胶机内是否有足够的热熔胶。

② 检查胶机的温度是否到达设定温度。

③ 检查膜架上所需使用的膜卷是否放好。

（2）系统自动运行　当系统供电正常，系统运行前的检查完后，将 PLC 置于 RUN 状态，系统即可投入运行。

系统运行后，进入“拉伸膜包装机主画面”，在触摸屏上按“自动运行”，该系统就处于自动运行状态。

物料进入链板输送机后，对中停在驱动辊前。在线物料驱动装置的液压系统启动，两驱动辊上升到位使纸卷脱离链板输送机。

拉伸膜包装机上的自动引膜机构自动向下移动到被包装物料直径的位置。拉伸膜通过自动引膜机构中的夹膜机构被一起向下拉动。同时放置膜卷处的刹车松开。引膜机构上的皮带输送机与物料表面贴合，两驱动辊慢速转动，带动皮带输送机向前运行。膜卷驱动装置驱动电机慢速运行把膜慢速送出。同时胶枪快速喷胶。此时吹气管吹气，使膜紧贴物料表面。驱动辊转动一定角度后，膜与物料粘贴好后，物料驱动装置的驱动辊按正常转速运行，正常包装。此时，小车自动启动先向一侧移动至物料边缘 50 ~ 70mm，旋转 1 圈后，小车移动至物料中部。

当包装到最后一周时，胶枪喷胶，断膜刀把膜切断。引膜机构上升，移动到初始位置。同时驱动辊转动一定角度后停止。此时在线物料驱动装置的液压系统启动，纸卷下落到 42#链板输送机上输送到 44#电动转盘。下一物料进入进行包装。以上为一个循环。

当包装出现错误需要重包时，各种设备需要在原始位，先按下“拉伸膜包装机主画面”的“恢复原位”（F13 键），将系统复位，这时引膜机构、皮带支撑装置将会上升到位，小车将会移动到原始位，压膜辊压膜，膜架刹车抱紧，断膜刀将 PE 膜切断并上升到位。之后再按下“重包一次”（F14 键），即可重包一次。

包装好后，其他操作照常进行。

紧急情况发生时，按下操纵台上的“紧急停车”按钮，这几台设备会停止运行。事故处理完毕后，释放“紧急停车”按钮，这几台设备可继续投入运行。在投入自动运行状态时要使设备处于正常位置。

注：只有当事故处理完毕后，才能释放“紧急停车”按钮。

四、注意事项

（1）系统开机前必须进行检查。

（2）系统运行时不允许有人在安全线内，更不允许有人搭乘输送设备。不允许进入包装机内部。

（3）严禁在控制柜、操纵台及控制箱门打开时运行本系统。

五、思考与应用

（1）什么是拉伸薄膜包装？

（2）拉伸薄膜包装对包装材料有何要求？

（3）以某一肉制品为例，简述其拉伸薄膜包装的包装过程。

（4）按实际操作任务过程写出实训报告，并分析出现质量问题的原因。

探索与创新

1. 除本项目学习的食品包装技术外，还有哪些食品包装技术适用于肉制品？

2. 常用的肉制品包装材料有哪些，各有何特性？

3. 过去我们只熟悉加工熟肉制品的包装，对生鲜肉、冷冻肉的包装还比较陌生，请你分析生鲜肉、冷冻肉的包装前景。

链接与拓展

［1］生鲜肉：由于生鲜肉很容易受到微生物的污染而变质，因此要求分割、包装场所，以及操作员工的卫生条件较高，如场地须用环氧树脂材料浇筑，随时保持地面的清洁、干爽，无污物和无尘埃；加工环境的温度须控制在0℃左右；分割与包装须在规定的时间内完成，越短越好，不要长时间暴露在空气中。真空包装材料的透氧率和透水率要低，有宜于延长生鲜肉的贮存期。为了避免生鲜肉冷冻“烧伤”，真空包装薄膜应该贴体，水蒸气透过率要低。

［2］浅盘裹包：从国外超市生鲜肉类包装用浅盘的演变，大体可看到这样几种形式：

① 纸浆模塑浅盘：优点是成本低，而且干燥时的强度较高；缺点是外观较为粗糙，容易吸湿，强度显然降低而变形；且纸塑纤维吸湿后极容易黏附肉体表面，消费者看了很不舒服。

② 聚苯乙烯发泡塑料浅盘：为了吸收肉汁水分，往往在浅盘底部衬垫一张吸水纸。浅盘为白色，肉类为鲜红色，两者互为衬托，颇为美观，给人一种新鲜的感觉。

③ 透明塑料浅盘：是由聚苯乙烯薄片热制成型，成本比前种稍高，在浅盘底部也衬垫一张吸水纸，以吸收肉汁水分。由于产品包装透明度高，消费者不仅可从表面上蒙着的透明薄膜看到肉类状态，而且还可以从透明的底盘直视到肉类的真貌。因此这种包装形式在美国纽约尤其盛行。

［3］常用塑料薄膜包装材料名称与缩写：聚乙烯（PE）、低密度聚乙烯（LDPE）、高密度聚乙烯（HDPE）、线型低密度聚乙烯（LLDPE）、聚丙烯（PP）、聚苯乙烯（PS）、聚氯乙烯（PVC）、聚酯（PET）、聚碳酸酯（PC）、聚

酰胺（PA）、尼龙（NY）、聚乙烯醇（PVA）、聚偏二氯乙烯（PVDC）、乙烯－醋酸乙烯共聚物（EVA）、乙烯－乙烯醇共聚物（EVOH）。

［4］热成型包装：塑料片材用热成型法加工制成容器并充填包装食品，然后用薄膜覆盖并封口完成包装的包装方法称为热成型包装。

热成型包装具有以下特点：① 包装适用范围广，它可以用于肉类食品、冷藏食品、微波食品、生鲜、快餐等食品的包装，可以与真空、充气、高阻隔、无菌包装等结合；② 容器成型、充填、包装、封口一条线，以减少灭菌费用；③ 热成型容器制造的方法简单，生产效率比其他成型方法高25%～50%；④ 容器形状大小按包装需要设计，不受成型加工限制；⑤ 热成型法制成的容器壁薄，减少了片材使用量；⑥ 包装设备投资少，成本低。

常用的热成型包装材料目前主要用0.25～0.5mm厚的塑料片材（PE，PP，PVC，PS）和少量的复合材料片材。封盖材料用PE，PP，KPVC或铝箔、纸与PE复合等，一般在盖材上先印好商标和标签。

［5］防潮包装：为防止空气中水蒸气对产品损害的技术方法称为防潮包装。防潮包装常用的材料有2种，即隔潮性包装材料和吸湿性材料。

（1）隔潮性包装材料　为水蒸气不能透过或难以透过的材料。隔潮性包装材料中，玻璃、金属和一定厚度的铝箔的透湿量可以认为是零。一些复合材料，特别是含铝的复合材料，涂蜡纸，高分子的HDPE，PP，PVDC等复合材料是较好的隔潮包装材料。

（2）吸湿性材料　为一些干燥剂。硅胶是常用干燥剂，硅胶质粒硬、吸水强、无毒无味，可以反复使用，还可通过颜色变化显示水分含量，硅胶用40%的$CoCl_2$溶液浸泡，干燥后制成变色硅胶，硅胶水分含量大于40%时变红，干燥时变蓝。除硅胶外，还有$CaCl_2$、活性氧化铝、分子筛等干燥剂。干燥剂在使用应注意以下几点：① 干燥剂必须与隔潮材料、密封容器配合；② 干燥剂在使用前应充分干燥；③ 干燥剂的包装应是透湿的；④ 应标明使用干燥剂，以防误食。

［6］使用脱氧剂的包装：在短时间内，利用有机或无机物质与包装环境空气中的氧发生化学反应，形成不可逆稳定的化合物，从而去掉容器中的氧气的包装称为使用脱氧剂的包装，一般应在34～48h内脱出氧气。

使用脱氧剂去氧的优点：① 使用脱氧剂不需特殊的设备，操作方便，使用灵活，除氧彻底；② 使用脱氧剂可以克服真空包装对强度差的食品的破坏，没有机械上的冲击；③ 对于松软、不能抽真空的食品，使用脱氧剂会有效地去掉氧气；④ 脱氧剂可以缓慢吸收氧气，持久性脱氧。

目前，市场上大部分脱氧剂为粉末袋装，国外有药片状或其他形式，制成糊状或液状，或将高渗透材料（如一种泡沫塑料或纸类）浸入脱氧剂中，当水分失去后，有效物就会留存在材料上。

应用片状、粒状或粉状脱氧剂应注意使用脱氧剂的食品包装材料必须是高阻氧性材料（PVA，EVOH，PVDC），应尽量减少包装空间，节省脱氧剂，使用脱氧剂时要求一定的温度湿度，尤其是温度条件要求严格，一般为4～40℃，一般不能冷冻，冷冻会使脱氧剂失活，而且低温造成的失活是不可逆的，因此，一般不应用在冷冻食品中。

自我测试

一、填空（24×1分）

1. 按产品的种类分，可把肉品包装材料分为________、________、________三类。

2. 适合于肉类保鲜包装的材料分为________、________两类；现在超市冷柜中所零售的传统肉制品、生鲜肉类、半成品等一般多用________膜进行包装。

3. 适合于常温保存肉制品的包装材料包括________、________、________、________；现在大量用于火腿肠包装的是________。

4. 生鲜肉类的包装方式分为________、________。

5. 许多中式产品包装后需________处理，则要求包装材料________杀菌，一般采用________包装。

6. 肠类制品的包装比较特殊，需要采用________来定型和包装，包装方法主要有________和________。

7. 肉类及其制品常用的包装方式主要有________、________、________。

8. 拉伸式薄膜包装又称为________，它是由________发展而来的。

二、单项选择题（10×1分）

1. 主要用于常温保存的烧鸡、牛肉等包装材料是________。

A. 聚偏二氯乙烯膜　　B. 复合袋

C. 铝箔罐　　D. 铁听

2. 气调保鲜包装在________的低温流通条件下可获得8～10d的包装保鲜期，便于小包装冷却肉在超市系统流通销售。

A. 0℃以下　　B. 0～3℃

C. 4～6℃　　D. 7～10℃

3. 生鲜肉类包装基本要求中——包装材料的透气率要较高，是为了________。

A. 便于看清肉状态　　B. 保持氧合肌红蛋白鲜红颜色

C. 防干耗　　D. 防脂肪氧化

4. 对于制成后不再高温杀菌的西式肉制品，其货架期较短，需在________条件下流通。

A. 0℃以下　　B. 4～6℃

C. 8～10℃　　D. 12～14℃

5. 生鲜肉类食品在真空包装后，需在________条件下流通和贮藏，有效地延长肉品保存期。

A. －18℃　　B. 低温

C. 中温　　D. 无要求

6. 是目前西方发达国家生鲜肉类市场所使用的主流包装形式是________。

A. 收缩包装　　B. 充气包装

C. 真空包装　　D. 真空收缩包装

7. 下列属于生鲜肉类的包装方式的是________。

A. 浅盘包装　　B. 充气包装

C. 真空包装　　D. 真空收缩包装

8. 最适合于肉制品保鲜包装的材料的是________。

A. 保鲜膜　　B. 铁听　　C. 复合袋　　D. 玻璃罐

9. 不适合于常温保存肉制品的包装材料是________。

A. 保鲜膜　　B. 铁听　　C. 复合袋　　D. 玻璃罐

10. 下列不属于冷冻肉包装的材料应具备的条件的是________。

A. 较强的耐低温性　　B. 较低的透气性

C. 水蒸气透过率低　　D. 透明度高

三、多项选择题（5×2分）

1. 冷却肉用膜具有低温高收缩性能将肉紧密地贴住使肉汁不易渗出，其可用来包装________。

A. 分割冷却肉　　B. 熟肉制品

C. 肉松　　D. 盐水鸭

2. 适合低温贮存肉制品包装的材料主要有________。

A. 冷却肉用膜　　B. 天然肠衣

C. 人造肠衣　　D. 铝箔罐

3. 下列包装材料中适于肉类罐头的是________。

A. 聚偏二氯乙烯膜　　B. 复合袋

C. 铝箔罐　　D. 铁听

4. 用于冷冻肉包装的材料应具备的条件是________。

A. 较强耐低温性　　B. 较低透气性

C. 水蒸气透过率低　　D. 印刷性能

5. 真空包装常用________薄膜制成的三边封口包装袋。

A. 单层复合　　B. 双层复合

C. 三层铝薄复合　　D. PVDC

四、判断题（10×1分）

1.（　）生鲜肉的包装主要是解决肉类在消费流通环节中的安全保质问题。

2.（　）生鲜肉类包装材料（薄膜）透明度高，是为了防止肉类脂肪氧化。

3.（　）气调保鲜包装因在低温流通条件下可获得8~10d的包装保鲜期，便于小包装冷却肉在超市系统流通销售。

4.（　）肉制品真空包装的主要作用是除氧，以有利于防止肉品变质。

5.（　）肉加工品在真空包装之后，一般不需要进行再加热。

6.（　）拉伸的塑料薄膜必须具有一定的自黏性、韧性、拉伸率、应力滞留和需用拉伸范围以及光学性能和热封性能等。

7.（　）肉加工品在真空包装之后，一般不需要进行再加热。

8.（　）当包装袋内的氧气浓度≤1%时，微生物的生长和繁殖速度就急剧下降，氧气浓度≤0.5%，大多数微生物将受到抑制而停止繁殖。

9.（　）真空除氧除了抑制微生物的生长和繁殖外，另一个重要的功能是防止食品氧化。

10.（　）外抽式包装机具有真空包装及真空充气包装等几个功能，故又称多功能气调包装机。

五、名词解释（5×2分）

1. 真空包装　2. 热收缩包装　3. 拉伸薄膜包装　4. 气调保鲜包装　5. 浅盘裹包

六、问答题（6×6分）

1. 肉制品对包装材料有哪些要求？

2. 包装对冷却肉品质保持有哪些作用？

3. 肉及肉制品的包装方法有哪些？

4. 拉伸薄膜包装主要应用于哪些肉制品包装？常用包装材料有哪些？

5. 真空包装的目的及原理？

6. 生鲜肉类包装的基本要求有哪些？

项目十二
肉制品的质量控制

项目描述

食品的安全性与人们的日常生活息息相关，肉制品食品安全事故时有发生，必须加强对肉制品的质量控制，目前 QS、GMP、SSOP、HACCP 是肉制品行业企业进行质量控制的重要工具，通过本项目的学习，能够应用 QS、GMP、SSOP、HACCP 进行肉制品的质量控制。

学习目标

1. 知识目标

- 掌握申请食品生产许可需具备的条件、QS 审查程序，以及肉制品生产许可审查基本情况；
- 掌握 GMP 肉制品加工的 GMP；
- 掌握肉制品加工的 SSOP；
- 掌握 HACCP 的基本原理，制定和实施 HACCP 计划的步骤以及 HACCP 在肉制品中的应用。

2. 能力目标

- 能够进行肉制品食品生产许可证的申请；
- 能够按照 GMP 要求进行肉制品的质量控制；
- 能够结合实际制定相适应的 SSOP 文件并实施控制；
- 能够建立肉制品的 HACCP 控制体系。

背景知识

一、生产许可（QS）

1. 生产许可的概念

根据国家质量监督检验检疫总局《关于使用企业食品生产许可证标志有关事

项的公告》（总局 2010 年第 34 号公告），企业食品生产许可证标志以“企业食品生产许可”的拼音“Qiyeshipin Shengchanxuke”的缩写“QS”表示，并标注“生产许可”中文字样。

QS 认证分两大类，包括食品生产许可和工业生产许可。根据 2010 年 4 月 21 日《国家质量监督检验检疫总局关于修改“中华人民共和国工业产品生产许可证管理条例实施办法”的决定》修订对 QS 的定义：QS 企业产品生产许可，即工业产品生产许可，国家为了保证直接关系公共安全、人体健康、生命财产安全的重要工业产品的质量安全，贯彻国家产业政策，促进社会主义市场经济健康、协调发展，制定了《中华人民共和国工业产品生产许可证管理条例》，纳入《国家实行生产许可证制度的工业产品目录》的产品生产企业必须依照规定程序取得《工业产品生产许可证》方可从事产品生产，任何企业未取得生产许可证不得生产列入目录的产品。任何单位和个人不得销售或者在经营活动中使用未取得生产许可证的列入目录的产品。而其中第八十六条更是明确规定“工业产品生产许可证”标志由“企业产品生产许可”拼音“Qiyechanpin Shengchanxuke”的缩写“QS”和“生产许可”中文字样组成。标志主色调为蓝色，字母“Q”与“生产许可”四个中文字样为蓝色，字母“S”为白色。QS 标志由企业自行印（贴），可以按照规定放大或者缩小。

从 2010 年 6 月 1 日起，新获得食品生产许可的企业应使用企业食品生产许可证标志。之前取得食品生产许可的企业在 2010 年 6 月 1 日起 18 个月内可以继续使用原已印制的带有旧版生产许可证标志包装物（见图 12－1）。

图 12－1　新旧版 QS 标识对比

2. 食品许可证相关时间

（1）证书　食品生产许可证的有效期为 3 年。不同食品其生产许可证的有效期限在相应的规范文件中规定。

（2）换证　在食品生产许可证有效期满前 6 个月内，企业应向原受理食品生产许可证申请的质量技术监督部门提出换证申请。质量技术监督部门应当按规定的申请程序进行审查换证。

(3) 年审　对食品生产许可证实行年审制度。取得食品生产许可证的企业，应当在证书有效期内，每满1年前的1个月内向所在地的市（地）级以上质量技术监督部门提出年审申请。年审工作由受理年审申请的质量技术监督部门组织实施。年审合格的，质量技术监督部门应在企业生产许可证的副本上签署年审意见。

(4) 变更　食品生产加工企业在食品原材料、生产工艺、生产设备等生产条件发生重大变化，或者开发生产新种类食品的，应当在变化发生后的3个月内，向原受理食品生产许可证申请的质量技术监督部门提出食品生产许可证变更申请。受理变更申请时，质量技术监督部门应当审查企业是否仍然符合食品生产企业必备条件的要求。

企业名称发生变化时，应当在变更名称后3个月内向原受理食品生产许可证申请的质量技术监督部门提出食品生产许可证更名申请。

二、良好操作规范（GMP）

良好操作规范（Good manufacturing practice，GMP）是一种特别注重制造过程中产品质量和安全卫生的自主性管理制度。良好操作规范在食品中的应用，即食品GMP。良好操作规范以现代科学知识和技术为基础，应用先进的技术和管理的方法，解决食品生产中的主要问题——质量问题和安全卫生问题。广而言之，良好操作规范并不是仅仅针对食品企业而言的，应该贯穿于食品原料生产、运输、加工、贮存、销售、使用的全过程，也就是说食品从食品生产至使用的每一个环节都应有它的良好操作规范。因此食品良好操作规范是实现食品工业现代化、科学化的必备条件，是食品优良品质和安全卫生的保证体系。

食品良好操作规范，也称为食品良好生产规范，是一种具有专业的质量保证体系和制造业管理体系。政府以法规形式，对所有食品生产企业制定了一个通用的良好操作规范，所有企业在生产食品时都应自主地采用该操作规范。同时政府还针对各种主要类别的食品生产企业制定一系列的GMP，各类食品厂也应自觉地遵守它的GMP。食品GMP求食品加工的原料、加工的环境和设施、加工贮存的工艺和技术、加工的人员等的管理都符合良好操作规范，防止食品污染，减少事故发生，确保食品安全和稳定。

三、卫生标准操作程序（SSOP）

卫生标准操作程序（Sanitation Standard Operation Procedure，SSOP），指企业为了达到GMP所规定的要求，保证所加工的食品符合卫生要求而制定的指导食品生产加工过程中如何实施清洗、消毒和卫生保持的作业指导文件。

SSOP强调食品生产车间、环境、人员及与食品接触的器具、设备中可能存在的危害的预防以及清洗（洁）的措施。SSOP与HACCP的执行有密切的关联，且HACCP体系是建立在牢固地遵守现行的GMP和可接受的SSOP的基础上。我国食品卫生法及对各类型食品工厂的卫生规范都有类似国外SSOP和GMP的相关内容，《食品企业通用卫生规范》（GB 14881—2013）、《蜜饯企业良好生产规范》（GB 8956—2003）和《糕点厂卫生规范》（GB 8957—1988）等都属于我国食品生产的SSOP，也应该是国内执行HACCP体系的基本措施。

SSOP至少包括水或冰的要求、食品接触表面的卫生要求、交叉污染的防止、手清洁、消毒和卫生间设施的要求、防止外来污染物污染、有毒化合物的处理、雇员的健康状况、害虫的灭除八个方面的要求。

四、危害分析与关键控制点（HACCP）

1. HACCP体系的概念

HACCP是Hazard Analysis Critical Control Point英文的首字母缩写，即危害分析与关键控制点。这是一种保证食品安全与卫生的预防性管理体系。HACCP体系运用食品工艺学、微生物学、化学、物理学、质量控制和危险性评估等科学的原理与方法，对整个食品链（从食品原料的种植/养殖、收获、加工、流通至消费过程）的安全危害（生物危害、物理危害、化学危害）予以识别、评估和控制的系统方法，也是一个确保食品生产过程及供应链免受生物性、化学性和物理性危害污染的安全管理工具。

HACCP概念从提出到发展应用已有四十多年的历史。目前HACCP体系已成为世界公认的、能经济有效的保证食品安全的预防性控制体系，得到了食品法典委员会（CAC）的大力推荐与采纳，同时也得到世界各国的广泛认可。HACCP与GMP、SSOP关系[1]密切。

2. HACCP体系的特点

HACCP是一个真正的逻辑性控制和评价系统，有利于防止食品所引起的疾病，提供有利于健康的和对安全有保证的食品，提高顾客的满意程度。近年来应用越来越广，与其它质量体系相比，具有简便易行、合理的特点。

（1）HACCP体系是预防性的食品安全控制体系，要对所有潜在的生物的、物理的、化学的危害进行分析，确定预防措施，防止危害发生。

（2）HACCP 体系强调关键控制点的控制，在对所有潜在的生物的、物理的、化学的危害进行分析的基础上来确定哪些是显著危害，找出关键控制点，在食品生产中将精力集中在解决关键问题上，而不是面面俱到。

（3）HACCP 体系是根据不同食品加工过程来确定的，要反映出某一种食品从原料到成品、从加工场到加工设施、从加工人员到消费方式等各方面的特性，其原则是具体问题具体分析，实事求是。

（4）HACCP 体系不是一个孤立的体系，而是建立在企业良好的食品卫生管理传统的基础上的管理体系。如 GMP、SSOP、职工培训、设备维护保养、产品标识、批次管理等都是 HACCP 体系实施的基础。如果企业的卫生条件很差，就不适合实施 HACCP 体系，而是需要企业建立良好的卫生管理规范。

（5）HACCP 体系是一个基于科学分析建立的体系，需要强有力的技术支持，当然也可以寻找外援，吸收和利用他人的科学研究成果，但最重要的还是企业根据自身情况所做的实验和数据分析。

（6）HACCP 体系不是一种僵硬的、一成不变的、理论教条的、一劳永逸的模式，而是与实际工作密切相关的发展变化的体系。

（7）HACCP 体系是一个应该认认真真进行实践—认识—再实践—再认识的过程。企业在制定 HACCP 体系计划后，要积极推行，认真实施，不断对其有效性进行验证，在实践中加以完善和提高。

（8）HACCP 体系并不是没有风险，只是能够减少或者降低食品安全中的风险。作为企业，只有 HACCP 体系是不够的，还要有具备相关的检验、卫生管理等手段来配合共同控制食品中的生产安全。

3. HACCP[2] 体系的七大基本原理

HACCP 体系已成为世界性的食品质量控制的经济有效的手段。HACCP 原理经过反复实践与修改，被食品法典委员会（CAC）确认，由以下七个基本原理构成。

（1）原理一：进行危害分析和确定预防控制措施。

拟定工艺中各工序的流程图，确定与食品生产各阶段（从原料生产到消费）有关的潜在危害性及其危害程度，确定显著危害，并对这些危害制定具体有效的控制措施，包括危害发生的可能性及发生后的严重性估计。

（2）原理二：确定关键控制点。

即确定能够实施控制且可以通过正确的控制措施达到预防危害、消除危害或将危害降低到可接受水平的 CCP，例如，加热、冷藏、特定的消毒程序等。应该注意的是，虽然对每个显著危害都必须加以控制，但每个引入或产生显著危害的点、步骤或工序未必都是 CCP。CCP 的确定可以借助于 CCP 判断树。

（3）原理三：建立关键限值（CL）。

即指出与 CCP 相应的预防措施必须满足的要求，例如温度的高低、时间的长短、pH 的范围及盐浓度等。CL 是确保食品安全的界限，每一个 CCP 都必须有一个或多个 CL，一旦操作中偏离了 CL，必须采取相应的纠偏措施才能确保食品的安全性。

（4）原理四：建立监控体系。

通过有计划的测试或观察，以确保 CCP 处于被控制状态，其中测试或观察要有记录。监控应尽可能采用连续的理化方法，如无法连续监控，也要求有足够的间隙频率次数来观察测定每一个 CCP 的变化规律，以保证监控的有效性。凡是与 CCP 有关的记录和文件都应该有监控员的签名。

（5）原理五：建立纠偏行动。

因为任何 HACCP 方案要完全避免偏差是几乎不可能的。因此，需要预先确定纠偏行为计划。如果监控结果表明加工过程失控，应立即采取适当的纠偏措施，减少或消除失控所导致的潜在危害，使加工过程重新处于控制之中。纠偏措施的功能包括：决定是否销毁失控状态下生产的食品；纠正或消除导致失控的原因；保留纠偏措施的执行记录。

（6）原理六：建立验证程序。

验证程序即除监控方法外，用来确定 HACCP 体系是否按 HACCP 计划动作或计划是否需要修改及再确认生效所使用的方法、程序或检测及评审手段。虽然经过了危害分析，实施了 CCP 的监控、纠偏措施并保持有效的记录，但是并不等于 HACCP 体系的建立和运行能确保食品的安全性，关键在于：① 验证各个 CCP 是否都按照 HACCP 计划严格执行；② 确认整个 HACCP 计划的全面性和有效性；③ 验证 HACCP 体系是否处于正常、有效的运行状态。这三项内容构成了 HACCP 的验证程序。验证的方法包括生物学的、物理学的、化学的或感官方法。

（7）原理七：建立有效的记录保存与管理体系。

HACCP 具体方案在实施中，都要求做例行的、规定的各种记录，同时还要求建立有关适用于这些原理及应用的所有操作程序和记录的档案制度，包括计划准备、执行、监控、记录及相关信息与数据文件等都要准确和完整的保存。以文件证明 HACCP 体系的有效运行，记录是 HACCP 体系的重要部分。

4. 制定和实施 HACCP 计划的步骤

根据食品法典委员会《HACCP 体系及其应用准则》详细阐述 HACCP 计划的研究过程，此过程由 12 个步骤组成，涵盖了 HACCP 体系七项基本原理（如图 12－2 所示）。

组建HACCP小组
↓
产品描述
↓
确定预期用途
↓
建立工艺流程图及工厂人流物流示意图
↓
现场验证工艺流程图及工厂人流物流示意图
↓
列出每一步的危害（原理一）
↓
运用HACCP判断树确定CCP(原理二)
↓
建立关键限值（原理三）
↓
建立监控程序（原理四）
↓
建立纠偏措施（原理五）
↓
建立验证程序（原理六）
↓
建立记录保持文件程序（原理七）

图 12－2　制定和实施 HACCP 计划的步骤

任务一

熏煮香肠生产许可证的申请

一、取得食品生产许可，应当符合的要求

取得食品生产许可，应当符合食品安全标准，并符合下列要求。

（1）具有与熏煮香肠生产数量相适应的原料处理和食品加工、包装、贮存等场所，保持该场所环境整洁，并与有毒、有害场所以及其他污染源保持规定的距离。

（2）具有与熏煮香肠生产数量相适应的生产设备或者设施，有相应的消毒、更衣、盥洗、采光、照明、通风、防腐、防尘、防蝇、防鼠、防虫、洗涤以及处理废水、存放垃圾和废弃物的设备或者设施。

（3）具有与熏煮香肠生产数量相适应的合理的设备布局、工艺流程，防止待加工食品与直接入口食品、原料与成品交叉污染，避免食品接触有毒物、不洁物。

（4）具有与熏煮香肠生产数量相适应的食品安全专业技术人员和管理人员。

（5）具有与熏煮香肠生产数量相适应的保证食品安全的培训、从业人员健康检查和健康档案等健康管理、进货查验记录、出厂检验记录、原料验收、生产过程等食品安全管理制度。

二、申请生产许可要提交的材料

（1）食品生产许可申请书。

（2）申请人的身份证（明）或资格证明复印件。

（3）拟设立食品生产企业的《名称预先核准通知书》。

（4）熏煮香肠生产加工场所及其周围环境平面图和生产加工各功能区间布局平面图。

（5）熏煮香肠生产设备、设施清单。

（6）熏煮香肠生产工艺流程图和设备布局图。

（7）食品安全专业技术人员、管理人员名单。

（8）食品安全管理规章制度文本。

（9）产品执行的食品安全标准；执行企业标准的，须提供经卫生行政部门备案的企业标准。

（10）相关法律法规规定应当提交的其他证明材料。

三、食品生产许可审查

（1）申请受理　收到申请人食品生产许可申请后，材料齐全并符合要求的发给申请人《食品生产许可申请受理决定书》；申请材料不符合要求，应一次告知申请人补正材料；不属于食品生产许可事项的或不符合法律法规要求的，应发给申请人《食品生产许可申请不予受理决定书》。

（2）组成审查组　审查组织部门根据申请生产食品品种类别和审查工作量，确定审查组长和成员，并通知确定的人员及其所在单位。

（3）制定审查计划　审查组拟定开展审查的时间，熟悉需要审查的申请材料，与申请人沟通，形成审查计划，报告审查组织部门确定。审查组织部门通知申请人，告知需要配合的事项。

（4）审核申请资料　审核食品安全管理制度、审核岗位责任制度、必要时审核申请材料可以与现场核查结合进行。

（5）实施现场核查　核查申请人生产现场实际具备的条件与申请材料的一致性，以及与申请生产的食品相关的卫生规范、条件及审查细则规定要求的合规性。

（6）形成初步审查意见和判定结果　在组长组织下，审查人员应当汇总、合并、讨论资料审核和现场核查情况，确定符合、基本符合和不符合项，形成初步审查意见和判定结果。

（7）与申请人交流沟通　在组长主持下，审查组应当对初步审查意见和判定结果与申请人沟通。审查组全体人员应当参加沟通，申请人相关管理人员及技术人员可以参加沟通。

（8）审查组应当填写对设立食品生产企业的申请人规定条件审查记录表。

（9）判定原则及决定　对设立食品生产企业的申请人规定条件审查记录表中审查结论分为符合、基本符合、不符合。当全部项目的审查结论均为符合的，许可机关依法作出准予食品生产许可决定；当任何一个至八个项目审查结论为基本符合的，申请人应对基本符合项进行整改，整改应在 10 日内完成，申请人认为整改到位的，由当地县局予以审查确认并签字，许可机关做出准予食品生产许可决定；当任何一个项目的审查结论为不符合或者八个以上项目为基本符合、预期未完成整改或整改不到位的，许可机关依法做出不予食品生产许可决定。

（10）形成审查结论　在组长主持下，审查组应当根据审查情况及与申请人的沟通情况，讨论形成审查结论，填写对申请人规定条件的审查报告。申请人应署名或签署意见，参加审查人员应一并签署。

（11）报告和通知　审查结论应报审查组织单位，审查组织单位应将审查结论书面告知申请人。需要申请人改进的，审查组织单位应在食品生产许可改进表中明确。

（12）意见反馈　申请人有权对审查全过程进行监督，并反馈现场核查意见。

四、食品生产许可检验

（1）通知检验事项　资料审核和现场核查结论符合规定条件要求的，许可机关应当向申请人送达准予生产许可决定书和食品生产许可证及副本。告知申请人批量食品抽样基数、检验项目等食品审查细则规定的事项。

（2）样品抽取　许可机关接到申请人生产许可检验申请后，审查组织部门及时安排人员按细则规定的抽样方法实施抽样。样品一式两份，并加贴封条，填写抽样单。抽样单及样品封条应有抽样人员和申请人签字，并加盖申请人印章。

（3）选择检验机构　申请人在公布的检验机构名单中选择作为生产许可的检验机构。

（4）样品送达　封存的两份样品由申请人在7日内送达检验机构，一份用于检验，一份用于样品备份。申请人应当充分考虑样品的保质期，确定样品送达时间。

（5）样品接收　检验机构接收样品时应认真检查。对符合规定的，应当接受；对封条不完整、抽样单填写不明确、样品有破损或变质等情况的，应拒绝接收并当场告知申请人，及时通知审查组织部门。对接收或拒收的样品，检验机构应当在抽样单上签章并做好记录。检验机构应当妥善保管已接收的样品。

（6）实施检验　检验机构应当在保质期内按检验标准检验样品，并在10日内完成检验。

（7）检验结果送达　检验完成后2日内检验机构应当向审查组织部门及申请人递送检验报告。

（8）许可检验复检　检验结果不合格的，申请人可以在15日内向许可机关提出生产许可复检申请。

（9）食品生产许可证副页　食品检验合格后，许可机关发放《食品生产许可证》副页。

五、思考与应用

（1）熏煮香肠生产许可的申请流程？

（2）申请生产许可要提交的材料有哪些？

（3）试述食品生产许可检验流程。

（4）为熏煮香肠生产企业编制食品安全管理规章制度文本。

任务二

肉制品加工的良好操作规范（GMP）

肉与肉制品生产企业除应符合食品厂良好生产规范一般卫生要求，还应符合以下特殊要求。

一、厂区布局与设施

肉品原料、辅料和成品的存放场所（库）分开设置，不得直接相通和共用一个通道。冷库原料肉与分割、处理车间应有相连的封闭通道。

接触肉品的设备、工器具和容器应使用无毒、无气味、不吸水、耐腐蚀、经得起反复清洗与消毒的材料制作，其表面平滑、无凹坑和裂缝。接触生肉、半成品、成品的设备、工器具和容器应标志明显，分开使用。

分割肉和熟肉制品车间及其成品库内，必须设非手动式的洗手设施。肉制品车间应设清洗和消毒室。

不同产品应根据工艺技术要求采用符合卫生要求和满足产品制作要求的设备。肉制品的搅拌、灌肠、内包装宜采用机械操作。

车间和工厂有专用盛装废弃物的容器，并选用金属或其他不渗水的材料制作。各种不同的容器有明显的标志。

杀菌锅等压力容器的设计、安装、操作和保养符合国家规定的压力容器安全标准。杀菌设备应具备温度、时间的指示装置。

冷库设有冷藏库（0～10℃）、冷冻库（－18℃以下）；所有冷库（包括冷冻库和冷藏库）安装温度自动记录仪或温度湿度计。

二、卫生管理

生产车间内的设备、工器具、操作台应在每次加工完毕后进行清洗；杀菌后的半成品和成品的存放场所和接触面应在每个批次产品使用后分别采取消毒措施。分割肉和熟肉制品加工人员离开加工场所再次返回前应洗手、消毒。

三、生产过程

1. 原料、辅料的卫生要求

（1）待宰肉畜必须来自非疫区，健康良好，并有兽医检验合格证书。

（2）用于加工熟肉制品的原料肉经兽医检验合格，分别符合 GB 2707—2005、GB 16869—2005 及其他有关国家标准的规定。宜使用经过实施 GB 12694—1990 企业生产的肉类原料。不得采购和使用未经兽医检验、未盖兽医卫生检验印戳、未开检疫证明的肉，也不得采购和使用虽有印戳、证明，但不符合卫生和质量要求的原料肉。

（3）未经卫生行政部门许可不得使用条件可食肉进行熟肉制品加工。

（4）食品添加剂应按照 GB 2760—2014 规定的品种使用，禁止超范围、超标准使用食品添加剂。

2. 原料、辅料的贮存

（1）用于原料贮存的冷库、常温库应经常保持清洁、卫生。肉品贮存应按入库的先后批次、生产日期分别存放，并做到包装物品与非包装物品分开，原料肉与杂物分开。清库时应做好清洁或消毒工作，但不得使用农药或其他有毒物质杀虫、消毒。

（2）冻肉、禽类原料应贮藏在 -18℃以下的冷冻间内，同一库内不得贮藏相互影响风味的原料。冻肉、禽类原料在冷库贮存时在垫板上分类堆放并与墙壁、顶棚、排管有一定间距。

（3）原料的入库和使用应本着先进先出的原则，贮藏过程中随时检查，防止风干、氧化、变质。肉品在贮存过程中，应采取保质措施，并切实做好质量检查与质量预报工作，及时处理有变质征兆的产品。

（4）使用的鲜肉应吊挂在通风良好、无污染源、室温0~4℃的专用库内。

（5）包装材料存放在通风、干燥、无尘土、无污染源的仓库内。

3. 加工

（1）工厂应确定加工过程中各环节的温度和加工时间，缩短不必要的肉品滞留时间。

（2）各工序的设计应遵循防止微生物大量生长繁殖的原则，宜遵循的一般情况如下：冷藏食品的中心温度应在0~7℃；冷冻食品应在 -18℃以下；杀菌温度应达到中心温度70℃以上；保温贮存肉品中心温度应保持60℃以上；肉品腌制间的室温应控制在2~4℃。

（3）加工人员应具备卫生操作的习惯，规范、有序地进行加工、操作，随时清理自身岗位及其周围的污染物和废弃物，在加工过程中，不得使原料、半成品、成品直接接触地面和相互混杂，也不得有其他对产品造成污染或对产品产生不良影响的行为。

（4）食品添加剂的使用应保证分布均匀，并制订保证腌制、搅拌效果的控制措施。

（5）使用非动物肠衣必须符合相应包装材料的卫生要求。

（6）熏制各类产品应使用低松脂的硬木（木屑）。

（7）加工好的肉制品应摊开凉透，不得堆积、摞压，并尽量缩短存放时间。

（8）各种熟产品的加工均不得在露天进行。

4. 包装

（1）包装熟肉制品前操作间应进行清洁、消毒处理，并对人员卫生、设备运转情况进行检查。

（2）定型包装产品的外包装贴有符合 GB 7718—2011 规定的标签；非定型包装的产品应以适当方式标明产品的保质期限、保存方法和使用方法，以及生产者名称和所在地址。

5. 贮藏

（1）无外包装的熟肉制品限时存放在专用成品库中。如需冷藏贮存则应包装严密，不得与生肉、半成品混放。

（2）各种腌、腊、熏制品按品种采取相应的贮存方法。一般吊挂在通风、干燥库房中，咸肉堆放在专用的台面或垫架上，如夏季贮存或需延长贮存期应在0～10℃温度下贮存。

6. 运输

（1）运送熟肉制品应采用加盖的专用容器，并使用专用防尘冷藏或保温车运输。

（2）不同加工方式的产品分不同容器盛装；肉制品、内脏制品不得直接或间接接触。

（3）所有运输车辆用后应立即清洗，容器应进行清洗、消毒处理。不得使用未经清洗的车辆和未经消毒的容器运输熟肉制品。

四、思考与应用

（1）肉制品 GMP 的特殊要求有哪些？

（2）实施 GMP 有何意义？

（3）对照 GMP 标准对肉制品实训室进行现场验证，找出不足之处，提出改进意见。

任务三 肉制品加工的卫生标准操作程序（SSOP）

一、食品接触表面的清洁和卫生

1. 食品接触表面的材料要求

（1）工厂原料肉解冻架车、装肉泥用的桶车、吊挂肠子的架车及挂杆（可用铝合金）、散热用架车、灌装台子等均采用不锈钢材质制造。盛装产品及垫板等均用洁净的可用于食品的塑料周转筐。工器具的清洗一般人工进行，车间内配有82℃以上热水杀菌。

（2）生产用的机械设备，包括绞肉机、斩拌机、配粉机、灌装机、烟熏炉、封口机和蒸煮锅、吊栏等均采用不锈钢材料制成，且内部与食品接触部位便于清洗消毒。

（3）冷却采用不锈钢制造的流水冷却锅。

（4）清洁区使用食品用塑料筐存放烟熏蒸煮后的肠子及火腿等。工作台为不锈钢制成，下脚料用加盖的塑料桶（内置塑料薄膜袋）暂存。

（5）包装用不锈钢真空封口机，计量用电子秤或地上秤称量；包装用不锈钢真空封口机，计量用电子秤或地上秤称量；消毒小推车用不锈钢制作；车间内所有水管为 PVC 塑料管、不锈钢水龙头、并编号，加工时采用常流水。

2. 设备工器具的清洁消毒要求

（1）在加工过程中，所有器具和接触食品的设备的表面都要用有效清洁剂和消毒剂，按下列频率进行清洗消毒：每班加工开始前或结束后；加工间歇中；所有工器具、墙壁、操作台、地面消毒前用清洁剂清洗并去污垢后，用水冲洗干净，再进行消毒。

（2）前一道生产前或生产结束后（必要时包括生产间歇时）必须对地面、墙壁（2m 以上，每周一次进行彻底清洗消毒）、明沟、架车（喷雾消毒）、架杆、桶车（擦洗消毒）、垫盘等工器具用 500mg/kg 的含氯消毒水泼洒，浸泡消毒 3min 后，再用自来水冲洗或清洗后用 82℃ 以上热水进行消毒，并做好清洗消毒执行记录。

（3）烟熏间生产前或生产后必须用 500mg/kg 含氯消毒水对地面消毒 3min。设备表面进行擦拭消毒（每周进行一次喷雾消毒），然后再用水冲洗，并做好车间清洗消毒执行记录。

（4）对清洁作业区在班前或班后，由生产部专职卫生消毒员负责清洗消毒工作：

① 所有与食品直接接触的设备表面（用 75% 的酒精消毒，每班前、班后均要进行）、墙壁、地面、地角等用 500mg/kg 的含氯消毒水泼洒消毒，然后再用水冲洗（每周至少两次）。

② 操作台面用 82℃ 以上的热水消毒或用 500mg/kg 的含氯消毒水泼洒消毒，然后再用水冲洗。

③ 清洁区的周转箱每周最少进行二次热力消毒或化学消毒：放入水池用 100℃ 热水煮 10min，或清洗干净后浸泡于 500mg/kg 的含氯消毒水中最少进行 10min 消毒。

④ 开启杀菌灯对空气、工作服、设备表面、工作地面及工器具进行杀菌 30min 以上（每天一至两次）。

（5）所有吊挂肠子的工器具（包括架车及架杆等）每班次必须最少彻底清洗一次，每周最少消毒一次。

（6）生产中的下脚料，用专用容器收集并经专用出料口送出。

(7) 生产结束后，由工厂专职卫生消毒员对加工设备、操作台、工器具、车间地面等进行全面彻底的清洗，首先用热水加清洁剂清洗，然后用水进行冲洗，冲洗后按（4）进行操作。

(8) 当班班组长在开工前20min对卫生消毒情况进行检查，并立即消除存在的问题，车间达到令人满意的卫生条件后才能开始加工。

3. 工人着装要求

(1) 在接触熟产品操作时应使用一次性手套。

(2) 每天生产前将清洁的工作服、围裙等事先放入二次更衣间，先开电子灭菌灯杀菌30min后使用，生产结束后由专人收集送洗衣房进行清洁消毒。

(3) 工人进入车间前先进换鞋室换上拖鞋进入更衣室，经过一次更衣（设存放私人物品的柜子）和二次更衣（只设挂杆，挂放干净的工作服、帽、鞋等）后进入车间。在进门处进行洗手消毒；对手、靴等进行消毒后方可进入车间从事生产。

(4) 保养维修人员必须穿戴经过清洗消毒后的工作靴、专用工作服、工作帽，并在250mg/kg的含氯消毒水中进行手消毒10s后，进入加工车间。

二、防止交叉污染操作程序

(1) 生产腌腊肉制品应具有原料冷库、辅料库，有原料解冻、选料、修整、配料、腌制车间、包装车间和成品库。生产中式腊肠类的企业，还应具有灌装（或成型）、晾晒及烘烤车间。生产中式火腿类的企业，还应具有发酵及晾晒车间。

(2) 生产酱卤肉制品、熏烧烤肉制品、熏煮香肠火腿制品应具有原料冷库、辅料库、生料加工间（原料解冻、选料、修整和配料等）、热加工间、熟料加工区（冷却间、包装车间和成品库等）。生产熏煮香肠火腿制品的企业，还应具有灌装（或成型）、滚揉或腌制间。

(3) 原料按照前道车间（包括原料解冻间、配料房、前道清洗间、分割间、腌制间、灌装间及烟熏蒸煮间靠近前道部分等）、烟熏蒸煮间靠近后道部分（包括预冷间、散热间及内包装间、二次杀菌间、二次散热间）的顺序进行加工，加工后进入成品库（速冻库）。辅助车间包括发货台、-18℃库、车间外围辅材库；公共卫生区域包括换鞋室、更衣室、卫生间、通道及楼梯。不同的作业区设有不同的换鞋、更衣、洗手消毒室，互不交叉。

(4) 人流、物流分开，互不交叉。前道车间与蒸煮间后道热食部分用双开的烟熏炉，冷却间与内包装间用传递孔，防止产品倒流。

(5) 加工车间布局应避免生熟交叉污染，热加工车间应为生熟加工区的分界线，热加工车间应有生料入口和熟料出口，分别通往生料加工区和熟料加工区。生料加工区和熟料加工区应分别设置工作人员入口、更衣室和洗手消毒设施。加工作业区分清洁作业区、准清洁区、一般作业区。清洁作业区有：预冷间、散热间、内包装间、二次杀菌间、二次散热间（包括其更衣室）及成品库；准清洁区主要为蒸煮间；一般作业区有前道更衣室、前道所有车间（包括配料间、辅材暂存间）、外包装间及成品库（包括其更衣室及包材库）。

（6）后道工序中从外面进入车间的工器具、塑料筐等从后道清洗消毒间的外门进入，经清洗消毒后从传递口传进车间备用，不能倒流，防止未消毒的塑料筐及工器具被直接使用，而形成交叉污染。前道工序需增加一些工器具及其他设备设施时，亦必须先进行彻底清洗消毒后方可使用。

（7）内包装车间及后道的垃圾用专用垃圾桶存放，由专人收集，在固定的时间里通过清洗间运出车间外，由专用垃圾车运走处理。被污染的裸露的肠子放入专用筐内。

（8）生产用的原料来自正规厂商，并经验收证明来自非疫区。收购过程中必须严格遵守相应的原辅料检验规程。

（9）车辆出厂前要到车辆消毒处先进行清洗消毒，运原料进厂时必须有车辆消毒合格证方可进厂，防止未消毒的车辆、周转筐污染原料肉。

（10）冷藏库入库产品必须包装后方可入库，产品必须进行标识、单独存放、生熟分开。

三、洗手、消毒

熟肉制品加工人员在需要戴手套操作时，应在戴前洗手、消毒。

四、防止食品、食品包装材料、食品接触表面掺入其他有害物

裸露产品进入内包装车间采用传递口（窗），加工人员进入车间后所有的门必须关闭，限制外界热空气流进内包装车间。

五、肉制品企业分项清洗消毒规程

1. 消毒水的配制

（1）采用的漂粉精，其有效氯含量为60% ~65%。内包装过程中的消毒均采用75%的酒精。

（2）靴消毒池、工器具及打扫卫生用消毒水一般配制成500mg/kg，其他消毒水配制成250mg/kg。

（3）内包装间手消毒用70% ~75%的酒精，进门洗手消毒处采用200 ~

250mg/kg 的消毒水进行消毒。

2. 运输车辆及工器具清洗消毒操作规程

装货前进行清洗消毒。消毒液一般为 500mg/kg 含氯消毒液。

（1）用洗涤液对车辆车厢内、工器具进行喷洒，并使其接触 5min 以上；

（2）消毒：用 500mg/kg 含氯消毒水喷洒车厢表面、工器具，进行消毒。

3. 工作服、帽清洗消毒操作规程

（1）准备　洗衣房工作人员注意不同加工区的工作服应分开清洗。

（2）浸泡　将工作服分批放入已配制好洗衣液的水池中浸泡 20min，每一批工作服更换一次洗衣液。

（3）清洗　将浸泡好的工作服投入洗衣机中进行洗涤 30min（视清洁程度可延长或缩短）。

（4）消毒　对吊挂好的工作服、帽开启臭氧发生器或灭菌灯进行臭氧杀菌 30min 以上。

4. 前道设备设施清洗消毒操作规程

（1）主要清洁用品　尼龙毛刷、塑料刷、水管、蒸煮池（带热蒸汽）、塑料桶、洗涤剂（按 1∶20 比例加水配成清洗使用液）和消毒剂（250mg/kg、500mg/kg 的含氯消毒液）。

（2）清洗消毒要点　能拆卸的设备要拆卸开来，使各个部件都能得到充分清洗。

① 冲洗：用水龙头冲洗去除残留物或刮除固体残留物；

② 清洗：所有表面都用清洗剂清洗，并使其接触 10min 以上；

③ 冲洗：用水管喷水冲洗掉清洗剂；

④ 感官检查：检查所有已清洗的表面，如果发现残留，重复清洗步骤；

⑤ 消毒：含氯 500mg/kg 消毒液消毒，设备、地面、墙面、架车等采用喷洒措施，小部件采用浸泡措施，消毒时间为 1min 以上；或用 82℃以上的热水消毒 10min 以上；

⑥ 冲洗：用水冲洗（用热水消毒者除外）。

（3）清洗要求

① 架车的清洗：用塑料刷蘸洗涤剂刷洗。刷洗后的架车要求无黄垢、无油污；

② 垫盘、垫板的清洗：先用洗涤液浸泡再刷洗，最后用清水冲净；

③ 刀具的清洗消毒：

a. 前道刀具的消毒频率：使用前后；使用每 2h；刚磨过的刀具；消毒水的

浓度为250mg/kg；

b. 后道刀具的消毒频率：每10min消毒一次；用70% ~75%的酒精。

④ 周转盘的清洗：

a. 用温水洗净周转盘表面油污；

b. 将周转盘浸入洗涤水中刷洗，要求刷洗后的周转盘无油污、无杂质，最后用清水将周转盘上的洗涤液冲净；

c. 每周最少一次彻底清洗消毒，用82℃以上热水消毒最少10min以上。

⑤ 台板的清洗：捡净台板上的碎肉，将台面拆开，先用水（必要时用热水和洗涤剂）将台板上的肉泥刷净，然后用82℃以上热水进行杀菌；

⑥ 盛装原料皮的桶车和周转箱清洗后才能使用，要求表面无脂肪和碎皮；

⑦ 地面：每天必须至少清洗消毒一次，生产过程中也要保证地面无积水、肉屑等；

⑧ 墙壁（2m以上部分）、天花板：要求无黄污、无油迹、无杂物，必须保证每周清洗消毒前道一次，后道二次；

⑨ 下水道的清洗：先将吊篮中的垃圾、肉块清理干净，然后用洗涤剂和水刷洗，刷洗后的下水道必须无黄污、无杂物，最后用清水冲净后泼放消毒水消毒，每天至少清理一次；

⑩ 前道换鞋室、更衣室清洗消毒：先清扫，再消毒：换鞋室鞋架、洗手龙头等每周一次，用500mg/kg的消毒液喷洒消毒。

5. 烟熏蒸煮间清洗消毒操作规程

（1）清洁用品　钢丝刷、塑料刷、水管、清洗液，500mg/kg消毒液。

（2）生产结束后地面、墙面及烟熏炉外壁的清洗消毒　冲洗，用水对地面、墙面及炉外壁进行冲洗；清洗，所有表面都用刷子蘸清洗液进行清洗，并使其接触10min以上；冲洗，用水龙头喷水冲洗，直到所有清洗液都被清除掉；检查，检查所有已清洗过的表面，如果发现残留，重复清洗步骤；消毒，含氯消毒液应用于所有表面的消毒，消毒液浓度为500mg/kg，消毒时间为1min以上；冲洗，用水对所有消毒表面进行冲洗。

（3）烟熏炉的清洗消毒　要求每炉加工完后要清扫掉炉内的固体垃圾，每天至少彻底清洗消毒一次内炉，具体清洗消毒按上述清洗消毒步骤或类似步骤执行。

（4）更衣室、换鞋室每日由专职卫生消毒员在生产结束后清扫一次，并开启臭氧发生器消毒30min以上。

（5）烟熏蒸煮间的清洗消毒在生产前或后及过程中进行。

6. 后道车间清洗消毒操作规程

(1) 精加工间的清洗消毒　在生产前或后进行或间隔若干时间后进行，直接接触熟品的工器具在使用过程中应随时消毒（每使用一次，清洗消毒一次）。

(2) 系统的清洗、消毒工作

每月至少一次：后道精加工车间的墙面（除去内包装间、散热间及预冷间）、天花板、垫板、吊栏、二次散热用架车、二次散热间蒸煮锅等。

每周至少一次：内包装间、散热间及预冷间（包括流通于其间的工器具、筐子、架车等）。

每天每班次至少一次的：熟食裸露半洁净区（主要指包装间、散热间及预冷间中与熟食、半成品直接接触的工器具、台面、电子秤、筐子、架车等）。

① 冲洗：用水龙头（水管）冲洗地面、墙面、工作台、垃圾桶、洗手龙头、下水槽、周转筐、小推车等工器具，先用水冲，去除残留物。

② 清洗：用配制好的清洗使用液清洗所有设备、工器具及地面、墙面、管道等表面，并使其接触 10min 以上。

③ 冲洗：用水冲洗掉所有清洗使用液。如果发现残留，重复清洗步骤。

④ 消毒：含氯消毒液应用于所有表面的喷雾消毒（除电子秤、真空封口机、配电箱外），消毒液浓度为 500mg/kg。清洁区的周转筐、垃圾桶进行高温杀菌，电子秤、真空包装机、配电箱用 75% 酒精棉球擦洗消毒即可。用 500mg/kg 含氯消毒液均匀泼洒于设备、地面、墙面、工作台、洗手龙头、架子、速冻隧道输送带表面，消毒 3min 以上。原则上讲，能进行热力杀菌的尽量进行热力杀菌。

⑤ 冲洗：用水对所有消毒表面进行冲洗（除电子秤、配电箱、真空封口机外）。

7. 冷库（包括成品库）：清洗消毒操作规程

(1) 清洁用品　刷子、清洗水管、塑料桶、清洗液 500mg/kg 含氯消毒液、75% 食用酒精。

(2) 生产结束后的清洗消毒

① 冲洗：用水管对工作台、墙面、地面、月台、小推车和生产设备（能用水冲的设备）冲洗去除残渣；

② 清洗：用配制好的清洗使用液清洗，并使其接触 10min 以上；

③ 冲洗：用水管冲洗干净清洗使用液；

④ 消毒：用含氯消毒液对工作台、月台、小推车、地面、垃圾桶、垫板进行消毒，消毒水的浓度为 500μL/L，消毒时间为 1min 以上；

⑤ 冲洗：用水管冲洗所有消毒表面，如发现残留痕迹，重复消毒步骤。

(3) 消毒频率　速冻间、冷藏库消毒每两个月至少一次；成品库、包材库等每月至少消毒一次。

六、思考与应用

(1) SSOP 包括哪些方面的要求？
(2) 交叉污染的来源有哪些？如何防止？
(3) 编制一个肉制品企业的 SSOP 文本。

任务四

HACCP 在肉制品中的应用

一、肉制品的危害分析

（一）原辅料的危害分析

1. 接收原料肉

(1) 生物性危害　原料肉的生物性污染主要是微生物污染和寄生虫污染。微生物污染包括细菌及其毒素、真菌及其毒素、病毒等。细菌又分为腐败菌和致病菌。腐败菌主要有不动杆菌、产碱杆菌、芽孢杆菌、棒状杆菌、黄色杆菌、微球菌、假单胞菌等，它们主要引起原料肉的腐败变质；致病菌主要有病原性大肠埃希氏菌、沙门菌、肉毒梭状芽孢杆菌（简称肉毒梭菌）、金黄色葡萄球菌等食物中毒病原菌和炭疽杆菌、分支杆菌、鼻疽杆菌、红斑丹毒丝菌、李氏杆菌等人兽共患病原菌。真菌主要有曲霉、青霉、蜡叶芽枝霉、交链孢霉等，主要污染冷藏肉品。真菌除引起食品的霉变外，还可产生真菌毒素。病毒有来自病畜禽的口蹄疫病毒、狂犬病毒、猪瘟病毒、新城疫病毒、禽流感病毒等和来自病人的甲肝病毒、乙肝病毒、非甲非乙病毒、脊髓灰质炎病毒、轮状病毒等。微生物污染的危害主要表现为原料肉品质劣变和引起随后的食物感染、食物中毒等食源性疾病。

寄生虫主要有食源性寄生虫和动物寄生虫。前者是通过畜肉感染人体的，有猪囊尾蚴、牛猪囊尾蚴、旋毛虫、弓形虫、肉孢子虫、华枝睾吸虫、肝片吸虫、孟氏裂头蚴、并殖吸虫、姜片吸虫、隐孢子虫等。后者是畜禽常见寄生虫，如孢子虫、球虫、盘尾丝虫、肺线虫、结节虫、细颈囊尾蚴等。寄生虫侵入人体，在发育、繁殖和寄生过程中对人体组织和器官造成的主要损伤有三方面：夺取营养、机械损伤、毒素作用与免疫损害。

虽然健康家畜携带微生物较少，胴体表面仍能通过动物皮肤、消化道、工人的手和屠宰场感染微生物。畜禽最易感染的病原微生物是沙门菌。沙门菌是引起人畜共患的肠道病原菌，也是引起细菌性食物中毒的常见致病菌，发病率一般为40% ~60%。沙门菌属广泛分布于自然界中，在人和动物中有广泛的宿主。健康家畜、家禽肠道沙门菌检出率为2% ~20%，病猪肠道沙门菌检出率高达70% ~80%。因此，食物受到沙门菌污染的机会很多，引起沙门菌食物中毒的食品主要是动物性食品。肉用鸡沙门菌感染的检出率是很高的，除了自然带菌（即鸡患禽副伤寒病或健康带菌）是一个重要因素外，更主要的因素就是宰后被污染，特别是在屠宰加工过程中，通过手、工具、设备的传递造成的污染有更大关系。曾经从进口的冷冻鸡翅膀、鸡爪中发现沙门菌污染。

（2）化学性危害　肉制品中残留的兽药主要有抗生素、磺胺类、驱虫药、砷制剂、呋喃类、激素、β－兴奋剂及其他促生长调节剂等，特别是抗生素、激素和盐酸克伦特罗的残留更不容忽视。长期食用残留有抗生素的动物性食品，可导致机体出现过敏反应，并对人体有一定的毒性。

β－兴奋剂是一类能与肾上腺素受体结合并能激活该受体的药物，按其化学结构可分为苯胺类和苯酚类，常用苯胺类有克伦特罗。盐酸克伦特罗是一种平喘药，又称氨哮素、咳喘素，俗称瘦肉精。瘦肉精作为饲料添加剂使用，能促进动物生长，提高畜禽的瘦肉率，减少脂肪沉积和提高饲料利用率，满足人们改变肉食结构的要求。由于该类药物在动物体内半衰期长，消除缓慢，常残留于肌肉、肝脏等食用组织中，从而影响肉品食用安全性。瘦肉精能损害人的胃、肝、气管等组织，引起心血管系统和神经系统疾病，中毒后出现头痛、头晕、心悸、心律失常、肌肉震颤和疼痛等症状。

兽药残留和滥用添加剂的是目前乃至今后肉制品安全中的重要问题之一。我国农业部早在1997年就公布了《允许作饲料药物添加剂的兽药品种及使用规定》，批准使用的饲料药物添加剂品种共3大类31个品种。目前严禁使用的兽药包括：β－兴奋剂（如盐酸克伦特罗）；性激素（如己烯雌酚）；具有雌激素样作用的物质（玉米赤霉醇）等。

工业废水灌溉农田等造成食品中的重金属污染现象早已引起世界各国的关注。我国食品卫生标准中规定砷的限量标准为≤0.5mg/kg，铅限量标准为≤0.5mg/kg，镉限量标准为≤0.1mg/kg。但是国际食品法典委员会（CAC）畜禽类限量标准中铅为0.1mg/kg，低于我国目前的限量标准，因此有10%的猪肉样品铅含量虽然符合我国标准，但超过CAC标准，提示我国肉类存在一定程度的铅污染。

近年来二噁英的污染也被重视。动物体内二噁英主要来自被污染的饲料。二噁英在动物体内蓄积能力很强，易残留于各种肉类、蛋、乳、水产品及其制品，特别是肉类和乳品。

（3）物理性危害　有碎骨、泥沙等污物和放射性危害等。前者可以在生产过程中消除。由于外在原因，肉品吸附或吸收外来的放射性物质，使其放射性高于自然放射性本底时，称为放射性污染。受到放射性污染的肉品称为放射污染肉品。污染分直接污染（系指放射性核素直接黏附在肉品或者黏附在制品原料上，如辐照处理肉品，辐照剂量过大，可直接污染肉品）和间接污染（系指通过生物生理生化作用，使食品原料或者食品受到放射性核素污染）。通过食物摄入人体的放射性核素，当其蓄积到一定浓度后，便对机体的各种组织和器官产生多方面危害，引起慢性放射病和长期效应，如损害免疫系统和生殖功能，诱发肿瘤，并有致畸和致突变作用。

2. 接收辅料、食品添加剂和包装材料

肉制品所用辅料主要有大豆蛋白粉、淀粉、调味料、香辛料。在我国食品卫生标准中有严格规定，香辛料应无霉变、无虫蛀、无杂物、气味正常。由于香辛料往往带有较多的耐热细菌、大肠杆菌和虫害，成为肉制品腐败变质的原因。

生产肉制品使用的添加剂有硝酸盐、亚硝酸盐、山梨酸钾、焦磷酸钠、三聚磷酸钠、六偏磷酸钠、食用色素等。有些添加剂有急性或慢性毒性，有的可引起变态反应，所以，为达到食品添加剂改善食品质量的目的，同时保证食品安全，食品中使用的食品添加剂必须符合我国《食品安全国家标准　食品添加剂使用标准》（GB 2760—2014）和《食品安全国家标准　食品营养强化剂使用标准》（GB 14880—2012）的规定。

肉制品直接接触的包装材料有塑料制品、金属容器、内包装纸（食品包装纸、蜡纸、玻璃纸、铝箔纸、纸－塑复合纸等）、天然动物肠衣和合成肠衣等。塑料制品中的未聚合单体、裂解物以及添加剂具有一定毒性；金属容器可能发生有害金属溶出，迁移进入肉品；制作包装纸的原料、添加剂和油墨中可能含有农药等有毒物质；天然动物肠衣可能带病原菌，应制定企业验收标准，严格控制致病菌不得检出。为保证包装材料的卫生质量，我国颁布了各种食品包装材料的卫生标准。合成肠衣透氧性和透湿性工艺性能影响产品保存期限和保存期内质量，应制定企业验收标准。

辅料可能存在的生物性危害、包装材料可能存在的危害可通过执行 SSOP 进行控制；肉制品生产企业按照原料验收标准进行验收，验收合格的产品方可接受；加入的辅料都经过热加工处理，可消除生物性危害。因此，接受辅料的生物性危害、接受包装材料不作为关键控制点。

3. 贮存原料肉、辅料和包装材料

原料肉在贮存其间由于贮存条件不当，病原菌可能繁殖。值得注意的是脂肪酸败在低温下仍可进行，解脂酶在－23～－20℃才能失活。辅料和动物肠衣在贮存过程由于贮存条件、时间和温度的影响也会产生微生物繁殖。这些危害可通过严格控制贮存条件、温度、时间得以控制，属于 SSOP 范畴，且在后序的热加工处理工艺中可以消除生物性危害。因此，这一环节不作为关键控制点。

(二) 生产过程至销售环节危害分析

肉制品卫生调查显示，在微生物性食物中毒中，沙门菌污染是主要原因，大肠菌群、菌落总数也有超标的报道。大肠菌群是肠道致病菌污染食品的指示菌，大肠菌群超标说明产品在产、储、销过程中存在污染环节。微生物指标不合格或致病菌的检出主要是因为加工地环境卫生差、加工场所内条件不符合食品卫生要求，生产人员卫生意识淡薄。

亚硝酸盐的使用对熟肉制品有良好的呈色作用、抗氧化作用和赋予肉制品特殊的风味。但研究表明，一定量的亚硝酸盐对人体有致癌作用，所以各国对其添加量有严格的规定。根据我国卫生标准，西式蒸煮、烟熏火腿中亚硝酸盐残留量不得超过 70mg/kg，肉灌肠中亚硝酸盐残留量不得超过 30mg/kg，火腿、广式腊肠、肴肉中亚硝酸盐残留量不得超过 20mg/kg。我国不同地区调查结果表明，一些熟肉制品中亚硝酸盐残留量超过国家标准规定，有些产品亚硝酸盐残留量超过国家标准 10 倍以上，在不准许加入亚硝酸盐的产品中检出亚硝酸盐。

在肉制品中食品添加剂的使用方面，除亚硝酸盐问题外，还有滥用人工合成食用色素等问题。

分析熟肉制品生产过程，若原料肉解冻、原料肉挑选、腌制、绞制、搅拌、滚揉、灌装成型工艺如果不执行良好的工艺条件，均会产生病原菌繁殖的危害，因此可通过正确执行熟肉制品工艺规程减少这些危害。在后面的热处理工艺可杀灭病原菌和寄生虫，因此，这些工艺过程不作为关键控制点。在这些工艺过程中，清洗设备导致的洗涤剂和机械润滑油残留可能会污染产品，这些危害可通过 SSOP 进行控制。

对于火腿类熟肉制品，热处理加工是杀灭病原菌和寄生虫的最后一道工序。热处理加工如果出现偏差，导致病原菌存活或生长，在以后的工艺将不能消除，因此，热处理加工是关键控制点。对于熏煮肠类产品，热处理后进行冷却、装袋、真空包装、二次灭菌。熏煮肠类产品热处理后的冷却、装袋、包装工艺过程可能污染的病原菌必须经过二次灭菌杀灭，在以后的工艺中不能消除，因此，二次灭菌是关键控制点。对于热处理加工，作为关键控制点的控制措施为控制杀菌温度、恒温时间和产品的中心温度。

热处理后要进行冷却。冷却时间过长、冷却水温度过高都会产生微生物繁殖的危害，在后面的工艺中不能消除。因此，冷却作为关键控制点。在这一点的控制措施为控制冷却水温度、冷却时间、冷却后产品中心温度。

在生产过程中可能存在的物理性危害主要为设备锈蚀产生的金属碎片的污染。包装纸的污染可通过包装纸的印刷面不与肉品直接接触及包装材料的把关解决。使用核素时严格执行 GB 18871—2002《电离辐射防护与辐射源安全标准》，严格遵守技术操作规程，定期检查装置的安全性，禁止使用任何能够引起肉制品和包装物产生放射性的照射等操作来控制生产中的放射性污染。

从以上分析表明，肉制品的微生物污染和亚硝酸盐超标是主要的潜在危害，在生产过程至销售环节应加强这两方面的控制。火腿类制品的危害分析工作单见表 12－1。

二、肉制品的关键控制点

根据关键控制点的要求，结合上面的危害分析，可以确定肉制品加工的关键控制点为原辅料的接收、亚硝酸盐的称量、热处理、冷却和金属探测。

原料肉存在被致病性微生物污染的危害。虽然在熟肉制品生产过程的热处理工艺中可以杀灭微生物，但低温熟肉制品的热处理温度为 100℃ 以下，难以保证彻底杀灭有些微生物。因此，接受原料肉的过程中控制生物性危害被判断为关键控制点。

危害分析也表明原料肉存在化学性污染的危害，特别是抗生素、盐酸克伦特罗等兽药残留是主要的危害因素，这些化学性危害在后工序中无法消除，因此，接受原料肉的过程中控制化学性危害被确定为关键控制点。

熟肉制品生产过程的化学性危害主要是食品添加剂的称量不准确，导致产品中亚硝酸盐等添加剂超标。由于称量造成的偏差在后工序无法纠正，食品添加剂的称量作为关键控制点。

对于火腿类熟肉制品，热处理加工是关键控制点。对于熏煮肠类产品，二次灭菌是关键控制点。热处理后的冷却也作为关键控制点。

在生产过程中可能存在金属碎片等物理性危害，因此在贴标签前用金属检测器检测作为关键控制点。

三、肉制品的 HACCP 计划

肉制品种类很多，本书以火腿类制品为例介绍 HACCP 在肉制品加工中应用。火腿类制品的工艺流程一般为：原料肉验收→贮存原料肉→接收辅料→接收包装材料→解冻冷冻肉→肉清洗、检查碎骨→葱、生姜的清洗→称量和配制辅料→绞制、搅拌→滚揉→灌装成型→热处理加工→冷却→贴标、装箱→成品贮存。表 12－1 列出了火腿类制品危害分析工作单。根据危害分析，确定接收原料肉、接收辅料、检查碎骨、食品添加剂称量、热处理加工、冷却、贴标/包装为关键控制点。火腿类制品的 HACCP 计划见表 12－2。

表 12－1　　火腿类制品危害分析工作单

加工工序	本工序被引入或增加的潜在危害	显著危害	第（3）栏的判定依据	预防措施	该工序是否为 CCP
接收原料肉	生物性：致病性球菌和肠道致病菌；旋毛虫、弓形虫、猪囊虫等；病毒	是	无检疫证明的肉可能带有疫病、寄生虫；根据文献和工厂检验记录，经过检疫的肉仍可能带有致病菌	选择产品质量稳定的供应商；向供应商索取每批原料检疫合格证、运输车辆消毒证，卫生许可证、检验合格证明，拒收无检疫证明的原料肉；后工序热处理	是
	化学性：农药、兽药、重金属残留；挥发性盐基氮超标	是	根据文献报道和工厂检查记录，家畜饲养过程中可能使用兽药、激素等	选择供应无公害原料肉的供应商；索取每批原料的检验合格证，拒收无证肉	是
	物理性：金属、碎骨等异物；放射性污染	是	屠宰、分割过程中可能造成金属碎片和碎骨残留；可能使用辐照杀菌	后面金属探测检出金属；后面清洗时感官检查，挑出碎骨	否
接收辅料	生物性：姜、蒜中可带有霉菌致病菌和寄生虫卵；蛋白粉中含微生物	是	文献和工厂检查记录	选择质量稳定的供货商；向供货商索取产品的检验合格证明，无证拒收；后续热处理工艺杀灭致病菌和虫卵	否
	化学性：食品添加剂不符合规定用途和卫生质量要求；发酵型调味料中可能含霉菌毒素；SO_2 残留超标	是	文献和卫生监督检查记录（比如不法商贩用 SO_2 熏制生姜）	向供货商索取调味料的检验合格证明、食品添加剂卫生许可和检验合格证，无证拒收；严格按 GB 2760—2014 标准使用添加剂	是
	物理性：沙子和小石子等异物	是	文献和卫生监督检查记录	使用前过滤；香辛料用多道细小网布包裹后下锅；葱、姜和蒜等清洗后使用；严格按标准采购	否

续表

加工工序	本工序被引入或增加的潜在危害	显著危害	第（3）栏的判定依据	预防措施	该工序是否为CCP
接收包装材料	生物性：动物肠衣可能带有致病菌	是	文献报道	后序热处理工艺杀灭	否
	化学性：包装材料中有害化学物质；合成肠衣工艺性能不符合要求，影响产品保存；棉线中可能含漂白剂	是	包装材料国家标准和工厂检查记录	现场考察后确定供货方；索取检验合格证；控制合成肠衣透氧性和透湿性	否
贮存原料肉	生物性：致病菌	是	温度控制不当，致病菌就会在原料肉中生长繁殖	贮存温度≤-18℃；贮存期不超过12个月；后序热处理工序杀灭	否
解冻冷冻肉	生物性：致病菌	是	解冻过程可能导致致病菌生长繁殖	控制解冻间温度≤15℃；控制解冻后存放温度和时间；后序热处理工序杀灭	否
	化学性：产品被清洗剂、清洁剂等污染	是	清洗时使用的清洗剂、清洁剂等可能残留	使用食品工业用洗涤消毒剂；洗消后用水彻底清洗	否
肉清洗、检查碎骨	生物性：致病菌	否	浸泡时间长，水质量问题或水温度高	由SSOP控制	否
	化学性：产品被清洗剂、清洁剂等污染	否	清洗时使用清洗剂、清洁剂	由SSOP控制	否
	物理性：碎骨	是	肉屠宰、分割过程中可能造成碎骨残留	清洗时感官检查，挑出碎骨	是

续表

加工工序	本工序被引入或增加的潜在危害	显著危害	第（3）栏的判定依据	预防措施	该工序是否为CCP
葱、生姜的清洗	生物性：致病菌	否	原料有受致病菌污染的可能	由SSOP控制	否
	化学性：消毒剂等残留	否	清洗时使用清洗剂、清洁剂	按操作规程执行	否
称量和配制辅料	化学性：食品添加剂超出限量	是	产品检验记录	称量仪器定期检查；食品添加剂重复称量一次	是
原料肉挑选	生物性：致病菌	是	原料肉滞留时间过长，致病菌生长繁殖	加工时间符合工艺要求；后续热处理工艺杀灭致病菌	否
绞制、搅拌	生物性：致病菌	是	致病菌生长繁殖	加工时间符合工艺要求；防止肉温上升；绞制前后的肉馅温度符合工艺要求；后续热处理工艺杀灭致病菌	否
	化学性：食品添加剂超标；润滑油和清洗剂残留	是	文献、生产经验和记录	搅拌时间和（或）真空度符合工艺要求；使用食品工业用润滑油和洗涤消毒剂；洗消后用水彻底冲洗	否
	物理性：异物	是	设备锈蚀、设备维修可能带入	设备维修后严格检查；停产后、开工前设备彻底清洗	否
滚揉	生物性：致病菌	是	致病菌生长繁殖	控制滚揉间温度；控制肉馅温度；控制滚揉时间；真空度符合工艺要求；后续热处理工艺杀灭致病菌	否
	化学性：润滑油和清洗剂残留	是	工厂检查记录	使用食品工业用润滑油和洗涤消毒剂；洗消后用水彻底冲洗	否
	物理性：异物	是	设备锈蚀、设备维修可能带入	设备维修后严格检查；停产后、开工前设备彻底清洗	否

续表

加工工序	本工序被引入或增加的潜在危害	显著危害	第（3）栏的判定依据	预防措施	该工序是否为CCP
灌装成型	生物性：致病菌	是	罐装后积压时致病菌生长繁殖	控制罐装室温度；肠衣结扎严密；控制罐装后存放时间；后续热处理工艺杀灭致病菌	否
	化学性：润滑油和清洗剂残留	是	工厂检查记录	使用食品工业用润滑油和洗涤消毒剂；洗消后用水彻底冲洗	否
	物理性：异物	是	设备锈蚀、设备维修可能带入	设备维修后严格检查；停产后、开工前设备彻底清洗	否
热处理加工	生物性：致病菌	是	热处理失败使致病菌可能存活和生长；产品检验结果记录	严格执行杀菌工艺要求	是
冷却	生物性：致病菌	是	细菌生长繁殖	有专用冷却间；冷却时间、冷却水温度及冷却后产品中心温度符合工艺要求；冷却相关设施定期清洗消毒	是
贴标、装箱	物理性：金属污染，表面杂质	是	在加工过程中可能发生金属污染	贴标签前用金属检测器检测；感官检查合格	是
成品贮存	生物性：致病菌	是	致病菌在适宜条件下生长繁殖	库房温度控制在0～8℃；贮存时间适宜	否

表 12－2　　火腿类制品 HACCP 计划表

关键控制点(CCP)	显著危害	关键限值	监控程序				纠偏措施	验证程序	记录
			内容	方法	频率	人员			
原料肉验收	生物性和化学性危害	供应商提供原料肉合格证明；原料肉验收合格	肉检疫证明、卫生许可证、肉检验合格证；感官、水分、菌落总数检验合格	检查证件，感官检查、水分分析、菌落总数计数	每批	检验员和原料验收员	对没有三项合格证明的原料及时通知责任人对此原料隔离；填写“纠偏措施记录”报采购部和质管部签批后退货；如再次发现该供货商原料未能提供有效证明将取消其供货商资格	质管部每月审查一次供货商提供的合格证明；每月审查一次检验报告；对纠偏处理的产品进行处理结果检查	原料肉接收记录；合格证明；检验室检验报告；纠偏措施记录
辅料验收 食品添加剂	化学性	供应商提供的产品合格证明	卫生许可证、检验合格证、符合 GB 2760—2014	检查证件	每批	材料验收员	对没有合格证的原料填写“纠偏措施记录”报采购部和质管部，在规定时间内供应商不能提供合格证明进行退货处理	质管部每季度审查一次供应商提供的合格证明；对纠偏处理的产品进行处理结果检查	食品添加剂验收记录；合格证明；纠偏措施记录
辅料验收 调味料	化学性	供应商提供的产品合格证明	卫生许可证、检验合格证	检查证件	每批	材料验收员	对没有合格证的原料填写“纠偏措施记录”报采购部和质管部，在规定时间内供应商不能提供合格证明进行退货处理	质管部每季度审查一次供应商提供的合格证明；对纠偏处理的产品进行处理结果检查	调味料验收记录；合格证明；纠偏措施记录

续表

关键控制点（CCP）	显著危害	关键限值	监控程序				纠偏措施	验证程序	记录
			内容	方法	频率	人员			
检查碎骨	碎骨	无肉眼可见和手摸感知的碎骨	碎骨	手摸、眼看	每块分割肉	清洗人员	发现碎骨立即剔除	每日审核记录；每天抽取已清洗过的肉复查	碎骨检查记录
称量和配制辅料	化学性	符合GB 2760—2014	食品添加剂使用量	称量后复称	每次投料时，称量用具每天校对1次	操作工	称量用具不合格的不准使用；复称发现与初重不符时，自动作废	质管部门每周抽查一次称量记录；配料组长每天检查称量记录；检验人员按标准抽检成品亚硝酸盐含量	称量记录；称量器具校正记录；纠偏措施记录
热处理加工（蒸煮烤制）	生物性	热处理时间、温度及产品中心温度	热处理器杀菌温度，恒温时间、产品中心温度	记录时间、温度，加工结束时立即抽取3个以上的样品监测其中心温度	每批产品	操作工	升温速率、杀菌温度、恒温时间达不到要求时，操作人员按操作规程调整加工工艺；按操作规程调整加工工艺仍不合格者填写“纠偏措施记录”报质检部和生产部，由二者对不合格品提出再加工或废弃的处理意见，同时设备维修部进行检查维修，质管部应找出造成偏差的原因并避免再次发生	质管部每天考核操作人员执行监测活动的情况；质管部每周检查用于监测和验证的温度计的准确性；对纠偏处理的产品进行处理结果定期检查	热加工记录；温度计校正记录；纠偏措施记录

冷却	生物性	冷却时间、温度及产品中心温度	冷却时间、冷却水温度，冷却后产品中心温度	时间、温度记录，冷却结束时立即抽取3个以上的样品监测其中心温度	每批产品	操作工	冷却水温度、产品中心温度高于控制温度时按操作规程调整加工工艺；按操作规程调整加工工艺仍不合格者填写“纠偏措施记录”报设备维修部，及时排除故障；质管部应找出造成偏差的原因并避免再次发生	质管部每天考核操作人员执行监测活动的情况；质管部每周检查用于监测和验证的温度计的准确性；对纠偏处理的产品进行处理结果定期检查	冷却记录；温度计校正记录；纠偏措施记录
标签、装箱	物理性	金属异物和异物大小	金属异物	金属探测器探测	每个产品	操作工	当金属探测器探测出产品中有金属异物时，立即再次用金属探测器对此产品进行再检验确认；当产品中异物确认后，填写“纠偏措施记录”报质管部，该产品废弃；当金属探测器出现异常时，立即停机并报设备维修部门对之进行维修或调整直至其正常后方可投入使用；对事故发生过程中所测产品应再次检查	每班生产开始时，操作员用标准检测条检测仪器，确认仪器的检测精度；质管部每班检查金属探测器一次并记录；每年对金属探测器检定一次	金属检测记录；纠偏措施记录

四、思考与应用

（1）试述 HACCP 的七大原理。

（2）如何建立和实施 HACCP 的流程？

（3）为火腿肠生产企业编制一个 HACCP 计划。

探索与创新

1. 虚拟组建一个肉制品加工公司，为其申请食品生产许可证。
2. 为组建的肉制品加工公司编制 SSOP、HACCP 质量控制文本。

链接与拓展

[1] HACCP、GMP 和 SSOP 三者的关系：GMP 构成了 SSOP 的立法基础，GMP 规定了食品生产的卫生要求，食品生产企业必须根据 GMP 要求制定并执行相关控制计划，这些计划构成了 HACCP 体系建立和执行的前提。计划包括：SSOP、人员培训计划、工厂维修保养计划、产品回收计划、产品的识别代码计划。

SSOP 具体列出了卫生控制的各项指标，包括食品加工过程及环境卫生和为达到 GMP 要求所采取的行动。HACCP 体系建筑在以 GMP 为基础的 SSOP 上，SSOP 可以减少 HACCP 计划中的关键控制点（CCP）数量。事实上危害是通过 SSOP 和 HACCP 共同予以控制的。

GMP、SSOP 是制定和实施 HACCP 计划的前提和基础，也就是说，如企业达不到 GMP 法规的要求或没有制定有效的、具有可操作性的 SSOP 或有效的实施 SSOP，则实施 HACCP 计划将成为一句空话。由此可看出 GMP 是食品安全控制体系的基础，SSOP 计划是根据 GMP 中有关卫生方面的要求的卫生控制程序，HACCP 计划则是控制食品安全的关键程序。

[2] HACCP 体系的基本术语：FAO/WHO 食品法典委员会（CAC）在法典指南，即《HACCP 体系及其应用准则》中规定的基本术语及其定义有。

（1）危害（Hazard）　指食品中可能影响人体健康的生物性、化学性和物理性因素。

常见的危害包括：

① 生物性危害：致病性微生物及其毒素、寄生虫、有毒动植物。

② 化学性危害：杀虫剂、洗涤剂、抗生素、重金属、滥用添加剂等。

③ 物理性危害：金属碎片、玻璃渣、石头、木屑和放射性物质等。

（2）危害分析（Hazard Analysis，HA）　指收集有关的危害及导致这些危害产生和存在的条件；评估危害的严重性和危险性以判定危害的性质、程度和对人体健康的潜在影响以确定哪些危害对于食品安全是重要的。

引起食源性疾病的危害可分为三类：

① 威胁生命致害因子（LI）：如肉毒杆菌、霍乱弧菌、鼠伤寒沙门氏菌、河豚毒素、麻痹性贝类毒素等。

② 引起严重后果或慢性病的因子（SI）：如沙门菌、志贺菌、空肠弯曲菌、副溶血性弧菌、甲肝病毒、致病性大肠杆菌等。

③ 造成中度或轻微疾病的因子（MI）：如产气荚膜梭菌、蜡样芽胞杆菌、多数寄生虫、组胺类物质等。

(3) 显著危害　指极有可能发生或一旦发生就可能导致消费者不可接受的健康或安全风险的危害。

(4) 关键控制点（Critical Control Point，CCP）　指一个操作环节，通过在该步骤实施预防或控制措施，能消除或最大程度地降低一个或几个危害。

关键控制点又可分为 CCP1 和 CCP2 两种。CCP1 是一个操作环节可以消除或预防危害，如高温消毒。CCP2 指一操作环节能最大程度地减少危害或延迟危害的发生，但不能完全消除危害，例如，冷藏易腐败的食品。

(5) 控制措施　指判定控制措施是否有效实行的指标。标准可以是感官指标，如色、香、味；物理性指标，如时间、温度；也可以是化学性指标，如含盐量、pH；微生物学特性指标为菌落总数、致病菌数量。

(6) 监测　指对于控制指标进行有计划的连续检测，从而评估某个 CCP 是否得到控制的工作。

(7) 偏差　指达不到关键指标限量。

(8) 步骤　指食品从初级产品到最终食用的整个食物链中的某个点、步骤、操作或阶段。

(9) 验证　应用不同方法、程序、试验等评估手段，以确定食品生产是否符合 HACCP 计划的要求。

自我测试

一、填空（24×1 分）

1. 进入肉制品加工车间的人员应保持个人卫生，不得带入与 ________ 无关的个人物品、用品及 ________ 等。

2. 操作台和生产运输等工器具，要清洁卫生，在工作前后，必须按时 ________，在使用过程中如发现被污染，必须及时 ________、________，方可再使用。

3. 加工后的下脚料要存放在专用容器中，及时清理，容器具应经常 ________、________。

4. 在肉制品加工过程中要杜绝原料、半成品和成品的 ________ 污染。

5. 肉制品加工车间必须每天清理、洗刷，保持车间的清洁，地面不得积存

________、____________或______________，下水道要保持______________。

6. 凡从事食品加工的人员，每年进行________次健康检查，新进厂人员必须取得________后方可上岗；未及时进行体检的员工应及时体检，体检________的，调离原工作岗位或调离工厂。

7. 用于清洗设备、工器具的清洗剂、消毒剂，在使用后一定要用________进行彻底的清洗，以防________________的残留。

8. HACCP 体系已成为世界性的食品质量控制的经济有效的手段，HACCP 由________、________、________、________、________、________、________七个基本原理构成。

二、单项选择题（10×1 分）

1. 食品危害主要包括生物性的、化学性的和________。

A. 物理性的　　　　B. 生理性的

C. 生化性的　　　　D. 物质性的

2. ________是食品安全危害能被控制的，能预防、消除或降低到可以接受的水平的一个点、步骤或过程。

A. 关键控制点　　　　B. 控制点

C. 操作限值　　　　D. 以上都不是

3. 以下不属于 HACCP 的七个原理之一的是________。

A. 危害分析和预防措施　　　　B. 确定关键控制点

C. 建立关键限值　　　　D. 水和冰的安全

4. 以下说法不正确的是________。

A. 一个关键限值用来保证一个操作生产出安全产品的界限

B. 每个 CCP 必须有一个或多个关键限值用于显著危害

C. OL 比 CL 更严格的限度，是操作人员用以降低偏离的风险的标准

D. 一个关键控制点不能用于控制一种以上的危害

5. 下列哪种因素中不可能产生化学性危害？________。

A. 环境中有机废物　　　　B. 兽用药品残留

C. 诺沃克病毒　　　　D. 生长在谷物上霉菌

6. HACCP 计划可不包括________。

A. HACCP 计划所要控制的危害

B. 已确定危害将得到被控制的关键控制点

C. 关键限值

D. 负责执行每个监视程序的人员的培训内容

7. 物理性危害中的玻璃一般通过原料、容器、照明装置、加工设备混入，以下控制方法正确的是________。

A. 给照明装置安装塑料保护壳

B. 选用不易碎的玻璃材料

C. 限制玻璃进入食品操作区

D. 以上全是

8. 国家标准和行业标准划分为“推荐性和强制性”两种类型是按________。

A. 域划分　　B. 级别划分

C. 内容划分　　D. 遵守与执行的效力和性质划分

9. 国家、省、地（市）级质量技术监督管理部门建立食品生产许可证制度，其食品生产许可证的有效期限为________。

A. 半年　　B. 3年　　C. 4年　　D. 5年

10. 黄曲霉毒素主要污染粮油及其制品，其中最严重的是________。

A. 小麦　　B. 大米　　C. 花生和玉米　　D. 高粱

三、多项选择题（5×2分）

1. 以下哪些属于化学危害？________。

A. 金属罐溶出物　　B. 过敏成分

C. 酵母菌　　D. 清洁剂

2. 以下哪些属于生物危害？________。

A. 寄生虫　　B. 组胺　　C. 致病菌　　D. 病毒

3. 确定关键控制点的方法有________。

A. 借助CCP判断树

B. 请专家指导和咨询

C. 结合实际经验进行综合分析与判断

D. 照搬其他公司同类加工产品制订的关键控制点

4. 食物中的化学危害可能来自________。

A. 农药残留　　B. 抗生素残留

C. 滥用食品添加剂　　D. 环境污染

5. HACCP体系是________。

A. 非零风险控制体系

B. 一种产品检验方法

C. 一种各行业通用的质量管理体系

D. 一种预防性体系

四、判断题（10×1分）

1.（　　）生物性危害是指致病菌和寄生虫两方面的危害。

2.（　　）危害是妨碍符合消费者要求的因素，它包括生物性，化学性或物理性等可危害人体健康的因素。

3.（　　）终端产品满足规定要求可作为控制措施组合能够达到预期水平

的证据。

4.（　　）组织的食品安全方针应符合与顾客商定的食品安全要求和法律法规要求。

5.（　　）审核员和生产工人一样，身体健康的情况下才能进入现场。

6.（　　）对危害进行评价时，应考虑安全危害造成不良健康后果的严重性及发生的可能性。

7.（　　）食品的冷藏只能减缓食品变质及产生危害的程度。

8.（　　）危害分析包括危害识别和评价，控制措施的识别和评价不属于危害分析。

9.（　　）食品安全仅指消费阶段食品中食源性危害对消费者不会造成伤害。

10.（　　）与食品接触的表面的清洁度可以不考虑工作服的清洁度。

五、名词解释（5×2分）

1. CCP　　2. 危害分析　　3. SSOP　　4. GMP　　5. 显著危害

六、简答题（6×6分）

1. 卫生标准操作程序SSOP主要包括哪些方面的内容？

2. 简述肉制品企业应该满足的良好操作规范的特殊要求有哪些？

3. 食品生产许可申请应具备的条件有哪些？

4. 食品生产有关有毒有害化合物的种类有哪些？

5. 分别说明肉制品存在的危害中生物性危害、化学性危害和物理性危害所包括的危害来源，并举例。

6. 腌腊肉制品加工企业为防止交叉污染应该配备哪些车间？

附录

"肉制品加工工"技能考核国家职业标准

1. 职业概况

1.1　职业名称：肉制品加工工。

1.2　职业定义：运用专用设备和工艺进行肉制品生产加工的人员。

1.3　职业等级：本职业共设五个等级，分别为：初级（国家职业资格五级）、中级（国家职业资格四级）、高级（国家职业资格三级）、技师（国家职业资格二级）、高级技师（国家职业资格一级）。

1.4　职业环境：室内，常温。

1.5　职业能力特征：手指、手臂灵活，动作协调，色、味、嗅、触等感官灵敏，形体感强。

1.6　基本文化程度：初中毕业。

1.7　培训要求

1.7.1　培训期限：全日制职业学校教育，根据其培养目标和教学计划确定。晋级培训期限：初级不少于400标准学时；中级不少于300标准学时；高级不少于200标准学时；技师不少于150标准学时；高级技师不少于100标准学时。

1.7.2　培训教师：培训初级、中级、高级的教师应具有本职业技师职业资格证书或相关专业中级以上（含中级）专业技术职务任职资格；培训技师的教师应具有本职业高级技师职业资格证书或相关专业高级以上（含高级）专业技术职务任职资格；培训高级技师的教师应具有本职业高级技师职业资格证书2年以上或相关专业高级以上（含中、高级）专业技术职务任职资格。

1.7.3　培训场地设备：理论培训场地应具有满足教学需要的标准教室；实际操作培训应在具备必要的肉制品加工设备和工具的实际操作场所进行。

1.8　鉴定要求

1.8.1 适用对象：从事或准备从事本职业的人员。

1.8.2 申报条件

初级（具备以下条件之一者）

（1）经本职业初级正规培训达规定标准学时数，并取得结业证书；

（2）在本职业连续见习工作2年以上。

中级（具备以下条件之一者）

（1）取得本职业初级职业资格证书后，连续从事本职业工作3年以上，经本职业中级正规培训达规定标准学时数，并取得结业证书；

（2）取得本职业初级职业资格证书后，连续从事本职业工作5年以上；

（3）连续从事本职业工作7年以上；

（4）取得经劳动保障行政部门审核认定的、以中级技能为培养目标的中等以上职业学校本职业（专业）毕业证书。

高级（具备以下条件之一者）

（1）取得本职业中级职业资格证书后，连续从事本职业工作4年以上，经本职业高级正规培训达规定标准学时数，并取得结业证书；

（2）取得本职业中级职业资格证书后，连续从事本职业工作7年以上；

（3）取得高级技工学校或经劳动保障行政部门审核认定的、以高级技能为培养目标的高等职业学校本职业（专业）毕业证书；

（4）取得本职业中级职业资格证书的大专以上本专业或相关专业毕业生，连续从事本职业工作2年以上。

技师（具备以下条件之一者）

（1）取得本职业高级职业资格证书后，连续从事本职业工作5年以上，经本职业技师正规培训达规定标准学时数，并取得结业证书；

（2）取得本职业高级职业资格证书后，连续从事本职业工作8年以上；

（3）取得本职业高级职业资格证书的高级技工学校本职业（专业）毕业生，连续从事本职业工作满2年。

高级技师（具备以下条件之一者）

（1）取得本职业技师职业资格证书后，连续从事本职业工作3年以上，经本职业高级技师正规培训达规定标准学时数，并取得结业证书；

（2）取得本职业技师职业资格证书后，连续从事本职业工作5年以上。

1.8.3 鉴定方式：分为理论知识考试和技能操作考核。理论知识考试采用闭卷笔试方式，技能操作考核采用现场实际操作方式。理论知识考试和技能操作考核均实行百分制，成绩皆达60分及以上者为合格。技师和高级技师还须进行综合评审。

1.8.4 考评人员与考生的配比：理论知识考试考评人员与考生配比为1:20，每个标准教室不少于2名考评人员；技能操作考核考评员与考生配比为1:5，且不少于3名考评员；综合评审委员不少于5人。

1.8.5　鉴定时间：理论知识考试时间为90min，技能操作考核时间不少于180min，综合评审时间不少于30min。

1.8.6　鉴定场所设备：理论知识考试在标准教室进行，技能操作考核在具备必要的肉制品加工设备和工具的实际操作场所进行。

2. 基本要求

2.1　职业道德

2.1.1　职业道德基本知识

2.1.2　职业守则

（1）遵纪守法，讲究公德；（2）忠于职守，爱岗敬业；（3）讲究质量，注重信誉；（4）相互尊重，团结协作；（5）积极进取，开拓创新。

2.2　基础知识

2.2.1　肉与肉制品的基本知识

（1）原料肉的基本知识；（2）肉制品加工对原料肉的基本要求；（3）肉制品的分类与工艺流程。

2.2.2　食品卫生知识

（1）肉制品微生物基础知识；（2）肉制品的储藏保鲜知识；（3）食品卫生检验基础知识；（4）质量管理基础知识。

2.2.3　安全生产知识

（1）安全用电知识；（2）防火防爆安全知识；（3）手动工具与机械设备的安全使用知识。

2.2.4　相关法律、法规知识

（1）食品卫生法的相关知识；（2）产品质量法的相关知识；（3）消费者权益保护法的相关知识；（4）计量法的相关知识；（5）标准化法的相关知识；（6）劳动法的相关知识；（7）环境保护法的相关知识；（8）食品标签通用标准的相关知识。

3. 工作要求

本标准对初级、中级、高级、技师和高级技师的技能要求依次递进，高级别涵盖低级别。

3.1　初级

职业功能	工作内容	技能要求	相关知识
一、操作前的准备	（一）卫生整理	1. 能清理操作台、地面，并在工作中保持整洁 2. 能保持工作服、围裙、帽子、工作靴等个人用品卫生 3. 能按照卫生规范程序进出车间	1. 车间环境卫生知识 2. 个人卫生知识
	（二）工具、设备准备	能使用、清洗和保养常用工具、设备	常用工具、设备的使用、保养常识
	（三）原料选择	1. 能正确识别猪肉、牛肉和鸡肉 2. 能对原料肉实施解冻	原料肉的解冻方法
二、原料修整	（一）剔骨	1. 能磨刀 2. 能持刀剔骨，使骨、肉分离	1. 磨刀的操作方法 2. 持刀剔骨的操作要领
	（二）分割	1. 能将肥瘦肉分离 2. 能将分割的各种肉料分放并称重	1. 肥瘦肉分离的操作要领 2. 计量的基本知识
三、原料腌制	腌制	1. 能运用干腌法、湿腌法或注射腌制法对原料肉进行腌制 2. 能测量并记录腌制的温度和时间	1. 原料肉的腌制方法 2. 注射机的操作规程 3. 腌制的温度和时间要求
四、肉制品加工（按所加工的肉制品的类别，选择表中所列七项中的一项）	腌腊制品加工	1. 能对特殊产品在腌制前进行擦盐处理 2. 能装缸 3. 能根据产品要求进行翻缸	1. 擦盐的方法 2. 装缸的要求 3. 翻缸的作用
	干制品加工	1. 能将修整好的肉料预煮 2. 能将预煮后的肉料脱水 3. 能撇油、收汤 4. 能把调味后的肉块或肉片摊盘上架	1. 预煮的要求 2. 脱水的方法 3. 撇油的技巧 4. 摊盘上架的要求
	酱卤制品及油炸制品加工	1. 能按要求焯水后码放装锅 2. 能按要求翻锅、起锅 3. 能使用绞肉机制作肉馅 4. 能制作不同规格的丸子 5. 能准确测量汤温、油温	1. 装锅、翻锅、起锅的要求 2. 绞肉机、丸子成型机的操作规程

续表

职业功能	工作内容	技能要求	相关知识
四、肉制品加工（按所加工的肉制品的类别，选择表中所列七项中的一项）	熏烧烤制品加工	1. 能按产品要求进行熏烧烤前的整形处理 2. 能给原料均匀上色 3. 能按要求将原料挂入烤炉 4. 能烧炉，并测量炉温	1. 熏烧烤前处理工艺要求 2. 上色的技巧 3. 烧炉的方法
	灌制品加工	1. 能使用绞肉机和搅拌机绞肉制馅 2. 能按容量要求投料，并合理控制温度 3. 能完成一个品种灌制品的充填和结扎 4. 能完成一个品种灌制品的煮制	1. 绞肉机、搅拌机、充填机、结扎机、煮锅、夹层锅的操作要领 2. 不同产品制馅后的温度要求 3. 煮制的方法
	西式火腿制品加工	1. 能使用注射机、滚揉机进行注射腌制 2. 能使用绞肉机、搅拌机、嫩化机制馅 3. 能按容量要求投料，并合理控制温度 4. 能使用模具压模成型 5. 能完成一个品种西式火腿制品的煮制	1. 滚揉机、绞肉机、搅拌机、嫩化机、煮锅、夹层锅的操作要领 2. 压模的方法 3. 煮制的工艺要求
	中式火腿制品加工	1. 能按要求修割腿坯 2. 能给修割后的腿坯擦盐 3. 能按要求洗腿 4. 能将洗过的腿按大、中、小分类吊挂在晒架上，并标明批次	1. 修割腿坯的步骤和要求 2. 擦盐的要求 3. 洗腿的步骤和要求
五、成品包装、储藏	（一）冷却	1. 能合理码放冷却物 2. 能按要求对冷却物进行温度检测	冷却的方法与要求
	（二）包装	1. 能够操作包装机械，对成品实施包装 2. 能操作脱模设备脱模 3. 能使用打码设备为成品打标 4. 能正确称量包装物	1. 包装、脱模及打码设备的操作规程 2. 磅秤的使用方法
	（三）储藏	能根据不同类别产品正确堆码储藏品	储藏库堆码规范

3.2 中级

职业功能	工作内容	技能要求	相关知识
一、操作前的准备	（一）卫生整理	1. 能按配方配制消毒剂（液） 2. 能按要求对设备、工器具消毒 3. 能使用刷箱设备清洗食品箱	1. 消毒剂的配制方法 2. 消毒的方法 3. 刷箱设备的操作规程
	（二）原料选择	1. 能识别原料肉的部位 2. 能判断原料肉品质的优劣、新鲜度 3. 能识别不同原料肉的有害腺体	1. 原料肉的修割标准 2. 原料肉质量感官鉴定知识 3. 畜禽的解剖知识
	（三）辅料选择	1. 能识别常用辅料的品种 2. 能掌握食品添加剂的使用方法及添加量	1. 常用辅料的基本知识 2. 食品添加剂的基本知识
二、原料修整	（一）分割	1. 能将肉修割成自然形、肉片、肉块、肉条、肉丁等形状，达到刀工整齐、规格完整 2. 能除去瘦肉中明显可见的夹层脂肪，并除尽对产品风味和质量不利的杂质	1. 自然形、肉片、肉块、肉条、肉丁的规格要求 2. 原料分割的操作要领
	（二）整形	能根据产品的特定要求对整只畜禽或部位肉实施捆扎成型，做到造型美观	原料捆扎成型操作要领
三、原料腌制	腌制	1. 能采用混合腌制法进行腌制 2. 能使用滚揉机进行腌制 3. 能根据不同产品的需要调整注射机、滚揉机的工作参数 4. 能识别腌制后的原料肉	1. 滚揉机的操作规程 2. 不同产品腌制的工艺要求 3. 腌制成熟的标志
四、肉制品加工（按所加工的肉制品的类别，选择表中所列七项中的一项）	腌腊制品加工	1. 能根据产品需要对肉料进行腌制后的整形 2. 能洗肉坯，并把水晾干 3. 能按不同产品要求实施晾晒 4. 能根据产品需要烘烤或熏制	1. 原料整形的方法 2. 晾晒的方法与要求 3. 烘烤或熏制的方法
	干制品加工	1. 能起锅、分锅 2. 能使用擦松机进行擦松 3. 能使用跳松机进行跳松、拣松 4. 能使用干燥箱、烘烤炉进行烘干	1. 起锅、分锅的操作要领 2. 跳松、拣松的工艺要求 3. 擦松机、跳松机、干燥箱、烘烤炉的操作规程

续表

职业功能	工作内容	技能要求	相关知识
四、肉制品加工（按所加工的肉制品的类别，选择表中所列七项中的一项）	酱卤制品及油炸制品加工	1. 能辨别不同产品的味道 2. 能使用不同煮制设备进行煮制 3. 能在油炸前进行滚粉 4. 能使用油炸锅按不同产品的要求进行油炸	1. 味的概念和种类 2. 煮制的作用和方法 3. 滚粉的要求 4. 油炸的作用和方法 5. 煮制设备、油炸锅的操作规程
	熏烧烤制品加工	能使用烤炉按不同产品的要求进行熏制、烤制	熏制、烤制的方法与要求
	灌制品加工	1. 能使用斩拌机、乳化机拌馅，并按原料、辅料的添加顺序投料 2. 能识别肠衣的种类、规格和用途 3. 能完成2个以上品种灌制品的充填和结扎 4. 能测量炉温和制品的中心温度 5. 能完成2个以上品种灌制品的熟制或风干	1. 斩拌机、乳化机的操作要领 2. 斩拌中原辅料的添加顺序 3. 肠衣的种类、规格和用途 4. 充填和结扎的工艺要求 5. 熟制或风干的方法与要求
	西式火腿制品加工	1. 能识别肠衣、收缩膜的种类、规格和用途 2. 能在搅拌过程中按原料、辅料的添加顺序投料 3. 能使用充填机、结扎机、压模机进行灌装、结扎 4. 能按要求进行针刺排气 5. 能在熟制过程中测量水温、炉温和制品的中心温度	1. 肠衣、收缩膜的种类、规格和用途 2. 搅拌中原辅料的添加顺序 3. 充填和结扎的工艺要求 4. 充填机、结扎机、压模机的操作要领 5. 熟制的温度要求
	中式火腿制品加工	1. 能按要求晒腿、做腿，使腿形美观 2. 能根据产品要求调控发酵场的温度、湿度 3. 能按要求调整发酵场内火腿的悬挂密度 4. 能按要求落架、堆叠	1. 晒腿、做腿的步骤和要求 2. 发酵场的工艺要求 3. 火腿的悬挂密度要求 4. 落架、堆叠的方法和要求

续表

职业功能	工作内容	技能要求	相关知识
五、成品包装储藏	（一）感官检验	能对成品的品质、规格、包装进行鉴别，并测量中心温度	不同产品的感官检验知识
	（二）包装	1. 能识别包装材料的品种和规格 2. 能够根据不同产品的需要正确调整真空包装机械的工作参数	1. 包装材料的品种、规格和用途 2. 包装的工艺要求
	（三）储藏	1. 能够定期对储藏库进行消毒 2. 能测定储藏库的温度、湿度	消毒工艺流程

3.3　高级

职业功能	工作内容	技能要求	相关知识
一、操作前的准备	（一）原料选择	1. 能根据肉制品的品种选用原料及部位 2. 能鉴别不同原料肉的等级和肉质	1. 常用原料的使用知识 2. 原料肉的等级鉴定标准
	（二）辅料选择	1. 能正确使用常用的辅料及添加剂 2. 能按配方配制辅料	1. 常用辅料及添加剂的使用知识 2. 食品添加剂国家标准
二、原料修整	分割	1. 能除去不同原料肉的有害腺体 2. 能对畜禽胴体进行综合利用	畜禽胴体的综合利用知识
三、原料腌制	腌制液配制	能根据不同制品的腌制要求，准确配制腌制液	1. 腌制的原理 2. 腌制液的配制方法

续表

职业功能	工作内容	技能要求	相关知识
四、肉制品加工（按所加工的肉制品的类别，选择表中所列七项中的一项）	腌腊制品加工	1. 能判断腌制成熟的程度 2. 能根据产品调整烘烤或熏制的温度和时间 3. 能正确选择熏料 4. 能在晾晒或烘烤或熏制后对产品进行整形	1. 烘烤或熏制的工艺要求 2. 熏料的种类与要求 3. 产品整形的方法
	干制品加工	1. 能将制品焖酥，并能根据肉质调整焖酥时间 2. 能使用铲锅或炒松机炒松 3. 能根据产品需要进行脱水干制	1. 焖酥的要求 2. 炒松的技巧 3. 炒松机的操作规程 4. 脱水干制的方法
	酱卤制品及油炸制品加工	1. 能根据投料测算加水量或加油量 2. 能恰当掌握煮制或油炸的火候 3. 能配制裹粉并挂糊上浆 4. 能判断原料成熟程度和起锅时间	1. 酱卤制品加工的工艺要求 2. 油炸制品加工的工艺要求 3. 起锅的方法
	熏烧烤制品加工	1. 能恰当掌握熏、烤火候和熏烟浓度 2. 能根据产品合理控制熏、烤温度和时间 3. 能选择和使用烟熏材料	熏制、烤制的工艺要求
	灌制品加工	1. 能判断肉馅的乳化程度 2. 能选择和使用烟熏材料 3. 能使用烘烤炉、烟熏炉进行熟制，并达到成品的质感要求 4. 能使用高压灭菌罐对产品进行杀菌处理	1. 乳化制馅的质量要求 2. 烟熏材料的使用知识 3. 烘烤炉、烟熏炉、高压灭菌罐的操作要领
	西式火腿制品加工	1. 能判断腌制成熟的程度 2. 能选择和使用烟熏材料 3. 能使用烟熏炉完成烘烤、烟熏、蒸煮熟制，并达到成品的质感要求	1. 烟熏的方法和材料 2. 烟熏炉的调试与保养
	中式火腿制品加工	1. 能在选料时鉴别优劣鲜腿 2. 能按产品要求进行堆叠腌制 3. 能按要求对火腿进行发酵	1. 原料的等级标准与鉴别方法 2. 腌制的步骤与技巧 3. 发酵的步骤与技巧

续表

职业功能	工作内容	技能要求	相关知识
五、成品包装、储藏	（一）冷却	能根据产品调整冷却间的温度、湿度	冷却间的工艺要求
	（二）包装	能根据不同产品的需要调整拉伸包装机的工作参数，并能调换模具	1. 拉伸包装机的操作要领 2. 换模的方法
	（三）储藏	能监控储藏库内产品的质量	储藏库管理规范
六、产品试制	产品试制	能够独立制作色、香、味、形俱佳，各项理化指标合格的产品	肉与肉制品的国家标准及行业标准
七、生产管理	（一）成本核算	1. 能节约用料、物尽其用，最大限度地提高成品率 2. 能进行工段产品的成本核算	1. 成本控制的基本知识 2. 成本核算的方法
	（二）技术管理	1. 能及时发现工段产品的质量问题，确保不合格产品不得进入下一工段 2. 能支持并推行全面质量管理	1. 生产管理的有关知识 2. 全面质量管理知识

3.4　技师

职业功能	工作内容	技能要求	相关知识
一、操作前的准备	（一）原料选择	能鉴别并选用珍贵原料	珍贵原料知识
	（二）辅料选择	能试验并选用辅料新产品，改进产品配方，提高产品品质	辅料新产品的试制与使用知识
二、原料修整	整形	能根据特殊产品的要求对原料进行整形处理	原料整形的方法与技巧
三、原料腌制	腌制	1. 能判断原料腌制成熟程度与质量 2. 能制定原料腌制的工艺规程	腌制过程中成分的变化

续表

职业功能	工作内容	技能要求	相关知识
四、肉制品加工（按所加工的肉制品的类别，选择表中所列七项中的一项）	腌腊制品加工	能根据产品需要对烘房或熏房进行工艺设计	1. 腌腊制品的食用方法 2. 烘房或熏房的设计要求
	干制品加工	能通过感官鉴定产品质量	1. 感官鉴定方法 2. 产品质量标准
	酱卤制品及油炸制品加工	1. 能根据产品特色选配调味料进行调味 2. 能调制卤汁，并使卤汁浓度和风味在煮制前后保持一致 3. 能设计火候的工艺标准 4. 能均匀着色	1. 调味的原理和技巧 2. 卤汁调制的方法和要求 3. 火候工艺标准设计原则 4. 着色的方法和要领
	熏烧烤制品加工	1. 能通过看色及时移动变换熏、烤部位 2. 能根据产品特点选用加热媒介 3. 能通过感官判断产品成熟程度	1. 看色的技巧 2. 加热媒介的知识 3. 产品成熟的判定知识
	灌制品加工	1. 能设计产品配方，并制定工艺参数 2. 能根据产品要求调整斩拌时间和斩刀转速 3. 能判断产品熟制程度	1. 产品配方的设计原则 2. 斩拌的原理及影响因素 3. 熟制的原理
	西式火腿制品加工	1. 能根据成品率指标设计腌制液配方 2. 能根据不同产品调整蒸煮温度和时间	1. 腌制液配方的设计原则 2. 肉制品熟制过程中的物理、化学变化
	中式火腿制品加工	1. 能根据不同气候条件恰当地控制腌制时间、加盐的数量、翻倒的次数 2. 能判断发酵成熟的程度 3. 能给火腿成品分等级	1. 腌制的技术要点 2. 中式火腿的由来与发展 3. 中式火腿的质量标准与分级方法

续表

职业功能	工作内容	技能要求	相关知识
五、技术创新	技术创新	能够使用新的原材料或改进工艺创新产品，做到品种多样化，且产品受到市场欢迎	1. 中西肉食文化知识 2. 发达国家肉制品设备及工艺技术知识
六、生产管理	（一）成本核算	能参与进行产品的成本核算，并能准确计算制造费用	成本核算基本知识
	（二）技术管理	1. 能发现并解决生产中出现的技术疑难问题，对技术管理、技术改造等方面提出书面建议 2. 能参与编写企业产品标准 3. 能够在肉制品车间内实施全面质量管理	1. 企业管理知识 2. 企业产品标准的编写方法 3. 环保知识
七、培训指导	培训指导	1. 能编写肉制品加工方面的技术总结 2. 能对初、中、高级肉制品加工工进行操作指导和技术培训	1. 生产实习教学法 2. 技术总结写作要求

3.5 高级技师

职业功能	工作内容	技能要求	相关知识
一、操作前的准备	设备准备	能发现工作中使用的机械设备的故障，并能提出解决方案	机械设备的工作原理及装配使用
二、产品试制	产品试制	能够独立掌握不少于四类肉制品的加工技术，并制作出色、香、味、形俱佳，各项理化指标合格的产品	质量检验方法与标准
三、技术创新	技术创新	1. 能够继承并保持传统中式风味特色，创新制作工艺 2. 能利用各种肉源进行改革创新，使加工工艺快捷简便，产品营养丰富	1. 肉制品色、香、味形成的基本原理 2. 食品营养知识
四、生产管理	技术管理	1. 能发现和解决新产品加工过程中出现的质量问题 2. 能参与设计肉制品厂（车间）的工艺布局，能绘制工艺布局平面图	1. 产品质量保证的知识 2. 厂址选择与布局设计原则 3. 厂房建筑工艺要求 4. 机械制图相关知识
五、培训指导	培训指导	1. 能编写本专业培训讲义 2. 能对技师进行专业培训和指导	编写培训讲义的知识

4. 比重表

4.1 理论知识

<table>
<tr><th colspan="3">项　　目</th><th>初级（%）</th><th>中级（%）</th><th>高级（%）</th><th>技师（%）</th><th>高级技师（%）</th></tr>
<tr><td colspan="2" rowspan="2">基本要求</td><td>职业道德</td><td>5</td><td>5</td><td>3</td><td>2</td><td>2</td></tr>
<tr><td>基础知识</td><td>20</td><td>10</td><td>10</td><td>10</td><td>10</td></tr>
<tr><td rowspan="26">相关知识</td><td rowspan="5">操作前的准备</td><td>卫生整理</td><td>5</td><td>5</td><td>—</td><td>—</td><td>—</td></tr>
<tr><td>工具、设备准备</td><td>5</td><td>—</td><td>—</td><td>—</td><td>—</td></tr>
<tr><td>设备准备</td><td>—</td><td>—</td><td>—</td><td>—</td><td>10</td></tr>
<tr><td>原料选择</td><td>10</td><td>10</td><td>7</td><td>5</td><td>—</td></tr>
<tr><td>辅料选择</td><td>—</td><td>10</td><td>5</td><td>5</td><td>—</td></tr>
<tr><td rowspan="3">原料修整</td><td>剔骨</td><td>5</td><td>—</td><td>—</td><td>—</td><td>—</td></tr>
<tr><td>分割</td><td>5</td><td>5</td><td>5</td><td>—</td><td>—</td></tr>
<tr><td>整形</td><td>—</td><td>5</td><td>—</td><td>5</td><td>—</td></tr>
<tr><td rowspan="2">原料腌制</td><td>腌制</td><td>10</td><td>10</td><td>—</td><td>5</td><td>—</td></tr>
<tr><td>腌制液配制</td><td>—</td><td>—</td><td>10</td><td>—</td><td>—</td></tr>
<tr><td rowspan="7">肉制品加工（选择表中所列七项中的一项）</td><td>腌腊制品加工</td><td>20</td><td>25</td><td>25</td><td>25</td><td>—</td></tr>
<tr><td>干制品加工</td><td>20</td><td>25</td><td>25</td><td>25</td><td>—</td></tr>
<tr><td>酱卤制品及油炸制品加工</td><td>20</td><td>25</td><td>25</td><td>25</td><td>—</td></tr>
<tr><td>熏烧烤制品加工</td><td>20</td><td>25</td><td>25</td><td>25</td><td>—</td></tr>
<tr><td>灌制品加工</td><td>20</td><td>25</td><td>25</td><td>25</td><td>—</td></tr>
<tr><td>西式火腿制品加工</td><td>20</td><td>25</td><td>25</td><td>25</td><td>—</td></tr>
<tr><td>中式火腿制品加工</td><td>20</td><td>25</td><td>25</td><td>25</td><td>—</td></tr>
<tr><td rowspan="4">成品包装、储藏</td><td>冷却</td><td>3</td><td>—</td><td>5</td><td>—</td><td>—</td></tr>
<tr><td>感官检验</td><td>—</td><td>5</td><td>—</td><td>—</td><td>—</td></tr>
<tr><td>包装</td><td>10</td><td>5</td><td>5</td><td>—</td><td>—</td></tr>
<tr><td>储藏</td><td>2</td><td>5</td><td>5</td><td>—</td><td>—</td></tr>
<tr><td>产品试制</td><td>产品试制</td><td>—</td><td>—</td><td>10</td><td>—</td><td>30</td></tr>
<tr><td>技术创新</td><td>技术创新</td><td>—</td><td>—</td><td>—</td><td>18</td><td>18</td></tr>
<tr><td rowspan="2">生产管理</td><td>成本核算</td><td>—</td><td>—</td><td>5</td><td>5</td><td>—</td></tr>
<tr><td>技术管理</td><td>—</td><td>—</td><td>5</td><td>10</td><td>20</td></tr>
<tr><td>培训指导</td><td>培训指导</td><td>—</td><td>—</td><td>—</td><td>10</td><td>10</td></tr>
<tr><td colspan="3">合　　计</td><td>100</td><td>100</td><td>100</td><td>100</td><td>100</td></tr>
</table>

4.2 操作技能

项目			初级（%）	中级（%）	高级（%）	技师（%）	高级技师（%）
技能要求	操作前的准备	卫生整理	10	10	—	—	—
		工具、设备准备	5	—	—	—	—
		设备准备	—	—	—	—	10
		原料选择	10	5	10	5	—
		辅料选择	—	5	10	5	—
	原料修整	剔骨	10	—	—	—	—
		分割	10	10	10	—	—
		整形	—	10	—	10	—
	原料腌制	腌制	10	10	—	10	—
		腌制液配制	—	—	10	—	—
	肉制品加工（选择表中所列七项中的一项）	腌腊制品加工	25	25	25	25	—
		干制品加工	25	25	25	25	—
		酱卤制品及油炸制品加工	25	25	25	25	—
		熏烧烤制品加工	25	25	25	25	—
		灌制品加工	25	25	25	25	—
		西式火腿制品加工	25	25	25	25	—
		中式火腿制品加工	25	25	25	25	—
技能要求	成品包装、储藏	冷却	5	—	5	—	—
		感官检验	—	10	—	—	—
		包装	10	10	5	—	—
		储藏	5	5	5	—	—
	产品试制	产品试制	—	—	10	—	40
	技术创新	技术创新	—	—	—	20	20
	生产管理	成本核算	—	—	5	5	—
		技术管理	—	—	5	10	20
	培训指导	培训指导	—	—	—	10	10
合计			100	100	100	100	100

参考文献

[1] 闵连吉. 肉类食品工艺学［M］. 北京：中国商业出版社，1991
[2] 陈伯祥. 肉与肉制品工艺学［M］. 南京：江苏科学技术出版社，1993
[3] 朱曜. 中国传统名优肉食品—肉松［J］. 肉类研究，1994，（1）：24~25
[4] 周光宏，徐幸莲. 肉品学［M］. 北京：中国农业科技出版社，1999
[5] 周光宏. 畜产品加工学［M］. 北京：中国农业大学出版社，2002
[6] 葛长荣，马美湖. 肉与肉制品工艺学［M］. 北京：中国轻工业出版社，2002
[7] 李慧文. 猪肉制品589例［M］. 北京 科学技术文献出版社，2003
[8] 夏文水. 肉制品加工原理与技术［M］. 北京：化学工业出版社，2003
[9] 李俊超. 酱牛肉的生产工艺［J］. 肉类工业，2003，（1）：10~11
[10] 于丽萍. 肉松肉脯的加工［J］. 肉类工业，2002，（3）：15
[11] 赵瑞香. 肉制品生产技术［M］. 北京：科学出版社，2004
[12] 彭增起，蒋爱民. 畜产品加工学实验指导［M］. 北京：中国农业出版社，2005
[13] 王玉田. 畜产品加工［M］. 北京：中国农业出版社，2005
[14] 杨帅，杨合超，杨阳等. 镇江肴肉的加工制作方法［J］. 肉品卫生，2005，（6）：39
[15] 康怀彬. 道口烧鸡综合保鲜技术研究［D］. 南京：南京农业大学，2006
[16] 杜克生. 肉制品加工技术［M］. 中国轻工业出版社，2006
[17] 马美湖等主编. 动物性食品加工学［M］. 北京：中国轻工业出版社，2006
[18] 展跃平. 肉制品加工技术［M］. 北京：化学工业出版社，2006
[19] 马兆瑞，吴晓彤. 畜产品加工实验实训教程［M］. 北京：科学出版社，2006
[20] 冯祖荫，张建中. 五香酱牛肉的制作技术［J］. 肉类工业，2006，（2）：9~12
[21] 张文权. 猪肉干的加工技术［J］. 肉类工业，2006，（3）：16
[22] 严佩峰，邢淑婕. 畜产品加工［M］. 重庆：重庆大学出版社，2007
[23] 余德敏. 西式火腿加工工艺及其质量控制［J］. 肉类工业，2007，（2）：32~34
[24] 于淑娟，白艳红，金中华. 烟熏发酵香肠加工过程的安全质量控［J］. 肉类工业，2006，（6）：36~37
[25] 岳晓禹，安晓兵主编. 烧烤肉制品配方与工艺［M］. 北京：化学工业出版社，2008
[26] 浮吟梅，吴晓彤. 肉制品加工技术［M］. 北京：化学工业出版社，2008
[27] 杨秀佳. 盐水鸭的加工技术［J］. 肉类研究，2008，（1）：42~44
[28] 刘汉文，颜秀花，杨文平. 盐水鸭生产工艺的研究［J］. 食品科技，2008，（8）：81~83
[29] 陈伯祥. 浅谈现代南京盐水鸭［J］. 肉类工业，2008，（5）：5~6
[30] 王玉田，马兆瑞. 肉品加工技术［M］. 北京：中国农业出版社，2008
[31] 郝涤非. 水产品加工技术［M］. 北京：中国农业科学技术出版社，2008
[32] 郑坚强. 水产品加工工艺与配方［M］. 北京：化学工业出版社，2008
[33] 王伟，顾佩勋. 靖江猪肉脯的加工技术与质量控制［J］. 肉类工业，2008，（1）：21
[34] 司俊玲. 几种肉脯的加工工艺［J］. 肉类研究，2008，（7）：50~52
[35] 李顺，孙焕. 软包装酱牛肉的加工工艺及质量控制［J］. 肉类工业，2009.1，17~18

[36] 姜国哲，李官浩，崔康德等．中国、韩国、日本饮食文化及酱牛肉风味的比较分析［J］．食品科技，2008，(5)：78~80

[37] 王玉田．肉制品加工技术［M］．北京：中国环境科学出版社，2006

[38] 周俭，郭善广，蒋爱民等．肌肉盐溶蛋白热诱导凝胶特性研究进展，食品与机械 2009，25 (3)：129~131

[39] 王盼盼．北京烤鸭［J］．肉类研究，2009，(1)：1

[40] 桂林晚报（多媒体数字版）［N］，2009.7.8

[41] 植丽华．新型叉烧肉的制作工艺［J］．肉类工业，2008，(12)：17~19

[42] 郭新海，王秋岭，何新良等．宫廷烤乳猪的制作方法［J］．肉类工业 2005，(4)：1~2

[43] 近藤羲明（日）．远红外线加热干燥技术［J］．电力情报，1992，(3)：78~80

[44] 宋野，朴在林，张晓明等．提高远红外干燥质量及设备改进的建议［J］．农机化研究，2009，(8)：20~24

[45] 吴坤．营养与食品卫生学（第五版）［M］．北京：人民卫生出版社，2007

[46] 无锡轻工大学．食品工艺学［M］．北京：中国轻工业出版社，1994

[47] 杨宝进．现代畜产食品加工学［M］．北京：中国农业大学出版社，2007

[48] 高翔，王蕊．肉制品加工实验实训教程［M］．北京：化学工业出版社，2009

[49] 危贵茂．方腿的加工工艺［J］．肉类工业，1996，(7)：29~30

[50] 成亚宁，李彦军．发酵香肠加工工艺［J］．肉类工业，2008，(8)：20~21

[51] 方德国．无骨火腿加工方法［J］．保鲜与加工，2003，(3)：31~32

[52] 李良明．论色拉米肠的制作工艺［J］．四川畜牧兽医，2001．28 (11)：54

[53] 孙京新．调理肉制品加工技术［M］．北京：中国农业出版社，2014．